U0416913

中华文化大博览丛书

天然之珍的玉石珠宝

郭艳红　编著

中国出版集团　现代出版社

图书在版编目（CIP）数据

天然之珍的玉石珠宝 / 郭艳红编著. -- 北京 : 现代出版社，2017.8

ISBN 978-7-5143-6454-5

Ⅰ. ①天… Ⅱ. ①郭… Ⅲ. ①玉石－文化－中国 Ⅳ. ①TS933.21

中国版本图书馆CIP数据核字(2017)第211539号

天然之珍的玉石珠宝

作　　者：郭艳红
责任编辑：李　鹏
出版发行：现代出版社
通讯地址：北京市定安门外安华里504号
邮政编码：100011
电　　话：010-64267325 64245264（传真）
网　　址：www.1980xd.com
电子邮箱：xiandai@vip.sina.com
印　　刷：天津兴湘印务有限公司
字　　数：380千字
开　　本：710mm×1000mm　1/16
印　　张：30
版　　次：2018年5月第1版　2018年5月第1次印刷
书　　号：ISBN 978-7-5143-6454-5
定　　价：128.00元

习近平总书记在党的十九大报告中指出："深入挖掘中华优秀传统文化蕴含的思想观念、人文精神、道德规范，结合时代要求继承创新，让中华文化展现出永久魅力和时代风采。"同时习总书记指出："中国特色社会主义文化，源自于中华民族五千多年文明历史所孕育的中华优秀传统文化，熔铸于党领导人民在革命、建设、改革中创造的革命文化和社会主义先进文化，植根于中国特色社会主义伟大实践。"

我国经过改革开放的历程，推进了民族振兴、国家富强、人民幸福的"中国梦"，推进了伟大复兴的历史进程。文化是立国之根，实现"中国梦"也是我国文化实现伟大复兴的过程，并最终体现在文化的发展繁荣。博大精深的中国优秀传统文化是我们在世界文化激荡中站稳脚跟的根基。中华文化源远流长，积淀着中华民族最深层的精神追求，代表着中华民族独特的精神标识，为中华民族生生不息、发展壮大提供了丰厚滋养。我们要认识中华文化的独特创造、价值理念、鲜明特色，增强文化自信和价值自信。

如今，我们正处在改革开放攻坚和经济发展的转型时期，面对世界各国形形色色的文化现象，面对各种眼花缭乱的现代传媒，我们要坚持文化自信，古为今用、洋为中用、推陈出新，有鉴别地加以对待，有扬弃地予以继承，传承和升华中华优秀传统文化，发展中国特色社会主义文化，增强国家文化软实力。

浩浩历史长河，熊熊文明薪火，中华文化源远流长，滚滚黄河、滔滔长江，是最直接的源头，这两大文化浪涛经过千百年冲刷洗礼和不断交流、融合以及沉淀，最终形成了求同存异、兼收并蓄的辉煌灿烂的中华文明，也是世界上唯一绵延不绝的古老文化，并始终充满生机与活力。

中华文化曾是东方文化摇篮，也是推动世界文明不断前行的动力之一。早在五百年前，中华文化的四大发明催生了欧洲文艺复兴运动和地理大发

现。中国四大发明先后传到西方，对于促进西方工业社会发展和形成，起到了重要作用。

中华文化的力量，已经深深熔铸到我们的生命力、创造力和凝聚力中，是我们民族的基因。中华民族的精神，业已深深植根于绵延数千年的优秀文化传统之中，是我们的精神家园。

总之，中国文化博大精深，是中华各族人民五千年来创造、传承下来的物质文明和精神文明的总和，其内容包罗万象，浩若星汉，具有很强的文化纵深，蕴含着丰富的宝藏。我们要实现中华文化的伟大复兴，首先要站在传统文化前沿，薪火相传，一脉相承，弘扬和发展五千年来优秀的、光明的、先进的、科学的、文明的和自豪的文化现象，融合古今中外一切文化精华，构建具有中国特色的现代民族文化，向世界和未来展示中华民族的文化力量、文化价值、文化形态与文化风采。

为此，在有关专家指导下，我们收集整理了大量古今资料和最新研究成果，特别编撰了本套大型书系。主要包括巧夺天工的古建杰作、承载历史的文化遗迹、人杰地灵的物华天宝、千年奇观的名胜古迹、天地精华的自然美景、淳朴浓郁的民风习俗、独具特色的语言文字、异彩纷呈的文学艺术、欢乐祥和的歌舞娱乐、生动感人的戏剧表演、辉煌灿烂的科技教育、修身养性的传统保健、至善至美的伦理道德、意蕴深邃的古老哲学、文明悠久的历史形态、群星闪耀的杰出人物等，充分显示了中华民族厚重的文化底蕴和强大的民族凝聚力，具有极强的系统性、广博性和规模性。

本套书系的特点是全景展现，纵横捭阖，内容采取讲故事的方式进行叙述，语言通俗，明白晓畅，图文并茂，形象直观，古风古韵，格调高雅，具有很强的可读性、欣赏性、知识性和延伸性，能够让广大读者全面触摸和感受中国文化的丰富内涵，增强中华儿女民族自尊心和文化自豪感，并能很好地继承和弘扬中国文化，创造具有中国特色的先进民族文化。

目录
天然之珍的
玉石珠宝

天然珍宝——珍珠宝石与艺术特色

玉石之国

玉器文化与艺术特色

新石器时期玉文化

在我国新石器时期，可定名为某一文化的，已有数十个，但发现有玉器遗存者，只有十余个。

其文化区有仰韶文化、大汶口文化、龙山文化、陶寺文化、齐家文化、新乐文化、红山文化、大溪文化、凌家滩文化、河姆渡文化、马家浜文化、良渚文化等。

这些文化区域大多各在一处，有的虽同在一起，但年代有前后关系，或后者就是前一文化的继承和发展。

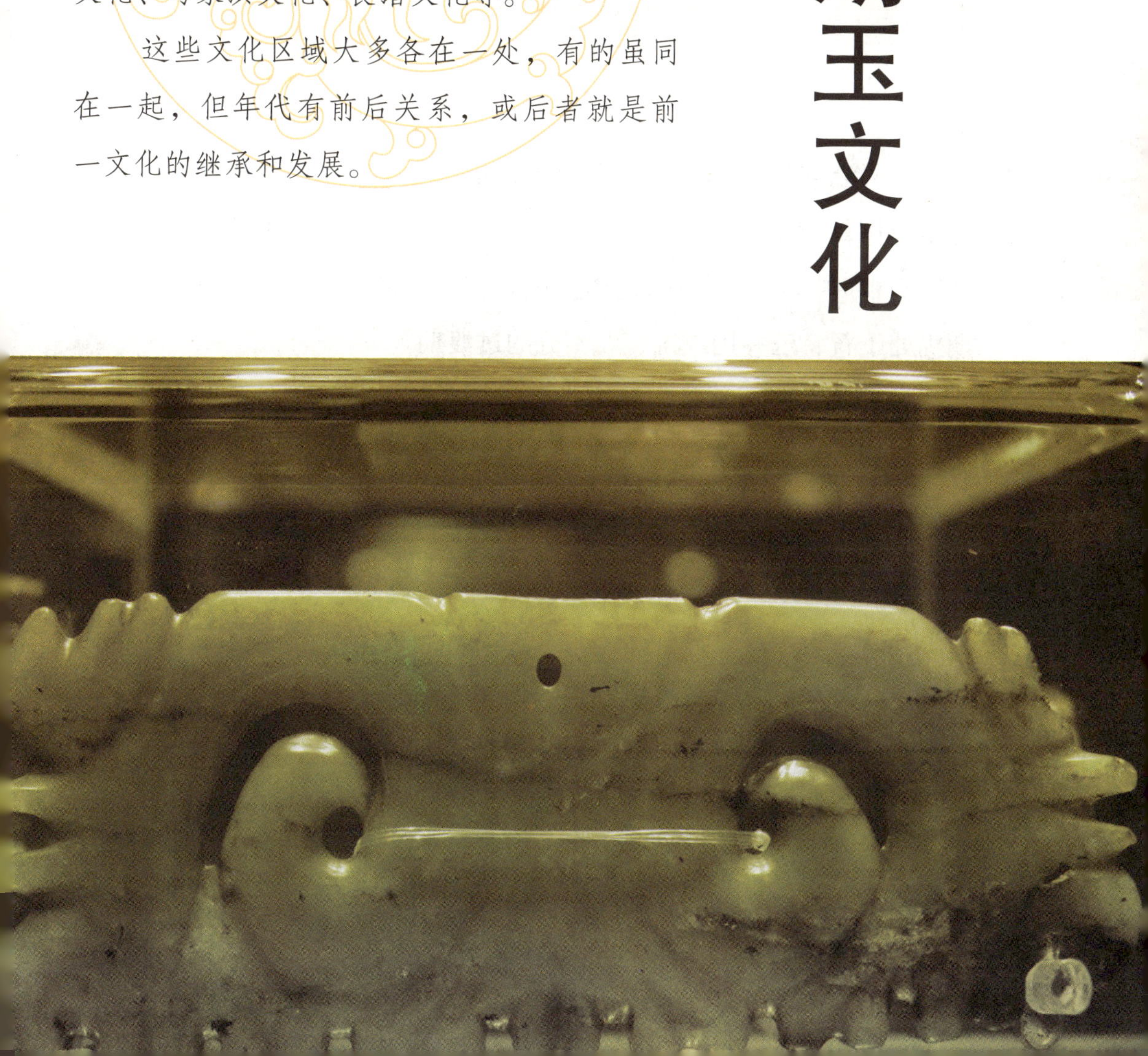

黄河流域新石器时期玉器

黄河流域是中华文明的发源地，是最早进入新石器时期的地区，也是我国最早发现玉器遗存的地区之一。新石器时期使用的玉料，是从旧石器时期制作石器时选用坚硬石料的基础上发展而来的，故其早期仍处于石、玉并用或玉、石不分的过渡期。

最早的磨制石器是出于人类无美学意识的行为，他们一开始希望石器锋利，做成砍砸器、刮削器，用来狩猎、割肉。磨制石器给早期人类带来了快乐。当把这块石头成功地磨圆滑后，他会非常高兴。因

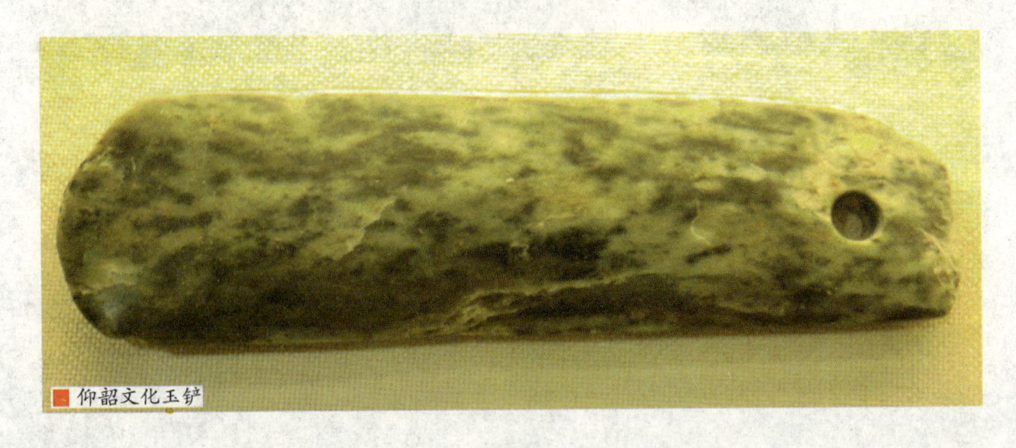
仰韶文化玉铲

此，早期人类才逐渐追求石器的圆滑，进而追求美的感受。由于磨制的成就感，开始了人类漫长的追求。

新石器时期玉琮

至新石器时期早期，有的文化已开始用玉做器具，并过渡到玉、石分开的阶段。其选玉标准就是：大凡用当时最坚硬的器具如竹、硬木、骨、角、牙等刻划不动，而只能用解玉砂琢磨为器并有一定美感者，方可定为玉，这种情况，一直延续至新石器时期的晚期。

位于黄河流域的裴李岗文化，据测定，已上溯到公元前7350年，距今已有1万年左右的历史，是中原地区发现最早的新石器时期遗址。在裴李岗文化遗存当中，就有用绿松石制作的玉坠和玉珠，表面较圆润，可见当时玉石加工已趋成熟。这些玉器也就成了黄河流域早期玉文化遗存的实物证据。

黄河流域新石器时期的玉器以仰韶文化、大汶口文化、龙山文化和齐家文化为代表。

仰韶文化最早发现于河南渑池县仰韶村，分布范围以河南、山西、陕西为中心，西到甘肃，东到河北，北到内蒙古，南到湖北部分地区，有遗址1000多处。而仰韶文化发现的玉器，则表现了玉文化早期的

玉琮 是一种内圆外方筒形玉器，是古代人们用于祭祀神祇的一种法器，距今约5100年。至新石器中晚期，玉琮在江浙一带的良渚文化、广东石峡文化、山西陶寺文化中大量出现，尤以良渚文化的玉琮最发达。在选材上，良渚文化的玉材为江浙一带的透闪石质的玉石，质地不纯，以青色、青赭色居多，其表面色泽较均匀。出土的玉琮，大部分已沁蚀成粉白色。

■ 新石器时期仰韶文化环形饰

特征，多以小型装饰件为主。

如在河南省偃师汤泉沟仰韶文化遗址中发现的一件青白色玉璜、在临江姜黎少女墓中发现的两件绿色的玉坠、在湖北均县十家占仰韶文化遗址亦发现绿色的玉坠，这些小型装饰玉器虽然分别发现于多处，但却具有相同的特点：器身平圆，造型完整，打磨光滑，穿孔吊挂。

仰韶文化晚期，在西安半坡遗址中发现了用和田玉制作的玉斧，在河南南阳黄山仰韶文化遗址中发现了墨绿色的独山玉斧。

这两件玉斧所折射出的文化内涵和前期相比，就大不一样了：一是证明早在六七千年以前，新疆软玉即已东进中原；二是从石斧到玉斧，绝不是简单的用材更换，而是一次意识形态重大飞跃的体现。

仰韶文化属于新石器时期中期，其玉器尚处于我国玉文化“只几个石头磨过”的“小儿时代”，而大汶口文化距今6500多年，其自身有2000多年的发展历史。

大汶口文化主要分布在山东的中南部和江苏北部地区，其影响所及达河南中西部、安徽和山东的北部，最东一直到黄海之滨，遗址200多处，墓葬2000多座。大汶口文化处于原始社会末期母系制日益解

绿松石 因其形似松球且色近松绿而得名，是我国“四大名玉”之一，自新石器时期以后历代文物中均有不少绿松石制品，是有着悠久历史和丰富资源的传统玉石。古人称其为“碧甸子”“青琅玕”等。据专家考证推论，我国历史上著名的和氏璧即是绿松石的一种。

体、父系制逐渐兴起的时期。大汶口遗址原本是一处氏族公社的公共墓地，由于墓葬之间叠压和打破现象较多，反映该墓地延续使用的时间很长，随葬品十分丰富。

大汶口墓葬中发现了一大批精致的玉器，有玉铲、玉凿、玉锹、玉笄、玉管、玉臂环、玉指环以及罕见的绿松石骨雕筒等，这些都是新石器时期后期氏族社会发生深刻变化的历史阶段的重要遗物，是文明即将到来之前文明意识及社会上层建筑的体现。

大汶口文化的全部墓葬，生动地反映了这一时期玉器从少到多、从小到大的发展过程。从大汶口墓葬资料来看，在早期的30座墓葬中，平均每墓随葬品7件；在中期的67座墓中，平均每墓随葬品17件；在后期的18座墓中，平均每墓随葬品剧升为45件。

在大汶口墓葬群的早期几乎无玉随葬，例如属于早期的一座典型大墓，共有各种随葬品60多件，其中精美的透雕象牙梳和置放于墓主头部和肩部的象牙琮，反映了墓主的显贵以及大汶口早期居民艺术创造力和原始宗教的发达程度，但就是没有一件玉器。

在另一座同期的中型墓中，在女墓主的左耳下发现了一枚小绿松石片。还有一座墓中发现一件戴在手指处的镶绿松色的骨指环。这一切都表明在大汶口墓葬的早期和仰韶文化时期相似，玉器尚处于起步阶段。

大汶口文化三牙璧

大汶口文化的晚期，由于社会生产力的发展和文明程度的提高，玉器生产已很发达，随葬玉器的

■龙山文化三牙璧

数量增多，品质提高。如一座晚期大墓，墓主为一名50岁左右的女性，手臂戴有玉环，手指戴有玉戒，胸前有一串绿松石片，右股间放置一玉铲。此外，头上还戴有象牙梳和3套珠串，右股处有一骨雕筒。还放有一对兽骨和玉指环。

龙山文化处于新石器末期。龙山文化玉器主要遗址有历城城子崖、日照两城镇、胶县三里河、诸城呈子、东海峪、茌平尚庄、泗水尹家城、武莲县丹上村等地。山东境外著名龙山文化玉器也普遍存在，如陕西神木石卯等。

龙山文化玉器的主要品种有穿孔玉斧、斧形玉刀、玉销、玉铲、玉珊、锻形玉玲、玉钺刀、玉兰刀、玉坚、玉璜、组合玉佩、玉用、玉笞、玉别、玉管、玉液巩、阳彩玉器、几何形玉器、人头玉雕像以及嵌绿松石的骨器等。这些玉器大多琢磨精致、造型优美、晶莹圆润，具有较高的艺术水平。

龙山文化遗址中有许多玉石装饰品，鸟形或鸟头形玉饰成组随葬，为以后商代大量盛行动物雕开创了先例。另外还有玉斧、玉锛、玉刀、玉凿、玉璇玑等。龙山文化和大汶口文化玉器相比，在意识形态和礼仪特征方面，有了很大的进步，这跟龙山时期的社会生产力和社会组织形态是相适应的。

历城 在今山东省济南市郊。公元前153年，西汉设历城县，因处历山下而得名。历山即千佛山，亦名舜耕山。相传上古虞舜帝为民时，曾躬耕于历山下，因称舜耕山。据史载：隋朝年间，山东佛教盛行，虔诚的教徒依山沿壁镌刻了为数较多的石佛，建千佛寺而得名千佛山。

龙山文化时期的生产及制作技术有了明显的突破，比如龙山文化时期的玉刀，长49.1厘米，宽5.9厘米，厚0.1厘米，玉料墨绿色。体薄而扁长，宽边处由两面磨成薄刃，有3个等距圆孔。玉刀正面光滑，背面粗涩且有土浸痕，似未经打磨。这件玉刀虽有利刃，但如此宽薄，显然不是实用器，推测为祭祀器或作仪仗、礼器。

仪仗 古代用于仪卫的兵仗。指帝王、官员出行时护卫所持的旗、伞、扇、兵器等。现指国家举行大典或迎接外国首脑时护卫所持的武器，也指游行队伍前列所举的旗帜、标志等。仪仗在神农始为仪仗，秦汉始为导护，五代始为宫中导从。

还有一件龙山文化时期的玉三孔铲，发现于山东省日照市两城镇，长27厘米，宽16厘米，厚0.8厘米，玉料为淡黄色中带绿色，一面受侵蚀较重。体扁平，呈肩窄刃宽的梯形，刃锋锐，两面磨成，并稍有崩裂。正中有一圆孔，孔一侧上下又钻两圆孔，且各有一深碧色石塞嵌入孔内。

此器制作规整，宽大而薄，器面上看不出捆扎和使用的痕迹，已不是生产工具，而是作为礼器、仪仗或祭祀器。

龙山文化玉琮

齐家文化位于黄河上游，以甘肃省东南部为主要分布地的新石器时期末期文化。其地域范围东自泾、渭二河，南至北龙江流域，西起湟水一线，北至内蒙古阿拉善左旗，有遗址350多处，墓葬500多座，发现了玉斧、玉铲、玉璧、玉琮等一批精致的玉器。

龙山文化玉钺

齐家文化最负盛名的玉器发现于武威皇娘娘台遗址，这是一处面积约10万平方米较单纯的齐家文化遗址，共有墓葬88座，获得了相当一批重要的玉器，其中精彩的器件如：玉铲6件，梯形扁薄造型，制作规矩，锋刃锐利。并且通体磨光。靠背部处穿一孔，以便配置铲柄之用。皆碧绿色和乳白色玉材琢制，质料细致坚硬。玉质感较好。长10厘米至20厘米、刃宽4厘米至5厘米。玉锛5件，长方造型，锋刃锐利，打磨异常精致，桥宽3厘米至4厘米，显得小巧玲珑，皆碧绿色玉材琢制，给人以美的享受。玉璜5件，扇面形态，两端有孔，便于系挂，乳白色玉材琢制。皇娘娘台发现的玉璧形制较为特别，有圆形、椭圆形和方形3种，多用绿色玉材和汉白玉琢成，有264件。

皇娘娘台 亦称尹夫人台，位于甘肃省武威市。尹夫人是东晋十六国时期西凉国王李嵩的妻子，在李嵩创建的西凉政绩中，倾注着她许多心血和智慧，为此有人把西凉政权称为“李尹政权”。尹夫人后被北凉的沮渠蒙逊掳来国都姑臧，蒙逊在西汉末年窦融所筑的台基上为她修建房子，称“尹夫人台”。

在齐家文化中，玉璧被用来敬祭天地，但当时玉璧首先是一种财富，或者直接就是一种高档次的货币。先民们用财富祭祀天地，也在情理之中。

皇娘娘台发现的玉珠多以绿松石制成，呈长条或扁圆形态。中间有孔，便于穿缀悬挂。

在皇娘娘台众多古墓中，当时玉器的琢磨技术已较高，选料也较精良，反映出这里已经盛行葬玉习俗。如在一座双人墓中，男女墓主口内各含绿松石珠

3枚，男子贴身玉璧5件，女子也有3件。在另一墓中，两个女性颈部都佩戴钻孔的绿松石珠数枚。这些现象表明，玉在齐家文化居民的心目中已经有了重要的位置。

齐家文化玉人

这里还有一个有趣的现象：那些没有能力随葬玉器的人家，常在墓中放几片粗玉片、粗玉石块或小玉石子。他们不随葬日常生活中常用的陶、角、骨、石等物，却宁愿把不成造型的玉石块带入墓中，联系到墓葬里卜骨的出现，说明迷信心理和占卜习俗在那时已相当浓厚。

齐家文化玉器遗存除武威皇娘娘台以外，还有甘肃永靖秦魏家、大何庄等众多遗址，但大多只发现有绿松石珠、玛瑙等装饰品，其他玉甚少。

黄帝是黄河流域的重要民族首领，后来他统一中原，成为中华民族的始祖，世代为人们传颂。黄帝为巩固中原的统一而实行重大举措，考定纪年、编造书契、制定冕服、确定音律、统一度量衡、设置史官，这都是开国始祖初创大统必不可少的制度。

齐家文化玉琮

这些内容跟玉文化有非常密切的联系；而且也发现了大量五帝时期的玉器，我国最早的音律和度量衡制度就是出于黄钟玉律。

当初黄帝命隶首定数，命伶伦送律吕，用黄玉琢成玉律管，称为黄钟玉律。以黄钟长度为标准产生度制，以黄钟容积为标准产生量制，以玉律管之音为12音之首产生音律，于是一只小小的玉管产生了我国最早的音律和度量衡制。

以至后来的《说文》中还流传“舜之时西王母来献其白请”，反映五帝时期西域方国向中原进贡了玉律管。商用“横黍尺”，周用“周玉尺”，以后历代王朝各依玉律管制度定其度量衡标准。可见佳话流传之久，黄帝功勋之高，亦可见中华玉文化源远流长。

泛河沉璧和献世昆台，即以玉璧沉河，祭水川之神。以玉冠、玉剑、玉佩埋于“极峻”的高山之巅，行祭天之礼。祭祖乃国之大典，是古代国家政治生活中最重要的活动。古史传说中是这样讲的，发现的高台祭坛是历史上遗留下来的真实场景。神话被遗迹所证实，遗迹被神话所诠释。

从新石器时期的发现得知：史前玉器多用于祭葬，也就是说多用于鬼神之事。自黄帝始，将玉器施用于政治场合，施用于氏族部落联盟的等级制度。这是国家玉礼仪制度的初始，无疑属一项重大的创举，也可以说是用玉方式的一个重大的转折。

阅读链接

龙山文化一些著名的玉器，如胶县的组合鸟形玉佩，日照的鸟纹石镇、鹰攫人头玉雕，这些都应是东夷部落马图腾的生动体现。

从龙山文化发现的古玉当中，可以看到帝颛顼时代用玉礼仪的盛况。龙山文化后期的玉斧、玉刀、玉铲、玉钺、玉璧、玉佩等，无一不是礼仪用玉或仪仗用玉。

特别是刻兽面纹玉钺和双面兽面纹玉斧，更是具有典型王权特征的玉器，显示龙山文化后期礼仪用玉已经发展到一个相当成熟的程度。

东北地区红山文化的玉器

红山文化玉器，是我国东北地区新石器时期红山文化遗址中发现的玉器，多发现于辽宁省凌源县牛河梁、三官甸子、喀左县东山嘴等遗址，内蒙古翁中特旗三星他拉、敖汉旗大洼、辽宁省阜新县胡头沟等处也有不少重要玉器发现。

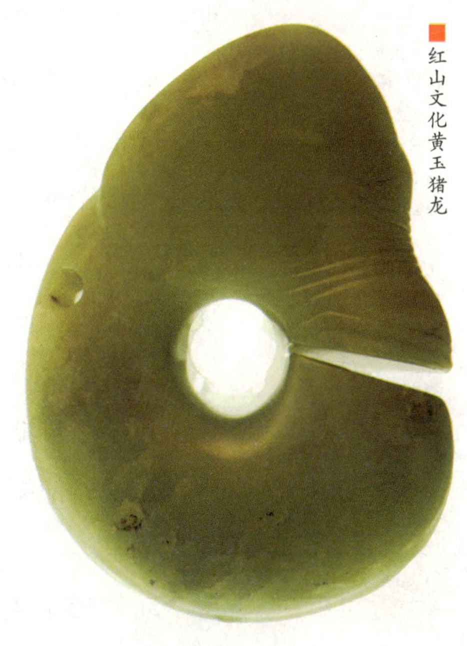
红山文化黄玉猪龙

红山文化的成批玉器中多数为动物造型的装饰品，构成这一文化的显著特征。

辽宁省阜新查海原始村落遗址中，发现了距今已有7000年至8000年的玉玦、玉匕、玉凿及管状玉块8件玉器。它的发现，标志着我国制玉历史提前到了距今8000年左右。

红山玉器的动物造型体现出中华民族一种原始的动物图腾。最主

红山文化玉龙

要的是一批包括龙和与龙有关的各种动物图案为题材的玉器群，而装饰用的小件玉器则发现甚少，也没有琮、钺、璋等礼器出现。

龙，是中华民族自上古以来一直崇尚的神异动物。作为一种图腾象征，被赋予了浓厚的神秘色彩。而红山文化时期的玉器中最具有代表性的是玉雕龙。

红山文化遗址发现的一件C形玉雕龙长嘴，长鬣，但无足、无爪、无角、无鳞、无鳍，它代表了早期中国龙的形象。

此件玉饰玉质呈碧绿色，体蜷曲，形似“C”字，吻前伸，嘴紧闭，鼻端平齐，双眼突出，额及腭底皆刻细密的方格网纹，颈脊长鬣上卷，边缘斜削成锐刃，末端尖锐，尾向内弯曲，末端圆钝，背有一对穿圆孔，可供穿挂用。被称为“中华第一龙”。

玉龙的发现非常重要，是原始文化原始崇拜的表现，反映了早期人们的生活状态。除了玉龙之外，红山文化玉器依据造型和题材可以分为动物形玉类和几何形饰玉类。

动物形玉类又可以分为现实动物和幻想动物，

龙 我国古代的神话与传说中的一种神异动物，具有9种动物合而为一的形象，为兼备各种动物之所长的异类。其能显能隐，能细能巨，能短能长。春分登天，秋分潜渊，呼风唤雨。封建时代，龙是帝王的象征，也用来指至高的权力和帝王的东西。其与白虎、朱雀、玄武一起并称“四神兽”。

现实动物如玉鸟、双龙首玉璜、兽形玉、玉龟、鱼形坠、玉鸮等；幻想动物如兽形玉和玉龙、兽形玦等。

几何形玉饰有勾云形玉佩、马蹄形玉箍、方圆形边似刃的玉璧、双联玉璧、三联玉璧、棒形玉等。

红山文化玉器中的动物造型，风格质朴而豪放，表现手法中的圆雕、浮雕、透雕、两面雕、线刻等已日臻成熟。红山文化的玉器都有一种图腾崇拜，这种强烈的图腾崇拜跟人的早期精神追求有关。

早期人类的生活比较单一，就是想如何生存。他们的生存环境比较单一，又很恶劣，经常面临着自然灾害、凶猛的野兽等。他们不能解释自然现象，比如打雷打闪，古人一看到这些，就非常害怕，可能有一个人被雷劈死了，其他人就会产生巨大的恐惧。

那么当恐惧发生的时候，什么能给人以安慰呢？古人偶然发现，手里攥一块圆滑的石头，情绪就会相

龟 龟在我国古代与麒麟、凤凰和龙一起谓之四灵。麟为百兽之长，凤为百禽之长，龟为百介之长，龙为百鳞之长。龟称为玄武，黑的意思，生活在江河湖海，因而玄武就成了水神；乌龟长寿，玄武也成了长生不老的象征；最初的玄武在北方，殷商的甲骨占卜即“其卜必北向”，所以玄武又成了北方之神。

■ 红山文化勾云形玉佩

《说文解字》简称《说文》。作者是我国东汉的经学家、文字学家许慎。《说文解字》成书于100年至121年，是我国第一部按部首编排的字典。根据文字的形体，创立540个部首，将9353字分别归入540部，系统地阐述了汉字的造字规律。

对安定，这就是玉带来的原始的精神上的好处。

玉，最早是被巫用来通灵的。巫要跟神去沟通，中间要有一个媒介，就是玉。《说文解字》中解释：“灵，灵巫也。以玉事神。”“灵”就是一个巫师。

巫用玉跟神沟通，玉成为一种道具。玉是神的物质表现，神又是巫的精神体现，玉、巫、神在这里三位一体，营造出神秘感。当对这个自然世界知之甚少的时候，当不能解释一些自然现象的时候，古人宁愿相信神的存在。

红山文化的鸟兽造型玉器居多，鸟有鹰，兽有猪，还有一种特别典型的玉器，叫玉猪龙，身上有孔可以系绳，是红山玉的一个特色。

■ 红山文化玉猪龙

玉猪龙是红山文化后期典型的玉器制品，猪首龙身，通体呈鸡骨白色，局部有黄色土沁。龙体蜷曲，首尾相连，器体厚重，造型粗犷。猪首形象刻画逼真，肥头大耳，大眼阔嘴，吻部前突，口微张，露出獠牙，面部以阴刻线表现眼圈、皱纹。中央的环孔光滑。

猪，在原始社会中是非常重要的财产，由于当时猪的地位高，所以玉器

红山文化箍形玉器　又被称为玉马蹄形器，是红山文化的代表性玉器之一。玉箍形器是当地史前玉器的特有器类，一般通体素面无纹饰，以晶莹剔透的质感见长。一般发现于墓主人的头部，推测是束发的发箍，两侧的小孔用来穿绳固定。玉箍形器主要发现于高级墓葬中，是身份等级的象征。此玉器呈长筒形，一端斜口，一端平口。斜口的口沿薄而有刃，平口一侧钻有一孔。

中大量地表现猪。玉猪龙是身份和地位的象征，也是最早的龙形器物之一。

红山文化大量的玉器上都有孔，一个或几个。孔表明玉器可以悬挂，小东西上有孔，我们自然而然就想到一定是悬挂在身上，不管是佩在腰间，还是佩在颈间。但像C形龙，体形比较大，所以有人推测，它是悬挂于某处进行祭祀的。

牛河梁第五地点的中心大墓竟然发现有7件随葬红山玉器，并且排列十分规整，竖放在死者的右胸，下面压着一件马蹄形玉器，右手腕戴着一件玉镯，两件玉璧放在头部的两侧，双手各握着一件玉龟。

耐人寻味的是，墓中的玉龟为雌雄一对。古代乌龟作为一种神圣的灵物而备受人们崇拜，它被看作是祥瑞之物，跟龙、凤、麟三者并称为“四神”。

任昉《述异记》中盛赞乌龟为象征和长寿的代表物：

> 龟一千年生毛，五千岁谓之神龟，寿万年曰灵龟。

而5000年前的红山先民，则希望他们能够像龟一样长寿，像龟一

兽面纹 古代玉器和青铜器上常见的花纹之一，是古人融合了自然界各种猛兽的特征，同时加以自己的想象而形成的，其中兽的面部巨大，而且非常夸张，装饰性很强，常作为器物的主要纹饰。兽面纹有的有躯干、兽足，有的仅作兽面。

样不受侵害。

墓主人双手各握一玉龟，而且为雌雄一对，由此可见，玉龟已经成为红山文化的典型器。

放在死者胸前的是勾云形玉佩，呈长方形，它的4个边角翻卷，背面有可供悬挂的钻孔，中间有勾云形纹饰。

还有一件玉器可能是由勾云形玉佩演变而成，又称为兽面纹配饰。它的造型比较抽象，形制繁多。

鸟兽在玉器中盘旋，忽上忽下，忽断忽连，但无论正着看还是反着看，鸟兽的数量都是相等的，极具神秘感。

另外的一件玉器名叫马蹄形器，器以青色玉料制成，它是红山文化中最具代表性的一种玉器。

还有件玉器名叫玉凤，发现于辽宁省牛河梁遗址，枕在墓主人的头下。玉凤长19.5厘米，高12.5厘

青玉兽面纹佩

红山文化玉凤

米，厚1.2厘米。为淡青色玉，局部夹杂灰白色沁与瑕，扁薄片状，正面雕琢凤体，羽毛以阴线刻画，整体雕刻非常精细。

从“中华第一龙”和“玉猪龙”的比较来看，由于他们都是红山文化的遗物，且外形又有许多类似的地方：都是“C”形，且都有用于悬挂的小孔。因此它们应该存在必然的联系。

根据器物的演变规律来分析，“中华第一龙”应该是在“玉猪龙”的基础上经艺术加工演化而来，玉猪龙才是龙文化最早的形象起源，“玉猪龙”出现的时期也许要更早些。

红山玉器的制作工艺，主要体现在各部位的过渡自然，表面光泽细腻，少有磨痕，个别小型佩件大多无玻璃光。

不论动物或器物，一般都有穿孔，多系对钻而

凤 凤凰的简称。在远古图腾时期被视为神鸟而予崇拜，并比喻有圣德之人。它是原始社会人们想象中的保护神，经过形象的逐渐完美演化而来。它头似锦鸡、身如鸳鸯，有大鹏的翅膀、仙鹤的腿、鹦鹉的嘴、孔雀的尾。居百鸟之首，象征美好与和平。是封建时代吉瑞的象征，亦是皇后的代称。

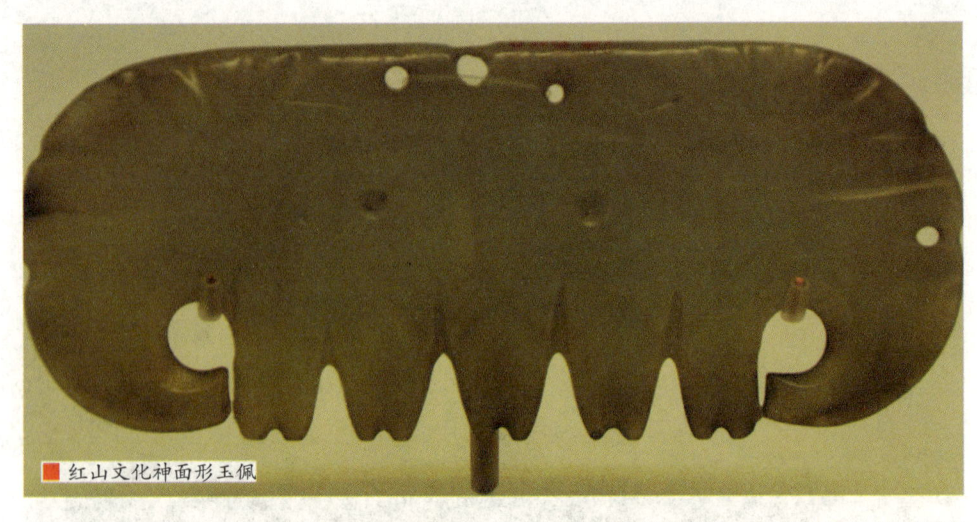
红山文化神面形玉佩

成，也有从一面钻进的马蹄形孔，孔壁呈粗螺旋状，有的孔中部交接处出现错位棱台，也有的是对面蹭磨而成光泽无螺旋纹的孔，交接的薄层上钻一小孔。

红山文化玉器造型上最突出的特点就是讲求神似，大都以熟练的线条勾勒和精湛的碾磨技艺，将动物形象表现得活灵活现，极具古朴苍劲之神韵，红山文化玉器多通体光素无纹，动物形象注重整体的形似和关键部位的神似。

阅读链接

1955年，我国考古学家尹达在《关于赤峰红山后的新石器时期遗址》一文中，根据这里出土的陶器和石器特点分析，把分布在辽宁、内蒙古和河北交界的燕山南北及长城地带的我国新石器时期的文化命名为红山文化。从此，红山文化得到正式命名。

然而，在此后的几十年里，红山地区并没有更新的考古发现。随着满城汉墓、曾侯乙墓和秦始皇兵马俑等重大考古发现，远在塞外的红山显得有些苍凉和冷落。

直到31年后，1986年《人民画报》第八期刊登了一幅5000年前玉雕龙的图片。这条消息一经报道，立即在全世界引起了轰动。赤峰发现了中国第一玉龙的消息由此传遍了全世界。

长江中下游地区的早期玉器

长江中下游地区进入新石器时期的时间，要稍晚于黄河流域，但在玉器方面，其分布范围之广、玉器遗存之多、品种内涵之丰富及艺术境界之高超，均为世人所瞩目。

长江中游新石器时期玉器以四川省巫山大溪文化、湖北省天门石家河文化、安徽省潜山薛家岗文化和含山凌家滩文化玉器为代表。

大溪遗址位于巫山瞿塘峡南岸，大溪文化的范围西达川东、东临汉水、南至湘北、北抵荆州。起始年代为公元前4400年至公元前2700年，延续了1700余年。

大溪遗址发现有玉钺、玉玦、玉环、玉坠及纽形饰品等玉制装饰品，共有3类：一是耳饰类，有块形、梯形、方形、圆形等各种耳饰

安徽含山凌家滩文化玉人

母系氏族社会
在旧石器时代的中晚期，远古社会由原始人群阶段进入母系氏族社会。这一时期，女性在社会中享有很高的地位，掌握氏族的领导权。母系氏族社会里，按性别和年龄区别来分工。青壮年男子外出狩猎；妇女从事采集果实、缝制衣服、管理杂务等公益劳动。

多件；二是臂饰，即玉锡；三是项饰类，有小型的玉琅、玉璧、玉坠等饰物。

大溪文化早期尚处于母系氏族社会阶段，晚期则刚开始进入父系氏族社会。从墓葬情况来看，当时凡能获得的材料都曾用于制造装饰品，由此可见此时人身装饰风气之盛。

石家河文化晚期的瓮棺葬及其众多的玉器，是长江中游新石器时期玉器的一个重要特色。所谓瓮棺葬是以陶制瓮、缸、盆、钵、罐等容器为葬具，将两者相扣构成瓷棺，安葬死者及置放随葬物品。

石家河隶属于湖北天门县境内，有许多新石器时期遗址，尤其肖家屋脊遗址，有属于石家河文化晚期的瓮棺葬16座。

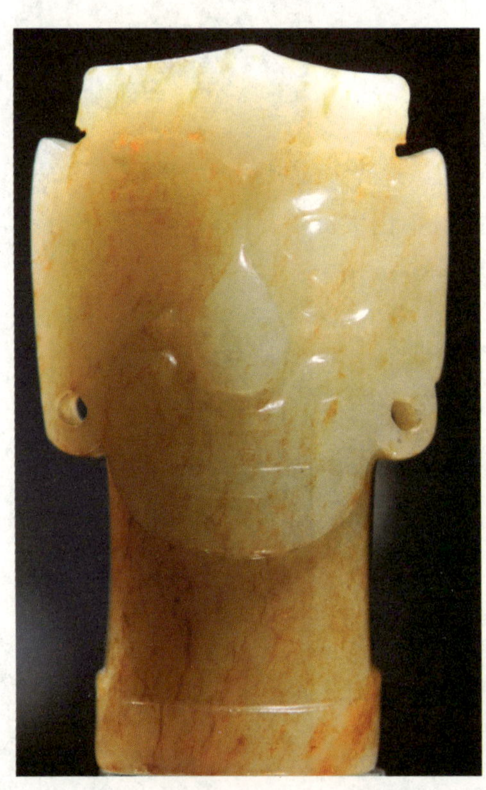

在最大一座瓮棺之中发现随葬玉器56件，计有玉人头像6件、玉虎头像5件、玉盘龙1件、玉坤11件、玉飞鹰1件、玉珍2件、玉管10件、玉坠1件、玉珠5件、圆玉片2件、玉筹2件、玉柄形饰5件，另有碎玉玦5件。

该墓的玉器数竟占16座墓随

■ 石家河文化玉人头　头戴冠帽，方脸，菱形眼，鹰勾大鼻，戴有耳环，阔嘴，表情庄重。但在造型上富于变化。这些玉制的人头形象可能代表着石家河先民尊奉的神或巫师的形象。此玉雕刻工序相当复杂，首先刻出两条阴线作为阳线两边的轮廓，然后在分别剔除两边多余的部分将阳线凸起，最后还要平整除去部分的表面。后来很少用这种技法了。

■ 石家河文化玉虎头

葬玉器总数的一半以上，并且还包罗了石家河文化玉器的大部分品种。

在其他瓮棺之中，同期发现的品种还有玉羊头、玉鹿头、玉牌形饰、玉长方形透雕片饰及玉纺轮、玉锅、玉刀等。

石家河文化晚期墓葬的总体特征是以玉为主，或称以玉殓葬。从肖家屋脊109座墓葬观察，属晚期者77座，16座瓮棺葬中除一座墓葬有一只陶杯外，所有随葬之物全部都是玉器，而没有其他任何生活用具。有的墓虽没有玉器，但放入了几枚残玉或其碎片。

石家河人的祖先宁愿在墓中放入玉石碎片，也不会放入其他的生活用品，这反映了当时强烈的玉崇拜心理。

这些随葬的玉器大致应分3类：一是工具类，如玉纺轮和玉制锅、刀；二是装饰类，如珠、管、坠等物；三是人头像和各种动物头像。

古代先民不会无缘无故地琢制生灵形象，这当中

神灵崇拜 神灵是指古代传说、宗教及神话中天地万物的创造者和主宰者，或指有超凡能力、可以长生不老的人物。早期对大量自然体和自然力甚为敬重，但不再停留于把自然体本身作为直接崇拜对象，而是开始相信自然体和自然力皆有特定的神灵崇拜。

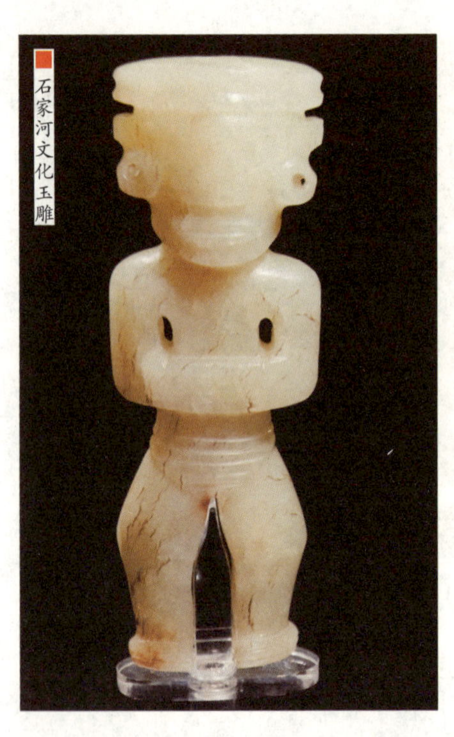
石家河文化玉雕

必有一种神圣的说教，可将这第三类玉器视为神灵崇拜玉器的范畴。

石家河文化晚期的这100多件玉器，器形都很小，最长者也不过6.5厘米。其他所有玉器长度都在1厘米至5厘米之间，而且大多有孔，或背面有槽，作固定之用，可穿绳、可插嵌、可胶粘，可固定在衣物上或吊挂在人身上，说明这些玉器的使用方式是通过装饰来表现崇拜心理。

这些玉器的造型非常优美，加工技术比较成熟，巫灵观念比较突出，显示玉文化已较发达。但是，石家河时代玉器的统治特征还很不鲜明，一件玉刀也只有1厘米至2厘米大小。

安徽省潜山薛家岗遗址的玉制品多出于薛家岗新石器时期遗址的第三期当中，该期共有墓葬80座，计有玉铲11件、玉环18件、玉根18件、玉管85件、玉琮2件、玉饰33件、无名玉器1件。

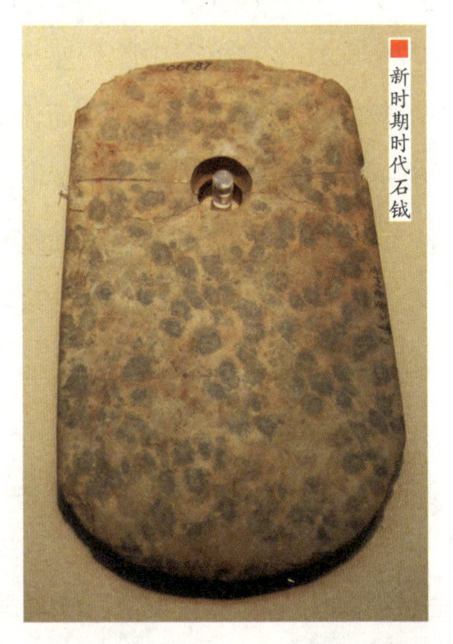
新时期时代石钺

在这批墓中，随葬品最少的只有两件器皿。最多的有46件，其中玉制品达30件。

薛家岗文化距今5000多年，当时佩戴玉器风气盛行，琢玉技术已经成熟，以玉装饰、随葬已成习俗，玉崇拜意识已较突出。薛家岗的一件石铲、石斧及多孔石刀非常引人注目，有一件13孔石刀长达51.6厘米，宽有12厘米；器形规整，刀刃锋利，孔距相等，磨制精细。

另外有的玉刀、玉铲还在钻孔周围绘有红色的花果图案，既能实用，又可作礼仪之具，这在新石器时期是不多见的。

安徽省合山凌家滩位于安徽东部，这是长江中下游地区发现新石器时期玉器的一处重要遗址。发现墓葬47座，有玉器96件，主要品种有玉珊、玉璧、玉玦、玉环、玉璜、玉管、扣形玉饰、纽彩玉饰、刻纹玉饰、三角形玉片、玉勺、玉鱼、玉龟、玉人、玉斧形器等。该处玉器琢制精美，技术高超。墓葬反映当时用玉习俗盛行，具有较典型的宗教和礼仪特征。

长江下游地区玉器遗存是以河姆渡文化、马家浜文化和良渚文化为主要代表。除此之外还包括相当于马家浜文化时期的南京北阴阳营文化。这几支重要的文化遍布浙江、江苏和上海的大片地区，发现了大量精美的玉器文物，显示出新石器时期末期我国玉文化的盛况。

河姆渡文化遗址位于浙江省余姚市和宁波市之间，遗物十分丰

河姆渡遗址石雕

富，共有玉、石、木、骨、陶各种文物6000多件，其中玉石器数以千计，共有玉环、玉玦、玉管、玉珠四大品种。这在当时属于装饰类玉器，这些装饰品多为低档玉。

河姆渡文化距今7000年左右，玉器遗存也像仰韶文化，尚处于早期饰品阶段，具体特征表现为：一是玉、石混用，同样造型的装饰有玉质的，又有石质的；二是做工粗糙，雏形不甚规整；三是品种单调，除装饰用外，尚未出现其他别的玉器。

马家浜文化是环太湖地区范围内与河姆渡文化平行发展的一支新石器时期文化。其年代和河姆渡文化相当，距今7000年之久。其分布范围东自东海之滨，南至太湖流域，西起宁镇山脉，北达江淮之间。

马家浜文化浙江嘉兴马家浜遗址发现玉玦两件，一件为乳黄色，一件为乳白色，直径分别为3.2厘米和7厘米，在墓穴中都置于头骨旁边，似作耳坠用。

另外，在吴江县梅堰镇遗址、苏州市西南郊越王城遗址、吴兴县太湖边的邱城遗址、武进县戚墅堰镇西南的圩墩遗址及该镇西北方位的潘家城遗址等，发现的玉器主要有玉璜、玉玦、玉镯、玉管及玉坠

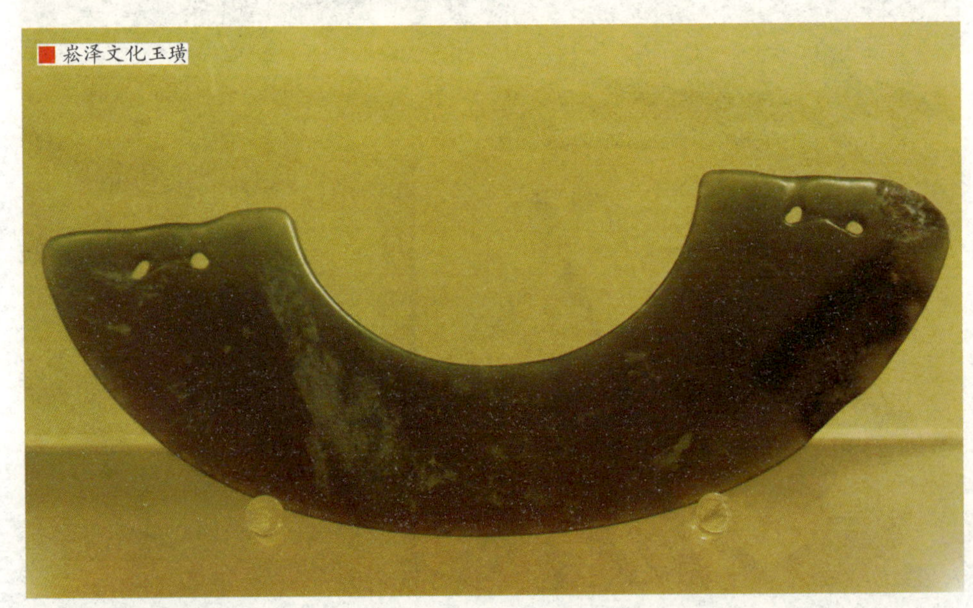
崧泽文化玉璜

等。所用玉材有白玉、青玉、蛇纹石玉料和玛瑙。

马家浜文化玉器状况与河姆渡文化相仿，属玉器文化的初起时期。但是，这一切都为以后的玉器发展奠定了基础。

继浙江省河姆渡和马家浜之后1000多年兴起的崧泽文化，在玉器方面则有了很大的进步，显示了长江下游地区玉文化发展的强劲势头。

■ 崧泽文化玉钺

崧泽文化年代为距今5300至5000年，以上海市青浦县崧泽遗址为其代表，分布范围仍以太湖流域为中心，基本上和马家浜文化相一致。

崧泽文化早期的玉器也很贫乏，墓葬中寥寥无几，品种上多玦少璜。到了中期，璜、环、珠、坠诸器皆有，器物走向精致。

发展到崧泽晚期，出现了较大型的玉镯、玉璧和超大型的玉斧。器形规整，器表光洁，打磨精致，钻孔熟练。

崧泽玉器在产品造型上富于变化。如3件玉琀，共分3式：一件淡绿色，圆饼形，一侧穿一小孔，直径1.7厘米；一件淡绿色，璧形，直径3.7厘米；一件墨绿色，鸡心形，中穿一孔长4.2厘米。

新石器时期玉琀有龙山文化的胶县三里河，以

玉琀 又称“含玉”，是含于死者口内的葬玉。使用口琀的目的有二：一是古人视死如生，不使死者空口；二是希冀以玉石质坚色美的特性来保护尸体不化。玉琀各代形制不一，商周玉琀有玉蝉、玉蚕、玉鱼、玉管等，春秋战国时玉琀有玉猪、玉狗、玉牛、玉鱼等，多为各种小动物。

北阴阳营文化玉环

玉镞为琀；齐家文化的皇娘娘台，以绿松石珠为琀；南京北阴阳营文化以雨花石为琀。

而崧泽遗址这3件玉琀应是史前玉琀中最早者之一。其形式非常独特，出了3个造型，特别是第二式，外形为鸡心，中孔较大，不像是挂坠或佩饰，在同时代中也没有相应的玉件，这使人相信或许是专用的玉琀。

同样，崧泽的玉璜也表现出丰富多样的特征。璜是新石器时期玉器遗存中的主要品种。各个地域文化发现很多，大多为半弧状，均大同小异。

崧泽玉璜有半环形的，也有半璧形的，更有两件仿鸟鱼之形的玉璜，此为崧泽时期所仅见，造型生动而含蓄，必是当时意识形态的一种反映。

崧泽时期大约已处于母系氏族公社的晚期，其熟练的琢玉技术和较发达的琢玉业为后来良渚玉器开拓了先河。

北阴阳营文化遗址地处南京市内，是新石器时期的一处氏族公共墓地。该遗址发现有住宅、灶穴、灰炕、墓葬诸多遗址。

石、玉、陶骨、铜诸文物3000多件，其中玉器近300件，不但量大，且器形规矩，说明当时制玉业已很发达。玉器品种有玉玦、玉璜、玉珠、玉管、玉坠，这是史前玉器装饰品中最基本的造型。

在墓穴中，玦多列于人骨之耳际，是为耳饰；璜多呈半环形，置于人的颈部，当为颈饰；管呈柱形，多位于人的胸部和腰部，作为人身的装饰。玉器用材多为玛瑙，亦有透闪石、阳起石及蛇纹石玉材。

北阴阳营文化遗址中有两个值得注意的现象：

一是以天然雨花石作为玉琀，放于人口中，这是国内独一无二的现象。雨花石形纹俱佳、天生丽质，属玛瑙类，玉器行业中称为雨花玛瑙。以北阴阳营史前人类制玉之技艺，琢制玉琀当不费难，然却以天然雨花石子为之，足见玉为石之美者。

二是有一个屈肢人骨怀抱着一只彩色陶罐，罐内放着玉器和玛瑙器9件。“以缶藏玉，此之为宝”。这是《说文》中古“宝”字的来源。这个有趣的现象居然在南京的史前墓葬中得见，证明前人所说不虚。

长江下游地区的河姆渡文化、马家浜文化、崧泽文化及南京北阴阳营文化中的史前玉器都以玦、璜、管、珠为主要特色，反映了这一地区史前玉文化发展脚步的一致性和继承的关系。

在这些文化的基础上，经过了较长时间的相互影响和磨合，我国史前玉器终于迎来了一个新时期，即良渚文化时期。

良渚文化是我国长江下游地区新石器时期晚期的一支重要文化，

雨花石 由石英、玉髓和燧石或蛋白石混合形成的珍贵宝石，也称雨花玛瑙。据传说在1400年之前的梁代，有位云光法师在南京南郊讲经说法，感动了上天，落花如雨，花雨落地为石，故称雨花石。讲经处遂更名雨花台。成语“天花乱坠”正由此传说而来。

良渚文化玉璧

玉蝉 自汉代以来，皆以蝉的羽化比喻人能重生。将玉蝉放于死者口中称作含蝉，寓指精神不死，再生复活。把蝉佩于身上则表示高洁。所以玉蝉既是生人的佩饰，也是死者的葬玉。古代含在死者口中的葬玉，因多刻为蝉形，故名“玉蝉”。玉蝉最早出现于新石器时代，至商代大量出现。

以环太湖流域为中心，东到舟山群岛，西达宁镇一线，南从宁绍平原，北至苏北地区。良渚文化的玉殓葬原始风貌，展现了良渚先民以其卓越超群的勤劳和智慧，创造出震惊世界的玉文化千秋伟业。

良渚遗址是指包括良渚、安溪、长命、北湖4个乡在内的大型史前遗址群，有大小遗址40余处。

而在环太湖流域所发现的良渚文化遗址总共已有100多处，其中著名的遗址有浙江瓶窑镇的反山、汇观山、吴家埠、莫角山、安溪的瑶山、嘉兴的雀幕桥。江苏境内有吴县的草贴山、张陵山，常熟的三条桥，武进的寺墩，海安青墩，上海青浦县的福泉山等。数百座墓葬中发现了一大批精美无比的玉器。

良渚文化墓葬最引人注目之处，在于这些古墓都以随葬玉器为主体，玉器数量在遗物中所占比重都在80%至90%以上，而且造型规整，打磨光亮，纹饰精致，文化内涵深邃。

良渚文化玉琮

张陵山遗址属于良渚文化早期，距今5000年左右。遗址所在地为江苏吴县用直镇。当地有两座土墩东西分列，相距百米，有早期良渚文化墓5座。

其中一座墓中发现了20多件玉器，有玉璧、玉琮、穿孔玉斧、玉镯、玉带钩、玉坠、玉蝉佩及玉锥形饰等物。多透闪石、阳起石琢制。该墓的玉璧和玉琮属国内同类玉器中年代最早者。

良渚文化玉璧

其中一件玉琮，形似手镯，外径10厘米，高3.5厘米，是玉琮的早期形态。该琮的外圈壁面上有4块等距离相对称的凸形平面，每个平面上都有一个阴刻兽面方形适合纹样。圆圈眼，阔嘴獠牙，面目狰狞可畏。

琮系由镯演变而来，越是早期的琮越像手镯之形，该琮的造型和纹样都显示了良渚早期的特征。

寺墩遗址属良渚文化中期，距今大约4500年，地处江苏武进县。有两座良渚文化墓葬，共发现玉斧3件、玉璧25件、玉琮33件、玉杖首1件、带槽玉器1件、玉镯3件、玉镯形器1件、玉锥形器2件、有槽玉器坠3件、玉珠32枚、玉管8枚、玉锥形饰1件。

这批玉器皆为透闪石琢制，显示了良渚时期相当高的琢玉技艺。就其规模而论，如果没有一批长期从事琢磨玉器的艺人工匠，断不能有此成就。

上海市青浦县福泉山遗址是一处古代丛葬之地，是距今4000多年前，由良渚人在崧泽文化遗址和墓地上运土堆筑专门建造的土山墓地。该处除有新石

带钩 是古代贵族和文人武士所系腰带的挂钩，古又称“犀比”。多用青铜铸造，也有用黄金、白银、铁、玉石等制成。带钩起源于西周，战国至秦汉时期广为流行。带钩是身份的象征，带钩所用的材质、制作精细程度、造型纹饰以及大小都是判断带钩价值的标准。

良渚文化玉锥形器物

器时期马家浜、崧泽、良渚等时期墓葬外，还有战国、西汉及宋代墓葬，7座墓葬中玉、石、陶、骨等随葬器具555件，其中纯玉器455件，占82%。

这些玉器有玉斧、玉璧、玉杖首、玉带钩、玉镯、玉纺轮、玉环、玉璜、玉佩、玉坠、玉钻形器、玉角形器、玉靴形器、玉锥形器、玉管、玉珠、玉饰片、玉菱形饰等。总的来看，玉器品种与早期相比，已大为丰富，雕琢也更加精致美观。

在其中的一座墓中发现玉器139件，各种随葬玉器有玉珠、玉菱形饰、玉项饰、玉锥形器、玉管、玉坠、玉靴形器、玉斧、玉杖首、玉佩、玉纺轮、玉钺、珠、饰片、管及锥形器。

良渚文化后期墓葬的特点是规模较大、随葬玉器数量众多、品种亦比较齐全。在良渚文化中，最具代表性的还是良渚遗址中的大型祭坛遗址。反山良渚文化祭坛遗址位于杭州余杭县长命乡雉山村，在650平方米的范围内有墓葬11座，这些古墓全部位于一座人工堆筑的“高台土冢”之上。

冢内玉器不但数量大，而且质量高，其中更有具王权意义的器物，在国内无有出其右者，共有玉器1100余件、套。

若以单件计算，随葬器件总数竟达3200余件，平均每墓有300件之多。这种盛况不但在全国新石器时期墓葬中难得一见，即使在良渚遗址的墓葬群中也属翘楚。

这些玉器的品种为：玉璧5件、玉琮21件、玉钺5组、玉璜4件、玉镯12件、玉带钩3件、冠形饰9件、锥形饰73件、圆牌形饰131件、镶插端饰19件。

此外还有匕状器、杖端饰、串控制合管，单品种有竹节形管、束腰彩管、鼓形人珠、小珠、束腰形珠、球形珠、小圆形珠；坠饰有球形管；串缀饰有鸟4件、鱼1件、龟1件、蝉1件。此外还有镶嵌件。

以上所列举的这些玉器皆用软玉琢成，色泽多样，打磨光洁，可谓尽皆上品。

良渚文化早期玉器品种还不算很多，玉面朴素，造型也相对简单。良渚中期以后玉器品种极为丰富，造型纹样复杂多变，神权及王权意识更加突出。

如良渚玉斧，扁平梯形，下端为圆形，斧刃部有固定用孔，造型非常完美。边缘皆成平圆形，朴素无华，以玉质之美冲击人们的视觉感官。

良渚文化玉项饰

良渚玉璧也有乳黄、淡红、褐红、灰白、淡绿、黄褐、黑褐各种颜色。最大者直径26厘米，孔径3.6厘米，

软玉 也称真玉，按颜色可分为白玉、青玉、青白玉、碧玉、黄玉、黑玉、糖玉、花玉等。我国是软玉的著名产出国之一，主要产于新疆的昆仑山、天山和阿尔金山地区。它们均具有蜡状光泽，纯洁乳白，从历代玉器看，我国用玉以软玉为主，古软玉在我国被称为传统玉石。

加之大多打磨光亮，使玉之美色尽现。

玉琮在良渚玉器中数量很多，全部用透闪石软玉琢制，造型分迹式短筒形和内圆外方柱体形。外壁或饰以形象背面纹或雕琢象征背面纹。

良渚玉器雕琢的精细程度令人赞叹不已，加寺墩遗址一件玉琮，被誉为“史前玉器的代表作品”。该琮高7.2厘米，射径8.5厘米至6.7厘米，孔径6.8厘米至6.7厘米。

单说在玉琮周围雕琢了许多极其细密的云纹、雷纹，这些纹样由弧形的、细小的短直线组成，一个0.2厘米的圆竟由七八个小的直线衔接而成，一条0.2厘米至0.3厘米的直线也以数点相连而成刻纹，最细的仅0.07厘米，堪称鬼斧神工之作。

还有一件被誉为“玉琮王”的，高8.8厘米，直径17.1厘米至17.6厘米，孔径4.9厘米。黄白色，有规则紫红色瑕斑。

良渚文化玉饰

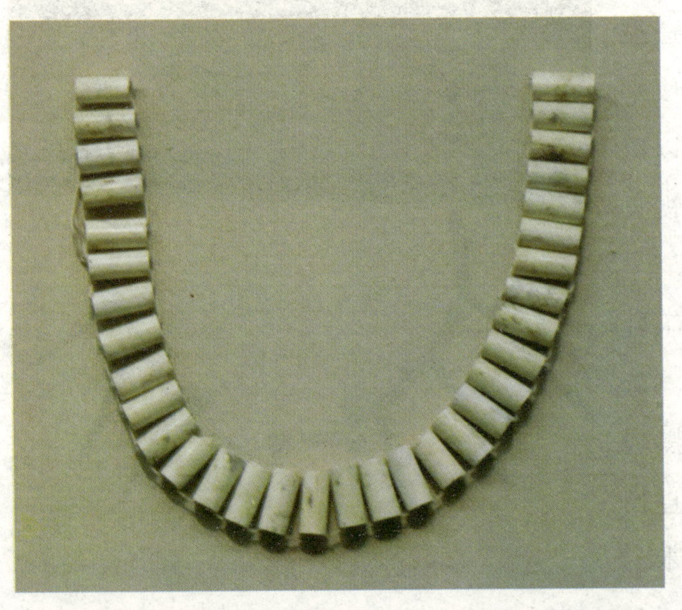

此外，器形呈扁矮的方柱体，内圆外方，上下端为圆面的射，中有对钻圆孔，俯视如玉璧形。

琮体四面中间由约5厘米宽的直槽一分为二，由横槽分为4节。这件玉琮重约6500克，形体宽阔硕大，纹饰独特繁缛，为良渚文化玉琮之首。

琮是一种用来祭祀地神的礼器。看良渚文化的玉琮，它的形状内圆外方，中间为圆孔，它可能是原始先民“天圆地方”宇宙观的体现，圆象征着天，方象征着地，琮具有方圆，正是象征天地的贯穿。

在当时，每当丰收或祭日时，就举行隆重的祭祀典礼，良渚先民就用它来与天地神灵沟通。因此，玉琮是良渚人所用的宗教法器。

这些玉器创作，反映墓葬的规格相当高，从这批出土玉器的用途和象征意义上，可推知墓主所掌握的神权、军事统帅权、氏族领导权和大量财富的支配权。

良渚文化玉器中最令人瞩目的是以“两眼一嘴”为特征的所谓“兽面纹”，这也是最具代表性的纹饰。

这种“兽面纹”或繁或简，变化多端，它以其狰狞而怪异的

良渚文化玉琮王

良渚文化玉珠串

色彩，对后世纹饰，尤其是商周青铜器饕餮纹的影响巨大。

良渚文化玉器上刻有很多生动的鸟纹，如良渚文化反山墓地出土的一件全玉钺，袖身上琢有良渚神徽和神鸟图像。

同在此墓的另一件玉琮，琢有16只相同的神鸟图形。作为良渚神徽的神人兽面像，其神人的脚是三爪鸟足之形，神人的冠帽琢有羽毛纹样。

从良渚玉冠的结构上来看，良渚人有在冠帽上插饰羽毛的习俗。这一切说明良渚人是崇尚鸟的氏族，鸟正是良渚氏族的图腾。

阅读链接

从考古发现来看，良渚文化玉器比龙山文化玉器显得更加发达。首先，良渚文化遗址出土玉器的数量比龙山文化遗址更多更集中，其次，良渚文化遗址出土了许多重器，而龙山文化遗址却很鲜见。比如，在龙山文化时期还尚未见到成形球类玉器，头戴冠冕和垂挂类饰物也很少见。

再次，良渚玉器纹样装饰很是发达，而龙山玉器多素身无纹。但是，这两者也有很多一致的地方，从玉器形制上来看，虽然良渚少玦、龙山无球，但作为史前玉器的代表性品种如珍、珠、管、坠及斧、刀、铲等器的基本形制皆大同小异。

从用玉习俗上来看，以玉礼天、以玉随葬的意识也是完全相同的。

东南沿海新石器时期玉器

东南沿海地区新石器时期玉器以广东省曲江石峡文化、台湾卑南文化为该地域的代表。

曲江石峡遗址位于广东省北部，因地处曲江西南狮子山的狮头和狮尾之间的峡地，故得名。该遗址面积30平方千米，发现各种遗物2000多件，其中有41座墓葬，有玉器163件。

石峡遗址玉器的品种有玉璧、玉琮、玉钺、玉玦、玉瑶、玉环、

石峡遗址出土的玉坠饰

水晶 水晶文化历史悠久，古人曾赋予它一串极富美感的雅称，我国最古老的称谓叫水玉，意谓似水之玉，又说是“千年之冰所化”。水晶还拥有众多别称：从水玉、水碧、白玉、玉瑛、水精石英、黎难、晶玉到菩萨石、眼镜石、放光石、千年冰、高山冻、鱼脑冻等，从而构成一部奇石鉴赏史。

玉蝉、玉管、玉珠、玉坠及各种动物造型的玉装饰品。所用材料有蛇纹石玉类、高岭玉、汉白玉、软玉、绿松石、水晶等玉料。

石峡文化玉器大致分为两类：一是装饰品类；二是礼玉或葬玉类。曲江石峡文化中有二次迁葬的习俗，在一座墓中同时具有最初葬器和迁葬用器，这在新石器时期文化当中罕见。这样一来，墓中随葬玉器的数量自然增多，器型也较优美。

石峡文化距今6000年至4000年，属原始社会晚期。玉器形制和加工技术都可和长江下游地区媲美。

石峡文化的一座墓中发现的大玉琮，竟和江苏吴县草鞋山发现的大玉琮在玉料、内孔特征、纹饰上几乎一模一样。两地相距2000千米，却如此雷同，确实很特殊。这至少说明石峡文化和长江中下游地区诸原始文化有非常密切的联系。史前人类相互交流的地域范围如不是以发现实物为据，难以令人置信。

卑南古文化遗址位于我国台湾东部卑南山区，属

石峡文化玉环

台东市，距今三四千年，是一处新石器时期的部落遗址，共有墓葬1500余座，其中随葬玉器1000多件，是台湾玉器式样及数量最多的遗址。

石峡文化玉管

卑南遗址安葬方式是以石板为棺，埋于住屋室内地下，这种习俗十分罕见。从玉材来看，大多使用花莲玉、蛇纹石类玉，多为台湾当地所出。

卑南遗址发现的古玉主要有三大类：

一为装饰类，主要指玦、管、珠、棒形玉饰和长管等，一些装饰性玉器形制特殊，非常有特色，但是数量甚少，如形制上接近于“T”字形环的喇叭形镯也是颇具特征性的卑南玉器。

二为工具类，有玉饮器及端刃器，如锛与凿，往往刃口锐利，使用痕迹清晰。

三为兵器类，主要有玉矛和镞，对称锋利，中脊坚挺，形态优美。

卑南玉器遗存中最具特色的品种当属玉玦，“玦”和“玦形耳饰”是卑南发现玉器中数目多、类型丰富的代表性重要玉器。

在卑南早期的一座墓葬中有玦80件，发现的71座

二次迁葬 我国古时的一种葬俗，即在人死后先放置一个地方，或是用土掩埋，待3年或5年尸体腐烂，再打开棺，捡骨，用白酒洗净，然后按人体结构，脚在下、头在上，屈体装入陶罐，盖内写上死者世系姓名，重新埋入地下。这种二次埋葬亦称为“洗骨葬”或“捡骨葬”。

石峡文化玉环形琮

墓葬，有陪葬品的35座墓葬中，其中23座发现有玉玦。

另外，卑南晚期的320座墓葬中有玦159件，发现132座墓葬中有陪葬品的67座，玉玦的出现频率依旧最高。

从玉玦形制上来看，有圆形、椭圆四突形、外方内圆四突形、长方形、“几”字形等，这当中除圆形以外其他造型的确少见。

四突起玦的制作工艺非常有特色，只做一次旋截去核心，至于板岩材质的带四突起玦是在经敲打或磨平的薄板岩片上打击制造，多数再经磨平修整完成，没有旋截痕迹。缺口由两面磨锯造成，标本明显粗糙。大都出自复体葬棺，推测是玉材料缺乏时制作的耳环。

人兽形玦是卑南文化晚期出现的最为独特的玦，数量不多。“人兽形”和“多环人兽形”耳环，造型抽象，十分奇特，应是古代神灵意识的一种物质体现，不能单纯地看作一种装饰。

人兽形玦除了两座墓葬所发现的上部为明显玦形之外，其余的人兽形玦均呈“Π”形，大致对称，下端切割有豁口，头顶以兽相连，符合玦的基本形制，应该归之为“玦”类。

人兽形玦的另一重要特征是下部突起的有无，可以认为“脚”或镶插的“凸榫”，甚至推测为“脚镣”用意等。

卑南两端带孔棒形玉饰和长管也是很具有特征性的玉器，尤其是前者。除了其形制外，主要还体现在制作工艺上，两端各带一穿孔，一般认为作为颈饰的一部分，两端或有沟槽、“伐槽”相接。整器当以片锯切割而成，中体贯穿孔为双向对钻，一般的实心桯钻不能完成，当存在组合式的实心钻头。

除了两端带孔的棒玉饰之外，还有中间贯穿孔的长管，长的甚至在20厘米以上，而外径一般都在1厘米之下，如此精准的对钻孔而未有丝毫偏差着实令人惊叹。

台湾史前发现的玉锛，凿刃部多带有长期使用所造成的磨蚀沟或小破碴，卑南文化也不例外。柄端面尚保留的片切割扳短后的粗糙面，这说明很有可能原先还是安装木柄的。

玉矛镞有时也难以准确区分，是否有使用过的痕迹也不清楚，但原先应该多是无柲的，否则位置过于局促。

卑南的一座墓葬中发现一件玉质箭头改制的玦，除了说明他物利用之外，其玦豁口未开，一则可说明豁口是以短刃边切割，二则也说明这类玦的佩戴是通过玦的中孔系挂。

从整个面上来看，在几乎所有的墓中，随葬玉器的数量相差都不是很大。比如耳环，墓

镞 指最早出现的青铜兵器。青铜镞是安装在箭杆前端的锋刃部分，用弓弦弹发可射向远处。青铜镞在二里头文化时期即已出现，属最早出现的青铜兵器之一。其形制较多，主要有双翼、三翼与三棱3类，随时代的发展而有所变化。战国时期，远射的三棱矢镞已改成铁铤。

石峡文化玉玦

石峡文化玉琮

中多者4件，少者1件。比如玉凿，多者2件，少者1件，说明当时贫富的分化还不是十分突出的。

距今3000多年前是卑南玉器的极盛期，在这一阶段，台湾地区相对于大陆形成了自己一个独特的地理单元，卑南琢玉工艺有了长足的发展。

卑南遗址中发现有大形贝类工艺材料砗磲，并且和玉石同在一窟，这反映出上古时代砗磲就作为美石雕琢使用，可证古传砗磲为玉属之说不虚。

台湾地区旧石器时期发现玉器的遗址除卑南外，还有垦丁、圆山、芝山岩、丸山、加路兰、平林等地。这一切均说明台湾是我国东南沿海地区重要的古玉出产地，对研究我国古代文明的起源具有重要的意义。

阅读链接

新石器晚期在我国玉器史上是一个很重要的时期，从发展史的角度来说，它是我国玉器的基础期或奠基期。从规模和水平来说，它是中华玉器史上的第一个高峰期。

新石器时期玉器对史前文化意识、地域意识和民族意识的形成曾发生过重大的影响和推动作用。我们从史前玉器和玉文化之中能够较清晰地看到步向文明的足印。

田野考古的大量成果不仅显示了新石器时期玉器的伟大成就，它还向世人证明号称礼仪之邦的中华古国的礼仪典章，正孕育成长并崛起于这玉文化的土壤之中。

礼玉礼用

夏商周玉文化

玉文化在夏商周三代进入了“礼”的最高境界，表现出礼制化的风格，玉器与政治、宗教、道德、文化融为一体，体现血缘制度。

赋以爵位等级而政治化；排列玉之形制，赋以阴阳思想而宗教化；抽绎玉之属性，赋以哲学思想而道德化。

此时期创作风格和艺术手法突出神韵，富有流畅婉转的韵律美。夏玉尚忠，商玉尚质，周玉尚文。

表现礼玉文化的夏代玉器

我国古史传说中最著名的一篇便是大禹治水。治水是为了平定水患，让人民休养生息，使社会获得发展。

这件事本身并不属于意识形态的范畴，但在古史传说中它也上升为神话，说大禹获得了先祖神伏羲之助，得授玉简，并嘱咐大禹：

夏代玉璧

“此玉简长一尺二寸以合十二时之数，使用此玉简可以度量天地、定水土、开山门、疏导河流。”

大禹得到玉简，削平了龙门山并凿开宽达80步的龙门水道，这才获得了治水成功。这便是通过神话的形式使一件纯粹属于一般性的行为跟玉文化硬联系在一起了，其实这也是玉崇拜心理的一种反映。

夏代陶鬲

公元前2070年，大禹的儿子启开创了子承父位的世袭王朝制度，开始了“天下为公”到“天下为家”的转变，建立了我国历史上第一个奴隶制国家夏王朝，王都河南偃师，标志着中华大地上的远古人类开始跨进文明的门槛，古老的部落被国家所替代。

许多文献中的资料表明，夏代是一个崇尚玉的朝代。夏文化的文明区域以河南西部为中心，辐射河南、山西、湖北、河北、山东等地。

重要的遗址有河南偃师二里头、郑州洛达庙、洛阳东干沟、陕县七里堡、山西夏县等地。

夏朝的奴隶制国家形态中，开始出现了高度发达的青铜文化，影响着玉器不能像在原始社会那样在社会生活的诸方面继续统治人民的思想。

伏羲 传说中华民族的祖先，他根据天地万物的变化，发明创造了八卦这一我国最早的计数文字，是我国古文字的发端，结束了“结绳记事”的历史。他创造历法、教民渔猎、驯养家畜、婚嫁仪式、始造书契、发明陶埙、琴瑟乐器、任命官员等，成为了中华民族的人文初祖。

二里头遗址玉钺

河南偃师二里头夏文化遗址中发现的玉器形制庄重，风格独特，超凡脱俗，证实是夏代玉器的典型代表。玉器种类有玉圭、玉璋、玉琮、柄形饰等，为王室专用，烘托出贵族气氛。

二里头文化发现的玉器品种有钺、戚、牙璋、刀、戈、矛、圭、柄形器、珠、管、坠等。其用途或作佩饰，或作仪仗。其中仪仗器是继新石器时期已有的基础上发展演变而来，在造型上并无多大的变化，只是器形较宽，有的还饰有纹图，侧边有若干个齿状脊牙，玉钺刃边作多角等，而与此前玉器略有差别。

装饰品类玉器有玉珠、玉镯、玉管、嵌绿松石兽面纹牌饰；兵仗类有玉戈、玉钺、玉刀、玉戚；生产工具类有玉铲、玉斧、玉镞。

夏代玉器造型主要为几何形器物，以直方形为主，如玉圭、玉刀、玉斧，大多数光素，无纹饰。柄形饰为创新玉器，造型为商、周同类玉器开了先规，是夏王朝的重要发明。

夏代玉器造型分为两式：一式为长方棒形，光素；二式为玉柄，可分上、中、下3组兽形纹，装饰两组浅浮雕似花瓣纹，兽面用双阴线与浅浮雕相结合的技法精心雕成，线条自然流畅，典型庄重，工艺极为精美。经鉴定，夏代的玉柄其作用类似于权杖，是夏王朝最高权力的象征。

镶嵌玉器的典型代表为镶嵌绿松石兽面纹铜牌饰，以青铜牌饰为衬底，其上用数百块各种形状的绿松石薄片镶嵌而成饕餮纹图案，饕餮双目正圆，鼻与身脊相通，两角长而上延，卷曲似尾，所嵌各形绿松石相互接合，工艺精巧，制作精细，美学内涵丰富，是夏朝典型的铜镶玉工艺，开青铜器上镶嵌绿松石工艺之先河。

饕餮纹 青铜器上常见的花纹之一，盛行于商代至西周早期。此兽是古人融合了自然界各种猛兽的特征，同时加以自己的想象而形成的，其中兽的面部巨大而夸张，装饰性很强，研究者称为兽面纹，常作为器物的主要纹饰。兽面纹有的有躯干、兽足，有的仅作兽面。

玉戈造型规范，分为两式：一式为尖锋，双刃，援与内相连处有斜线纹，无中脊，内有一孔，保持龙山文化玉戈的造型特色，是龙山文化玉戈的延续；二式为尖锋，锋前端略起一段中脊，内部窄短，穿一孔。二里头文化发现的玉戈最长可达43厘米，器型之大，应该是典型的兵杖玉器。

玉钺造型分为两式：一式为长方形，两侧边缘出脊齿，刃略作弧形，是龙山文化玉钺的延续；二式为创新型，整体近圆形，顶端较圆，两侧直，有数个脊齿，弧刃分成四连刃，从力学原理分析，短形四连刃的砍杀力会相对增强，每段为双面直刃，中间有一孔，重要的价值在于为商周同类器形开了先河。

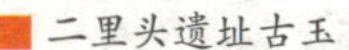
二里头遗址古玉

玉刀造型为长条梯形，分为三式：一式为长条梯形；二式两侧出脊齿；三式两端均刻以交叉

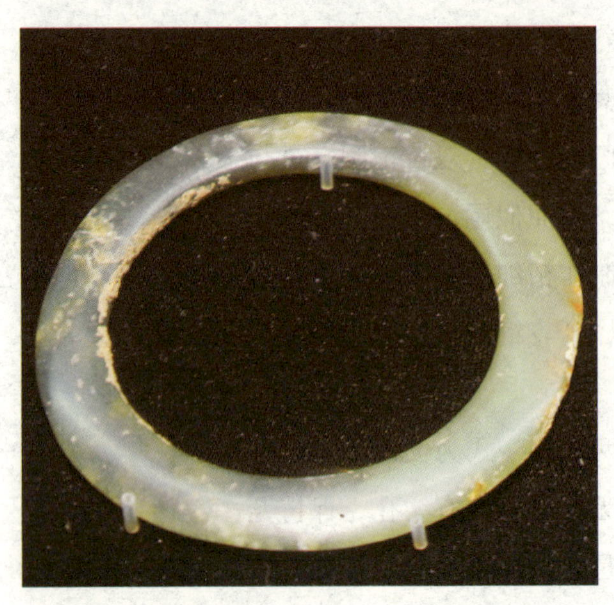

二里头遗址古玉

的直线阴纹组成的细网络纹，平行于刃部的长直线纹，刃宽最长可达65.2厘米，是新石器时期生产工具石刃的延续。如著名的七孔大玉刀。

二里头文化遗址的夏代玉器中，兵杖类玉器占了较为重要的地位，突出地反映了“以玉为兵”的历史事实和“轩辕之时，神农氏势衰，诸侯相侵伐”的炎黄之战、黄帝蚩尤之战、共工颛顼之战的氏族社会末期社会战乱的实景。

战争的结果是强大部落兼并弱小部落，社会开始向部落融合统一，即国家形成迈进。

玉戈、玉钺、玉刀是作为兵器形成出现的三大类型“礼权玉器”。这些器物证实，夏王朝是经过长期战争，才得以建国执政的，象征的是夏朝君王的军权和战争的胜利与凯旋。玉器所反映的是战争与征服和礼从的特殊文化形态。

夏代玉器的加工工艺有了很大进步，除了继承新石器时期的石质工具之外，开始使用金属工具。在玉料的切割、钻孔、镂空、纹饰、边饰等工艺上有自己的特色。

如二里头文化发现的玉琮、玉箍，孔洞制造得非常工整，在片状器、筒状器上开始出现镂空玉器。

神农氏 本是五氏之一炎帝，传说他身体透明，牛头人身。有一次他见鸟儿衔种，由此发明了五谷农业，因为这些卓越的贡献，大家称他为神农。他看到人们得病，誓言要尝遍所有的草，最后因尝断肠草而逝世。人们为了纪念他的恩德和功绩，奉他为药王神，并建药王庙四时祭祀。

边饰在夏代玉器中，表现为对玉器边缘进行加工，形成复杂的凹凸形状。

纹饰主要有直线纹、云雷纹、兽面纹、斜格纹。云雷纹主要见于玉圭；兽面纹，橄榄形眼眶是新石器时期长江流域石家河文化虎形玉环的延续，宽鼻阔口形态是龙山文化玉器兽面纹的蓝本。重要价值是为商周玉器青铜器兽面纹打开了良好的基础。

夏代玉器工艺规整，表面光滑，在阴线纹的刻法上，根据线纹形式的不同需要，在玉器表面刻画出条条细阴线，称为“勾”法。

在阴线沟槽的一个立面，用砣轮向外拓展，形成较宽的斜坡面，称为“彻”法，即“勾彻法”。它使两条平行阴线产生差异，具有层次感与活跃感，是勾彻法的工艺特色。

与新石器时期玉器的阴线纹比较，夏代玉器形式美上有了较大进步，并为后世数千年玉器阴线纹工艺技法奠定了基础。

玉器说明，随着夏王朝作为第一个统一的奴隶制国家出现，不仅玉器有许多创新，而且为显示至高无上的权威，不惜工本以当时最名贵的玉料制作仪仗器。

云雷纹 古代玉器、青铜器上一种典型的纹饰。基本特征是以连续的“回”字形线条所构成。有的作圆形的连续构图，单称为“云纹”；有的作方形的连续构图，单称为“雷纹”。云雷纹常作为纹饰的地纹，用以烘托主题纹饰。也有单独出现在器物颈部或足部的。

二里头遗址古玉

二里头遗址出土的绿松石牌饰

当时的玉器，集其前代和周边地区同时期各文化玉器之精华于一身，并从以周边地区为主体的玉器制作和使用，向夏王朝腹心地带转移，显示夏王朝强大的地位和实力。

从偃师二里头文化遗址发现的玉器来看，夏代玉器明显受到红山文化、良渚文化和龙山文化的影响，在造型、纹饰和制作工艺上又与商代玉器有着直接的渊源。

夏代玉器的风格是红山、良渚、龙山文化玉器向殷商玉器的过渡形态，夏代治玉工具有青铜砣机，玉器体薄饰细阴线几何纹。

二里头文化玉器的饰纹，亦有新的发现，一件柄形器上的花瓣纹、人面纹、双钩饰纹和人面纹上的“臣”字形目等最引人注意。它不仅为此期的创始，而且对其后玉器的饰纹有着重大的影响。

阅读链接

二里头文化的玉器中，数量较多且为首次出现的是所谓“柄形器”。鉴于此类器物前有榫，推测其可能作某种器之柄而定为“柄形器”。

由于此类器从未发现其榫端有器物，故对其定名又提出怀疑，有的称其为刀具，有的称其为死去祖先的牌位。

这类物曾数次见到其榫前端有数十块小玉片等组成的某形体物，且制作精美，甚至有下面嵌托黄金片者。有的置于棺椁内和盖上，有的置于墓葬周壁间的墓道口，显然有某种特殊作用和意义，可能是一种辟邪圣物。

展现灿烂景象的商代玉器

商代是我国第一个有书写文字的奴隶制国家，中原玉器在继承辽河及长江流域新石器时期琢玉技艺的基础上，汲取了以夏代二里头玉器为代表的精华。

可以说，殷商的制玉业对于我国古代造型艺术的发展，尤其是对后世的雕刻艺术产生了广泛而深远的影响。同时，由于青铜制作工具在琢玉领域的不断运用和完善，使方兴未艾的青铜制造业和传统的制玉业得到了互补，达到了相得益彰的效果。为玉器业技术的改进和发展提供了重要保障，增添了前所未有的活力，并逐渐走向成熟，达到

商代玉龙

商代玉戚仪仗玉之一，又称玉兵器。玉戚主要出现于商、周两代，以商代最为突出。春秋战国以后，除仿古玉器作品外，这种器物很少见到。这件玉戚为粗白玉料制成，两侧各有6条凸起的棱，双面刃。壁面切割平整，内外缘厚度相同。在其表面有细若发丝的微刻花纹和一个人形图案，堪称一绝。

夔龙纹 夔是神话中形似龙的兽名，夔龙纹一说为龙纹、蜗身兽纹，主要形态近似蛇，大多为一角、一足，口张开、尾上卷。夔龙纹开始流行于商、西周青铜器及玉器上，而商代的白陶因造型和纹饰均模仿当时的青铜器，因此也有印夔纹装饰的。

了极高的艺术造诣，带来了文明社会玉器业的第一次发展高峰，从而开创了我国玉文化的一代新风，呈现出一派灿烂的景象。

商代的玉器制作并没有因青铜器的崛起而失色，相反，青铜制玉工具的出现促进了玉器制作技术的进一步提高，增加了玉器的品种与表现形式，加上统治者对玉器的重视，使商代玉器制作的规模和工艺水平更加精细，更富于人性化。

商代早期玉器在研磨、切削、勾线、浮雕、钻孔和抛光，以及玉料的运用和创作造型等方面，都达到了很高的水平。到了商代晚期，玉器的图案设计、雕琢工艺、抛光技术等，与早期相比有了明显的进步。

如一件商代前期大玉戈，玉质仪仗器，长94厘米，宽14厘米，厚仅1厘米，堪称“玉戈之王”。

从装饰题材看，可以分为动物、人物、神话形象，以及戈、璜、琮、环及铲等。

工匠们受到了自然界和人类社会中事物的启发，采用薄片雕剪影的视觉效果，或圆雕的写实手法，用线面结合的方式，加之“臣”字目、变形云纹、鳞纹、龙纹、凤纹、连珠纹、神人兽面纹、兽面饕餮纹、双钩线纹等的流行，生动地刻画出作品的表情和神态，赋予美石本身更多的艺术韵味。

同时，以朴实自然的审美观念，将玉石沉稳柔和的色调同优美流畅的线条有机地融合在一起，达到了传神的艺术效果，成为奴隶主贵族和上层社会人们喜爱和追逐的对象。

但是，这并不能代表殷商玉雕艺术的最高境界，殷商是一个崇信鬼神的朝代，许多玉器中都蕴含着浓重的神鬼观念和宗教意识。

为了更好地表现玉石的美感，商代玉工们在承袭夏代镶嵌工艺的基础上，进一步发扬光大。在戈、矛、剑等青铜兵器上镶嵌玉石，装饰着饕餮纹、夔龙纹、云雷纹等，并发展成一种普遍现象。

如新郑望京楼新村乡和妇好墓的铜内玉援戈，以及安阳市黑河路出土的铜骹玉矛，虽然都为铜内玉援戈，但前者的内部装饰着变形夔纹，而后者的内部除装饰饕餮纹外，还镶满绿松石，给人以华丽的美感。铜骹上镶嵌的绿松石大多已经脱落，但其精湛的制作工艺，仍让人产生很多美好的遐思。

商代玉器长期以来被认为是我国古代雕刻艺术的奇葩，安阳殷墟商王武丁的夫人妇好墓发现的700多件玉器可见一斑。

商代妇好墓的玉器分为礼器、仪仗、工具、用具、装饰、艺术品

商代玉戈

■ 商代玉护甲

以及杂品7类，反映出当时玉器的用途甚广、地位至尊的历史面貌，其中生肖玉器占很大分量。

妇好墓玉器装饰图案发明了双勾线雕法，即双线并列的阴刻线条间又呈现出一条阳线，图案画面由阴线构成，使画面变得更加生动，凡此都表现为商代玉器发展的一个新的高峰。

妇好墓出土玉器的原料，大部分是新疆玉，只有3件嘴形器质地近似岫岩玉，1件玉戈有人认为是独山玉，另有少数硅质板岩和大理岩。

这说明商王室用玉以新疆和田玉为主体，有别于近畿其他贵族和各方国首领所用的玉器，从而结束了我国古代长达两三千年用彩石玉器的阶段。

妇好墓玉器的新器型有篦盘纺轮、梳、耳勺、虎、象、鹦鹉、鸽、燕雏、鸬鹚、鹅、鸭、螳螂、龙凤双体、凤、怪鸟、怪兽以及各式人物形象等，其中有些器型尚属罕见。

妇好墓玉器的艺术特点不仅继承了原始社会的艺术传统，而且依据现实生活又有所创新，如玉龙继承了红山文化的玉龙，仍属蛇身龙系统而又有变化，头更大，角、目、口、齿更突出，身施菱形鳞纹，昂首

妇好 商朝国王武丁的妻子，我国历史上有据可查的第一位女性军事统帅，同时也是一位杰出的女政治家。她不仅率领军队东征西讨为武丁拓展疆土，而且还主持着武丁朝的各种祭祀活动。因此武丁十分喜欢她，她去世后武丁悲痛不已，追谥曰“辛”，商朝的后人们尊称她为“母辛”“后母辛”。

张口，身躯蜷曲，似欲腾空，形体趋于完善。

玉凤是新创形式，高冠勾喙，短翅长尾，飘逸洒脱，与玉龙形成对照。玉龙、玉凤和龙凤相叠等玉雕的产生可能与巫术有关。

玉象、玉虎等动物玉雕来自生活，用夸张概括的象征性手法准确地体现了动物的个性，如象的温顺，虎的凶猛等。

尤其是妇好墓还发现了红山文化的玉钩形器及石家河文化的玉凤，这说明收藏古玉已经是古人的一种文化生活。妇好是个爱玉的人，在她的墓中有500多件佩玉。

妇好墓中最重要的一件玉器，就是一个跪坐的玉人，是一个圆雕的玉件。所谓圆雕，就是立体雕，其前后、左右、上下，转着圈儿都能看。

《周礼·考工记》里有记载，说王室设玉作来管理玉人。所谓玉作，就是王室设办了玉的作坊，专门管理制造玉的奴隶，这些奴隶当时也被称为“玉人”。

奴隶社会到了商代的时候，有一

《周礼》 我国儒家经典，西周时期的著名政治家、思想家、文学家、军事家周公旦所著。所涉及之内容极为丰富，大至天下九州，天文历象；小至沟洫道路，草木虫鱼。凡邦国建制，政法文教，礼乐兵刑，赋税度支，膳食衣饰，寝庙车马，农商医卜，工艺制作，各种名物、典章、制度，无所不包。

■ 商代玉刀 作为礼器的玉刀，形状大致有两种，一种是扁平的长方形，一侧为刀背，一侧为刀刃；另一种则做成了带柄的形状。玉刀中常见的纹饰有直线交叉形成的网纹以及代表某种象征意义的人面或兽面纹。商代中晚期的玉刀多为佩玉，略呈弧形，装饰华丽，刀背装饰有连续排列的凸齿，刀面有复杂的装饰纹。玉刀作为礼仪用器，盛行于夏代的二里头文化，它既是权力的象征，同时也象征着收割。

商代玉人

个重要的社会分工，就是农业和手工业的分工。因为有了这个分工，才有了这些专业作坊的出现，才有了以做工为生的人。他们以做工为生，不以种地为生，这是社会进步的标志。

妇好墓的这个玉人，有个不解的谜团。一个不明物体从玉人的左侧插入后背，从侧面看得很清楚，猜测有两个可能：

第一，这个玉人就是妇好的形象，身后的柄形器是一个礼仪用具，可能是她出席重要场合，配合礼仪形象带的东西。

第二，这个玉人不是妇好，而是一个巫师的形象，那么柄形器就变成了一个法器。

跪形玉人头戴圆箍形，前连接一筒饰，身穿交领长袍，下缘至足踝，双手抚膝跪坐，腰系宽带，腹前悬长条“蔽”，两肩饰“臣”字目的动物纹，右腿饰S形蛇纹，面庞狭长，宽鼻小口，表情肃穆。

从商代玉人身上，可以看出人类对自身的关注。在玉的童年时期，人类对其他现象关注，比如对动物、对神等；到了商代玉人出现，表明人类对自身的关注，使艺术上升了一个高度。由于人类对自身的这种关注，使商代玉变成了身份的象征，这一点尤为重要。

妇好墓玉器的大量发现，说明玉器在商代贵族生活中占有十分重要的地位，这也是“玉不离身”的最早例证。

商代仿青铜彝器和俏色雕玉器的出现，开创了玉文化的滥觞，它们均出自安阳殷墟。碧玉簋是妇好的陪葬器物，玉色柔和，造型端庄，雕琢规矩的口沿，简洁之中透出非凡的技艺。微鼓的外腹部装饰着4条对称的扉棱，其间布满云雷纹，显得华丽而富贵。圈足上装饰的凹弦纹，与器身浑然一体。

安阳小屯发现的俏色玉鳖，更让人拍案叫绝。作品灵活生动，色彩丰富，开创了俏色玉雕的先河。聪慧的玉工利用玉料本身固有的天然颜色，巧妙地表现出鳖的肤色和器官。

在浩如烟海的史料中，与商代玉器有关的记载不胜枚举。如三星堆遗址发现的“玉边璋”，遍体满饰图案，生动刻画了原始宗教祭祀场面。

图案上下两幅对称布局，内容相同，最上一幅平行站立3人，头戴平顶冠，戴铃形耳饰，双手在胸前做抱拳状，脚穿翘头靴，两脚外撇站成一字形。

第二幅是两座山，山顶内部有一圆圈，可能代表太阳，在圆的两侧分别刻有“云气纹”，两山之间有一盘状物，上有飘动的线条

三星堆遗址 我国西南地区的青铜时代遗址，位于四川广汉南兴镇，由于其古域内的3个起伏相连的黄土堆而得名，因而三星堆文明上承古蜀宝墩文化，下启金沙文化、古巴国，前后历时约2000年，是我国长江流域早期文明的代表，也是迄今为止我国信史中已知的最早的文明。

商代早期玉鹅

商代玉纺轮

状若火焰。在山形图案的底部又画有一座小山，小山的下部是一方台，可能代表祭祀台，一只大手，仿佛从天而降，伸出拇指按在山腰上。

第三幅是两组“S”形勾连的云雷纹。云雷纹下的一幅也是3个人，穿着和手势与第一幅相同，所不同的是这3个人戴着山形高帽，双脚呈跪拜的姿势。

这些图案反映出古蜀人在祭坛上举着牙璋祭祀天地和大山，而且天神已有反应，伸出拇指按在山腰上，这是要赐福于下界的表示。

阅读链接

史学界把郑州二里岗时期的玉器和安阳殷墟的玉器，作为中原地区商代玉器文化形态的代表。

前者主要有郑州二里岗、郑州商城、郑州铭功路、郑州白家庄、郑州杨庄村、新郑望京楼、许昌大路陈村等地出土的玉器。其种类及数量较少，造型简单，基本没有纹饰，表现出玉器初创的状态。

后者以安阳小屯、安阳武官村、安阳大司空村、安阳高楼庄、安阳郭家庄、辉县琉璃阁、孟州涧溪村、信阳罗山莽张后李等地出土的玉器为代表，其数量及种类很多，造型丰富，纹饰繁缛，工艺精美。

只有殷墟时期的玉器才真正体现出了商代玉雕艺术的风格和魅力，不论从技术和审美的角度，还是从造型设计和纹饰效果上看，都代表了商代制玉业的最高艺术成就，是中华民族早期社会文明发展过程中积淀下来的重要文化成果。

赋予君子德行的西周玉器

西周玉器与商代玉器一脉相承，但是数量较商代有明显减少，而其礼器也趋于小型化，偏重玩赏。所以雕琢上采用片状平面体为主，浮雕及阴刻相结合，圆雕和镂雕为辅。纹饰雕刻，由单阴刻线向双钩阴线发展，晚期双钩阴线委婉流畅，图案繁缛。

西周兔形玉佩

> **《诗经》** 我国最早的诗歌总集，收入自西周初年至春秋中叶500多年的诗歌。另外还有6篇有题目无内容，即有目无辞，称为笙诗，又称《诗三百》。先秦称为《诗》，或取其整数称《诗三百》。西汉时尊为儒家经典，始称《诗经》，并沿用至今。

西周玉器在继承殷商玉器双线勾勒技艺的同时，独创一面坡精线或细阴线镂刻的琢玉技艺，这在鸟形玉刀和兽面纹玉饰上大放异彩。纹饰环曲、华丽，布局严谨，风格独特。

西周时期，玉文化沿着殷商的轨迹发展，在佩饰上出现了新变化。如：串饰形式多样，长度加大，贵族玉佩多以璜为主件，杂以珠管，也有以多种形式的玉片配以管珠制成。

西周玉器中玉璜甚多，说明西周时期盛行玉佩。这是因为在西周“君子比德于玉”。《诗经》云：“言念君子，温如其玉。”

西周中期组佩

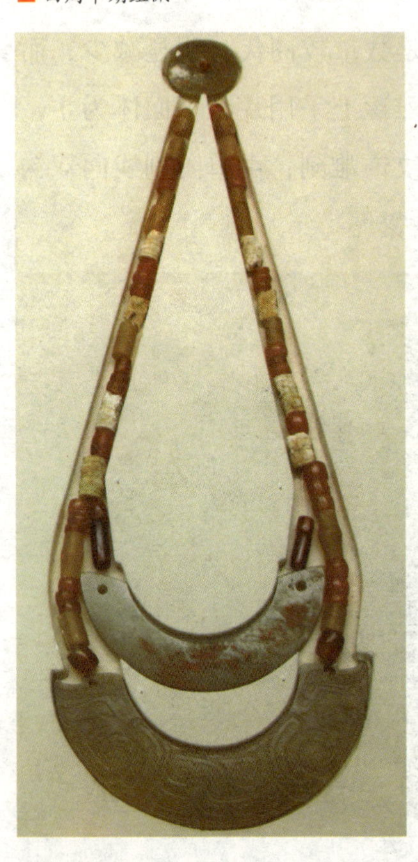

此时玉文化的沉淀已大大超过玉的自然属性，使玉成为君子的化身，人们赋予玉以德行化、人格化的内涵，将其从神权、王权的控制下解脱出来。

周王朝统治者吸取了殷商灭亡的教训，重新制定了一套礼仪，这就是《周礼》的出现。古人认为玉有祥瑞辟邪之用，于是在《周礼》中规定了不同的玉有不同的地位和作用，使玉器成为等级的标志，赋予它强烈的政治色彩。

对于祭祀，礼仪用玉也作了规定，《周礼·春官·大宗伯》：

以玉作六瑞，以等邦国。王执镇圭，公执恒圭，侯执信圭，伯执躬圭，子执谷璧，男执蒲璧。

以玉作六器，以礼天地四方，以苍璧礼天，以黄琮礼地，以青圭礼东方，以赤璋礼南方，以白琥礼西方，以玄璜礼北方。

西周玉鹿

由于古人发现玉的颜色有所不同，就有意识地利用这些颜色。用4种不同颜色的玉器祭祀四方，对后世一直产生深远影响。

比如四方神：朱雀、玄武、青龙、白虎。南方朱雀，红色，与赤璋相对；北方玄武，黑色，与玄璜相对；东方青龙，青色，与青圭相对；西方白虎，白色，与白琥相对。《礼记》记载：“行，前朱鸟而后玄武，左青龙而右白虎。”

西周专门制作并供王室贵族享用的玉器，已进入自殷商起的第二个高峰的后期，并取得了新的成就，制作出一大批精美佳作。

重要的玉器发现地有陕西省宝鸡市的强国墓地，浚县辛村墓地，平顶山应县墓地，三门峡虢国墓地，山西省曲沃北赵晋侯墓地，北京市房山黄土坡燕国墓地等。

从传世玉器情况看，西周玉器有如下一些基本

《礼记》 战国至秦汉年间儒家学者解释说明经书《仪礼》的文章选集。是一部儒家思想的资料汇编。又叫《小戴礼记》。《礼记》的作者不止一人，写作时间也有先有后，其中多数篇章可能是孔子的72名高徒弟子及学生们的作品，还兼收先秦其他典籍。从来礼乐并称。

西周时期玉璜

情况：所用的玉料较前期略讲究质地美，所见大多用新疆产昆仑系玉，少量用辽宁产岫玉。

西周玉器的制作，除大量用最坚硬的昆仑山玉料所表现、所用工具较前期先进和琢玉技艺大大提高外，在其他方面则与殷商时期的用料及表现技法基本相似。

西周玉器的最大变化，是表现在玉器品种上。新石器时期至商代盛行的实用或不实用的玉制工具，至此时已逐渐消失；仿实战武器而做的玉制仪仗器中，玉刀、玉戚等至少在中原地区已不能见到。

玉戈、玉戚已步入衰亡期的具体表现是不仅数量不多，且器型也向小型化发展，大多从以往数十厘米长减缩至10厘米长，其用途也变为象征性的，主要作珍宝和财产品收藏。

而礼器中的玉琮，在西周王室所在地有大批发现，玉璧多已趋向小型化，玉璜、玉琥突然增多，玉圭首次在玉器群体中出现，玉璋则仍未见实物。

此时玉制人神器，除少量的整形直立式写实人器外，尚见众多形作蹲地式，通体有若干龙或作某部器官或作佩饰穿戴，呈侧身侧视或个别呈正视状的人龙复合形器。其制作奇特，极富时代感。

玉制写实性动物形器，虽数量极可观，但品种较殷商时期为少，即由殷商期的数十种减至十余种，常见有牛、羊、猪、兔、鸟、虎、鹿、龟、蝉、蚕、鱼、螳螂等。

非写实性的神鸟神兽，新石器时期开始出现的凤，经夏商一度中断后，复又出现，且突然多起来。此期的凤形作头顶有棒槌式高冠呈直立或向前倾弯，鹰钩嘴，圆目，尾从背侧上翘至头顶。

圆雕 又称立体雕，是指非压缩的，可以多方位、多角度欣赏的三维立体雕塑。圆雕是艺术在雕件上的整体表现，观赏者可以从不同角度看到物体的各个侧面。圆雕手法与形式多种多样，有写实性的与装饰性的，也有具体的与抽象的。

龙的形态也有很大的发展变化，除一部分保留殷商间瓶形角和双足龙外，还新出现了两龙或多条龙相互交接盘结式和口吐长舌的无足龙。

这些神鸟神兽的突然增多和更加变态神秘，说明当时的人们从早期崇奉自然和写实动物为主转向崇奉神灵为主。

山西省曲沃县的西周著名的晋侯墓一共有19座，都是历代晋侯及其夫人的墓，其中发现有大量华丽精美的玉器、青铜礼器等随葬品。

西周时期玛瑙玉珠项链

随葬的玉器种类繁多，装饰华美，是西周时期等级最高的玉器。其中发现玉器最多的一个墓有800件，最有特色的是一匹圆雕的玉马，立体的，呈静态。

西周时期除保留众多的传统玉器品类外，同时还出现了一些新兴的玉器品种，

西周缀玉面罩

主要的就是成组佩玉器和专供死者入葬用的玉面罩。如晋侯墓的玉器中最能体现西周用玉敛藏厚葬制度的是玉面罩。

玉面罩是由近似人面部五官形式的若干件玉器按人体面部大小形态缝缀在布料上，形式各不相同，有的是专门而作，有的是用其他玉器改作或合并而成，每套中的各件数量不等，各呈扁平形，边角有穿孔供缝缀用，使用时凡有饰纹部分皆朝向死者面部。

而此期的玉佩，一个重大的变化是突破以往多为单个为佩的习惯，而向成组并有一定规格及组佩方向发展。其形式多由若干件玉璜和甚多不同质色的管珠等成组串缀而成，佩挂在胸前至腿足，给人一种光彩夺目和富丽堂皇的新鲜感。

成组佩玉，因能发出美的玉声和控制人按一定规律移动的步伐，故又名叮当、节步和步摇，已发现10余套件，所有者皆王侯贵族。用途含义，除上述作节步外，尚有表示等级高上、崇德，示“君子”有“光明正大”的人品及美化服饰行装用等。

西周时亦发现一些以往不多见的玉器，常见的有玉兽面、玉圭、玉束帛形器等。其中玉圭的新出现尤引人注意，形作扁平尖首无刃状，与文献记述中的圭形之说相合。

圭 我国古代在祭祀、宴飨、丧葬以及征伐等活动中使用的器具，其使用的规格有严格的等级限制，用以表明使用者的地位、身份、权力。周代玉圭，以尖首长条形为多，圭身素面，一般长15厘米至20厘米。不同名称的圭是赋予持有者不同权力的依据。

“太保玉戈”是西周最著名的有铭玉器，戈长67.4厘米，最宽处10厘米，表面光润，呈灰白色，布有黑色斑点。直援，上刃作弧形，锋尖偏下，下刃平直，有一处小小的缺损。援本刻有交叉的细线纹，援中起脊，且做出上下刃援。

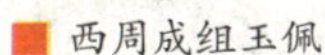
西周成组玉佩

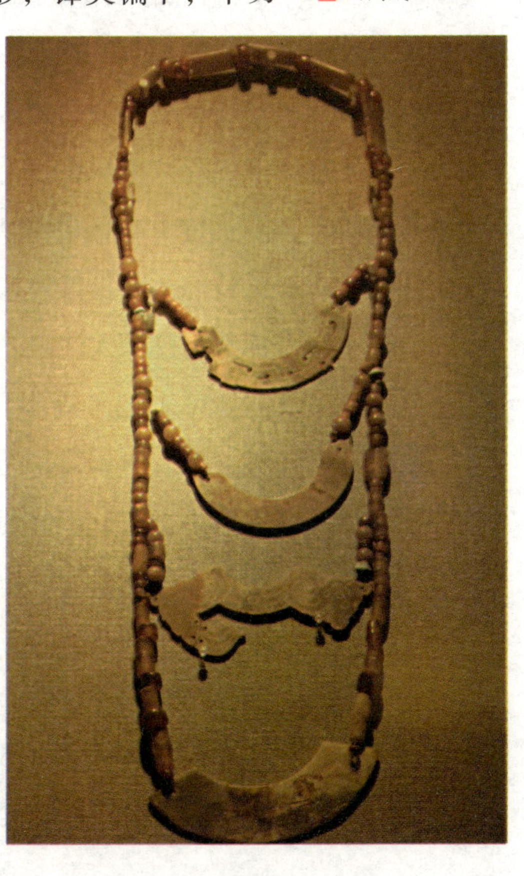

尤其是刻于援本一面的27字铭文，使得这件戈的身价倍增。铭文字很小，如粟米一般，作两行：

六月丙寅，王才（在）丰，令（命）太保眚（省）南或（国），帅汉，（出）寝（殷）南，令（命）（濮）侯辟，用鼍，走百人。

■ 玉佩 玉佩是古人常戴在身上的玉饰物。由于古人对玉佩的热爱，使玉佩成为时尚，并且上升到礼法。战国、秦汉时期的玉佩繁缛华丽，甚至数十个小玉佩，如玉璜、玉璧、玉珩等，用丝线串联结成一组杂佩，用以突出佩戴者的华贵威严。魏晋以后，男子佩玉渐少，女子长时间里佩戴杂佩，通常系在衣带上，走起路来环佩叮当，悦耳动听，因此“环佩”也渐渐成了女性的代称之一。

根据玉戈的纹饰风格及铸造技术，这应当是周初的作品，铭文中的太保应当是召公无疑。在文献记载中，召公与南国有着特殊的关系。这件器物应当是江汉开发的明证。

我国的读书人士自古就有“修身，齐家，治国，平天下”的抱负，召公是西周时的重臣之一，也作邵公，名奭，是文王的儿子。

西周时“召公为保，周公为师，相成王为左右”，就是说召公是当时的“太保”。而西周时期的“太保”也只有召公一人。

楚文化的勃兴，与江汉地区的开发密不可分。《诗经》“挞彼殷武，奋伐荆楚”，说明武丁时期中原势力已深入江汉。

《史记·周本纪》记载，周文王时“太颠、闳夭、散宜生、鬻子、辛甲大夫之徒皆往归之”等以及鬻熊事文王、熊绎封楚蛮等故事，在一定程度上表明了商周王朝时期中原的统治势力已延伸到江汉地区。

但也有人认为，商周王朝未必能够南及江汉地区，至于熊绎封楚，更是后人伪托。

但是，太保玉戈的发现却有力地驳斥了这一观点。尤其是上述铭文的记载，明确地说明了当时的情形。“命太保省南国”很明显说的是命召公视察周朝的南土。

至于“南土”，《左传·昭公九年》中也有记载：“及武王克商……巴、濮、楚、邓，吾南土也”，范围包括江汉地区。召公与“南国”有着密切的关系。

相传，“周公及召公取风焉，以为《周南》《召南》”，可见，《诗经》中的《召南》，就是召公取风于南的结果。《诗序》又有记载：“《甘棠》，美召伯也。召伯之教明于南国。”充分说明了当时召公在南国一代有丰富的活动，从而也证明了当时中原王朝的势力延伸到了江汉地区。

在雕刻装饰图样的技法上，西周玉器除承袭商代的双线勾勒外，也有独到之处，就是独特的斜刀技法，鸟形玉刻刀、虎佩是其代表作，至于装饰图案由于设计较为工整，致使图案不如商代活泼而有拘束之感。

西周玉器饰纹颇具特色并与前后各期略有所别，共有二式：一式纹饰相对简化，具体表现是在一件玉器上往往以数道阴线表示所需的主要纹图，有“画龙点睛”的特殊美感和效果，所谓简洁典雅者即指此；二式纹饰繁密布局式，其特点是凡要表现人物或像生时，其眉发、羽毛和足爪等，无不形象具体。

西周龙形玉佩

西周玉器上饰纹的另一特点，是表示上述简繁两式，粗略一看有如殷商期相似，既有单阴线，亦有双钩两种，但细加审视，其刻纹表现手法有些差别。

如单阴线，多用斜砣琢饰，线条两侧深浅不同且呈坡状，形同斜刀剖刻而成。若为双钩线，其双线粗细不等，细者与商代相似，似用直立刀刻成，两边无深浅之感，而粗者，形如上述单阴线表现法，亦用斜砣琢饰。

西周玉器上的人身或像生器的眼睛，形式与商代特别是殷商时相似，亦惯用“臣”字目，但此时的“臣”字目与目纹的两侧眼角，有一段延长线纹。

此外，西周玉器饰纹，多以龙纹、凤纹或人神纹为主，讲究纹饰的神秘威严、抽象变形和线条流畅等艺术效果。

阅读链接

1900年，八国联军攻打北京，慈禧置国家危难于不顾，带着光绪皇帝等人仓皇逃离北京。到达西安后，暂时安顿下来。岐山有位茂才武敬亭决定上书慈禧太后，请求在岐城西南八里之刘家塬修建召公祠，以保佑华夏子孙。

慈禧痛快地答应了。光绪二十八年，即1902年开始动工，在掘土的过程中，意外地发现了一座墓，当时的百姓一直流传是召公墓，但没有人能准确判断，这时太保玉戈就在这里出土了，当时共有两件玉戈，一件有铭文，另一件没有。“它器甚多，皆不名，又有金冠一枚”。

太保玉戈出土后到了金石家端方手中，后来端方家道中落，太保玉戈的命运也变得扑朔迷离起来。当时很多国宝都通过各种途径流失到了国外。太保玉戈也没有摆脱这个命运，1919年流出国外。

太保玉戈几经辗转，流落到了美国，被华盛顿佛利尔美术馆得到，一直珍藏至今。

精巧华丽的春秋战国玉器

东周又称为春秋战国时期，由于铁制工具的广泛使用，推动了制玉工具及磨制技术的改进，旋转的速度加快，并开始采用硬度更大的金刚砂粉。进步的工具和有效的磨砂，促进了制玉技术的突飞猛进。

春秋战国玉礼器相对减少，佩饰大量增加，出现了成套的剑饰、

春秋战国时期龙玉佩

战国龙首玉带钩

带钩、人身佩玉，专门的丧葬用玉也较多。

东周墓葬玉器不但数量大，工艺也十分精湛。东周玉器承袭殷商、西周的传统，制玉技术向精巧、华丽的新工艺方向发展。经历春秋时期的过渡，至战国初期，制玉技术有长足的进步。

春秋时期，以孔子为代表的儒家学派赋予玉的种种道德文化内涵，《礼记》借孔子之言，通过对玉自然属性的深入分析，抽绎其外表和本质特征与儒家道德观紧密结合，总结出“仁、知、义、礼、乐、忠、信、天、地、德、道”十一德，奠定了儒家用玉的理论基础，成为君子为人处世、洁身自爱的标准，标志着玉器人格化的确立。

战国时期，儒家用玉的理论被许多人接受，不仅王公贵族以佩玉为尚，而且出现了普及的倾向，上起王侯，下至庶民，无不以玉为贵，玉器被广泛运用于祭祀、装饰、丧葬等各个领域。

比如秦惠文王祷祠华山玉简，是秦惠文王因病祭祀华山祈福禳灾的策祝之辞，祭祀仪式分两个部分，前曰祷，后曰祠。玉简共两枚，上有内容相同的长篇铭文，是研究秦国思想、宗教、礼俗的资料。

战争的频繁、地域的分裂，并没有阻碍文化艺术

春秋时期 我国历史阶段之一。公元前770年至公元前403年，我国儒家文化的创始人孔子曾经编了一部记载当时鲁国历史的史书名叫《春秋》，所以后人就将这一历史阶段称为春秋时期，基本上是东周的前半期。

的沟通和融合，在东起齐鲁、西至戎秦、南至荆楚、北到燕赵的辽阔区域内，各地绚烂多彩的玉器雕刻工艺竞相争艳，相辅相成，共同构成丰富多彩的战国玉文化。

曾侯乙墓 曾侯乙姓姬名乙。战国时期曾国一个名叫“乙”的诸侯。他不仅是一位熟谙车战的军事家，也是一位兴趣广泛的艺术家。曾侯乙墓随葬数量庞多的乐器，钟磬铭文中有大量乐理乐律铭文，显示了曾侯乙生前对于乐器制造与音律研究的重视程度。

战国玉器种类丰富多样，造型优美，纹饰绚丽繁缛，不仅镂雕及连锁技术精湛，而且制玉与金银细工结合，创造出许多精美绝伦的上乘佳作。

最著称于世的是湖北省随县擂鼓墩曾侯乙墓中发现的精美玉器，数量多达300余件，主要有璧、玦、环、璜、方镯、带钩、佩、挂饰、玉剑、双面人、管、韘、梳、刚卯、串珠、牛、羊、狗、鸡、鱼、口塞、玉片等佩饰及小件动物形饰物，制作精巧。

曾侯乙墓是曾国君主乙的墓葬，其年代当不晚于公元前473年，是战国早期墓葬，玉璧、玉带钩等玉器碾工精致，展现了战国时期玉雕发展的新面貌。

玉带钩最早见于良渚文化时期。曾侯乙墓玉带钩是战国时期出现的新形式，即长身弧肚，细颈钩头向上，肚下有纽，用于玉革带。

■ 春秋战国时期的礼玉器 礼玉，是古代用于朝觐、祭祀、聘用、馈赠等有关礼仪活动的玉器。在先秦古文献中有记载，习称为“六瑞”“六器”，即璧、琮、圭、璋、璜、琥。随着人们思想观念的改变，到了战国、秦汉，礼玉琢刻得越来越精细，沉香花纹也越来越繁缛。

玉带钩中以右侧白玉龙首带钩最为优秀，腹部饰隐起双卷涡纹，而中间的青玉龙首带钩和左侧的青白玉兽首带钩之腹部均无纹饰。

春秋战国时期玉璜

镂空多节玉佩设计巧妙，工艺高超，风格统一，透雕、浮雕、线刻、活环等技术炉火纯青。

玉组佩始见于西周，到战国趋于全盛，成为极具特色的玉器品类。多节玉佩正是战国玉佩中环节最多、纹饰最繁的一件，代表了战国早期的典型风格。

据文献，玉佩的组合是有一定规矩的，一般是衡在最上，起提梁作用，上下穿孔，下系3条丝缕，两边系璜，中悬冲牙，还要杂以玛瑙、松石等制成小饰件，加以串联，形成组佩。

但从多节玉佩的组成来看，似乎没有依据什么严格程式，也与其他同期的组佩不同，这就为探讨战国的佩饰制度，提供了宝贵的实物参照。

关于此件玉组佩的佩戴方式，还有一点分歧：一种意见认为是身上的佩件，另一种意见认为是冠上的坠饰。

镂空多节玉佩由5块玉料分别琢制而成，共26节，分为5组，由3个带金属销钉的镂空椭圆玉活环及一根玉销钉连缀，可拆可合。每组内各玉片之间则经以玉套环相连。

各部分均以镂空、浮雕及线刻手法，饰龙蛇、凤鸟纹，并以蚕纹、弦纹、云纹、绳纹等作为辅助纹饰。其繁复的纹饰，还带有明显的春秋时期玉器装饰的风格。

这件玉组佩玉质晶莹润泽，设计匠心独运，装饰玲珑剔透，隐隐流露出战国时代生机勃勃、浪漫自由的审美情趣，是一件在前代绝无仅有，在后世也不多见的稀世珍宝。此佩可根据需要拆成5件各成一器，折叠保存，甚为方便，也可再加长数节。这种将零件组成一器的做法似乎也始于此期，可称小玉大作。

曾侯乙墓中还有一件精美的龙凤纹玉饰，全器由5块玉料分雕成16节，再以3个椭圆形活环及1根玉销钉连接。每节均是透雕龙、凤或璧、环。

全器采用了透雕、浮雕、阴刻等技法雕成37条龙、7只凤和10条蛇，并饰谷纹、云纹、斜线纹。这件玉饰置于墓主头部，可能为冠上的玉缨帽带。

其特色表现主要有：第二节玉璧上的云纹，是采用压地手法，璧的四周攀附4龙，这种形制是到战国晚期才广为采用的；第十一节雕成

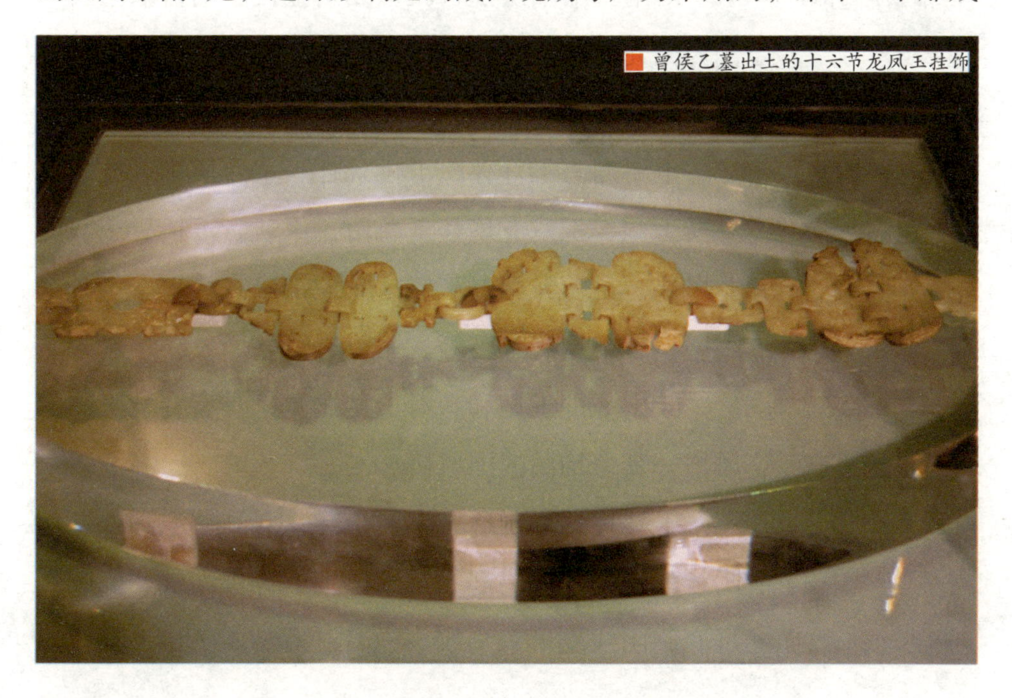
曾侯乙墓出土的十六节龙凤玉挂饰

春秋战国时期镂空勾云纹玉璜　玉璜从新石器时代晚期开始就与玛瑙、松石等管珠相串联，作为佩戴装饰之用。西周到战国时期，用玉璜做各种形式的装饰品最为盛行。西周的玉璜沿袭了殷代的风格，并发展成组佩饰件。战国早期，镂空透雕的采用使得玉璜更趋精美。

3条蟠龙相连的玉佩状，龙身为“S”形，是春秋后期在中原开始流行的玉佩造型，16节玉饰却巧妙地把它们用在一条大龙身上；第十二、十三节的玉饰，分别由双首相向和双首相背的蟠龙构成，每条龙身上各刻有一条龙；第十五节玉饰的两端，分别刻有立凤和凤鸟衔蛇图案，这种图案是南方楚艺术品中常见的题材，在漆器等绘画品中屡有发现。

河南省洛阳汉魏古城东北角金村东周古墓主要年代为公元前404年至公元前267年，发现有玉器67件、嵌玉金铜带钩 8件、嵌玻璃珠玉瑗背铜镜 1件。

重要的有玉耳杯、玉桃式杯、金龙凤饰玉卮、双舞女玉佩、玉双龙璜、玉龙珩、玉琥、玉梳、玉双夔龙凤佩、玉夔龙佩、玉镂空龙虎饰卧蚕纹璧、玉卧蚕纹璧、玉带钩、玉鸟等。

其中一件玉鸟和一对玉夔龙佩，具有春秋玉器的风格，其余均属战国风格。

玉耳杯的形制琢工大同小异，双耳镂空，外壁琢阴线勾连云纹，隐起卧蚕纹，耳下饰兽面纹，椭圆圈足底施阴线变形双鸟纹，为名匠所制。玉桃形杯以桃

蟠龙　指我国民间传说中蛰伏在地而未升天之龙，龙的形状作盘曲环绕。在我国古代建筑中，一般把盘绕在柱上的龙和装饰在梁上、天花板上的龙均习惯地称为蟠龙。相传蟠龙是东海龙王的第十五个儿子，曾施法降雨、驱逐怪兽造福于人间，最后累死于大地上。

尖做錾，圆形台足，别致秀丽，与同墓群发现的银柄杯相似，全国其他地方未见与其重复者。

金龙凤饰玉卮，三蹄足，外壁琢阴线勾连云纹，隐起谷纹图案，一边有錾，对面有活环，盖口镶金并凸起三凤和隐起龙纹，顶安一素桥纽，其外环绕一圈阴线勾云纹，极为少见。

玉耳杯、玉桃形杯、金龙凤饰玉卮做工精湛，风格一致，似出自一人之手。

两件玉琥也很别致，虎做低首张口状，背饰卧蚕纹，腹饰阴线云纹，二足长尾，背穿小圆孔，也是精工之作。

双舞女玉佩的两个舞女着长袍束腰，并肩起舞，双袖飘扬，舞姿婀娜，琢工亦精。镂空龙虎饰卧蚕纹璧，已断成两半，边有残缺，但其做工之精不亚于玉耳杯，还有几件玉龙佩，目瞪齿利，锐气逼人。这些玉器代表了东周王室玉器的高度水平。

山西省侯马晋国遗址发现了大量盟誓辞文玉石片，称为“侯马盟书”，又称“载书”，盟书笔锋清丽，为毛笔所写，多为朱书，少为墨书。其书法犀利简率，提按有致，舒展而有韵律。

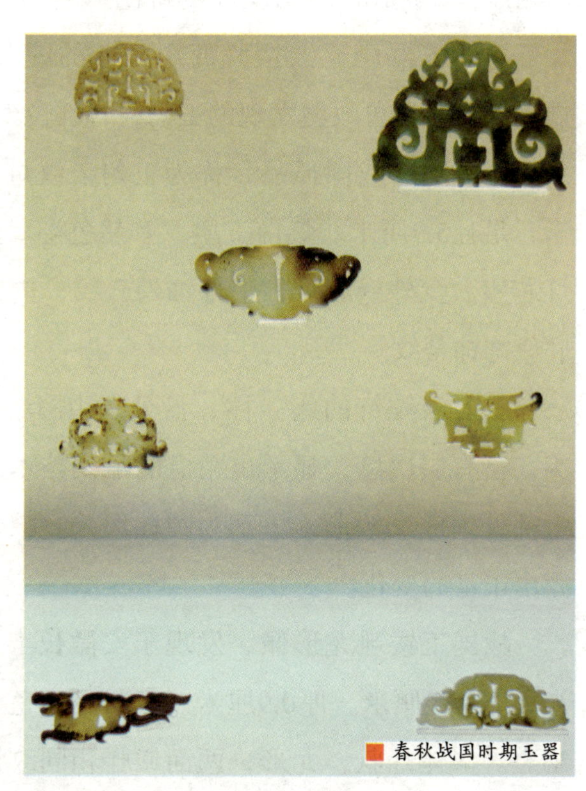
春秋战国时期玉器

它见证了春秋末期晋国赵鞅参与晋国内部由六卿内争至四卿并立的一场政治斗争，正是这场斗争，拉开了作为标志战国

战国玉镂雕龙形佩

时代开端的“三家分晋”这一重大事件的序幕。

我国古代有杀牲取血、血写誓词之说。侯马盟书文字却是用红色矿物质颜料写成的。这是血书盟辞习俗的延续与改进，既保持了盟书的内涵，又突出了北方文化的特色。

战国玉器已逐渐摆脱商用玉器的图案艺术风格，向写实方向发展。比如曲阜鲁故城发现的玉马，各部位刻画细微，形象生动逼真。

还有一件战国孤品，称为玉勾云纹灯，高12.8厘米，盘径10.2厘米，足径5.9厘米。灯白玉质，有赭色沁。灯盘中心凸雕一五瓣团花为灯芯座。盘外壁和灯柱上部饰勾云纹，内壁及灯柱下部饰勾连云纹，底座饰柿蒂纹。

玉勾云纹灯的座、柱、盘分别由3块玉雕成，嵌粘密实，纹饰精美，富有层次感，显示出精湛的雕刻技术。造型设计独具匠心，灯柱上部处理成三棱形，下部为圆柱形并收腰，于简单流畅的造型中又显露出丰富的变化。

战国玉镂雕龙形佩，发现于安徽长丰县杨公乡战国墓，长21.4厘米，宽10.9厘米，厚0.9厘米。玉料呈青色，有深浅不同的灰白和褐色沁斑。佩体片状，龙形，两面镂雕相同纹饰。龙张口回首，龙身满饰谷纹，尾上雕一大鸟，龙头内外侧及尾部又各凸雕一小鸟，于龙身中部有一圆形钻孔。

同此形制的玉佩，该墓共发现两件，分别置于人体盆骨的左右，显然是主人佩戴的成组玉佩。

另一件玉镂雕双龙首佩为成组玉佩中部的中心玉件，长13.5厘米，高7厘米，厚0.3厘米。佩青玉制，有色变沁斑，薄片状，整体呈“弓”字形。

佩以中线为对称轴，对接双龙，两端雕龙回首仰视，唇吻部位卷曲夸张。龙身短而宽，饰凸起的谷纹，谷纹以短阴线勾连。佩中部廓外上、下镂雕云纹，上部及两下角都有镂雕的孔洞，可穿绳。这类带有前肢的半身龙玉佩在战国玉佩中非常罕见。

还有战国玉扭丝纹瑗，直径8.3厘米，厚0.3厘米。瑗呈内、外双重环状，环面饰钮丝状纹饰，两环相连之6处，其中3处饰横向的钮丝纹。两环间有细长的透孔相隔，共6处，其中3条透孔中部开圆形小孔，

鲁 我国春秋时期国名，在山东省南部，都城在今曲阜。于公元前1046年杀纣灭商后，周武王封其弟周公旦于鲁。国名“鲁”是武王所赐，意为“像鱼儿那样生活在东夷之海中，用摆尾的方式扫荡敌对势力”。鲁国是春秋时期唯一可以和周使用同规格礼仪的诸侯国。

螭龙 龙为中华民族的象征，龙有多种，有鳞为蛟龙，有翼为应龙，有角为虬龙，无角为螭龙。战国时期，螭龙纹头部的特征是圆眼、大鼻，眼尾稍有细长线。双线细眉，上线很浅很细。下线明显，猫耳，多数耳朵方圆。腿部线条弯曲，用曲折的弧形线，尽情地把关节主要活络都表现出来。

应为穿绳悬挂所备。

谷纹璧是战国时期常见的玉器。有一件玉镂雕螭龙合璧，直径11厘米，为新疆和田青白玉制，局部有色变，圆形，内、外边沿略平。璧两面皆饰凸起的谷纹，作交错的斜线排列，谷粒呈旋状。璧孔内镂雕一螭龙。

此件玉璧较一般的战国谷纹璧更为精致，谷粒圆旋高耸，其精致整齐超乎一般。所雕螭龙细颈粗身，肌肉微隆，挺胸似直立，尾自身后上冲贴于颈，形似猛兽，表现出蓄势待发之状。

商、周以来，对于凶猛动物的表现多集中于头部，而对体形的表现则有所不足。这件战国璧之螭龙身体态势的刻画极为生动，在造型艺术表现上是一重大进步。作品自中部对半剖开，成一对合璧，从剖口看，并非原设计，应是重大事件发生时临时所致。

■ 春秋战国玉龙

战国玉镂雕双凤式璜，发现于安徽省长丰县柳公乡2号墓，长13.7厘米，高6.2厘米，厚0.3厘米。璜玉色暗青，表面有沁斑，并有较亮的玻璃光泽。器呈扇面形，较薄，边缘呈

■ 战国玉云纹剑首 剑首是镶嵌在剑柄顶端的装饰品，也称为镡。位置在剑茎上方，只有一块，以玉或金属制成，扁圆形，其上镂有花纹。剑首除作装饰外，也是区分等级的标志。

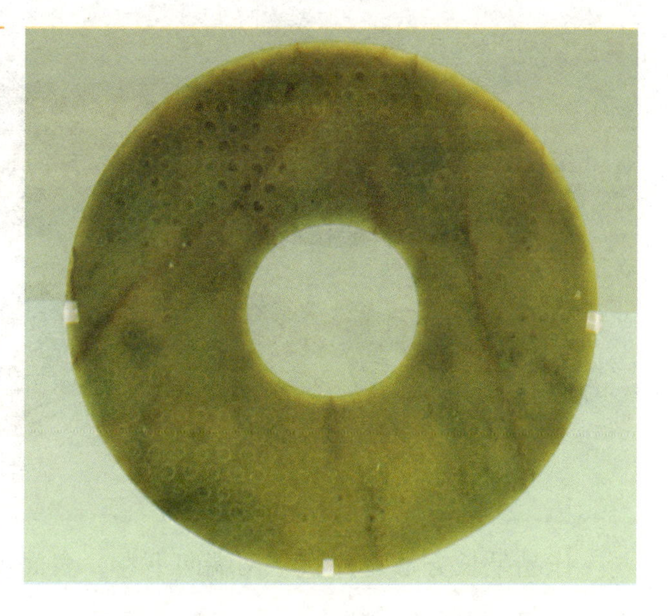

凹凸齿状。

该璜两面形式和雕纹相同，表面铺饰谷纹，谷粒呈菱面状，微凸起，谷纹间又有6处卷云纹，其形与凤尾相似。璜顶部镂雕一对相背的凤，细身长尾，尾端粗而回卷，与凤首相对，凤身局部有较多的镂孔，可穿绳系挂。

战国时期，璜是玉组佩的重要组件，用作佩玉的璜一般都制造精致，除表面花纹外，很多玉璜还特加装饰。这件玉璜表面的云纹及顶部的双凤饰纹在战国玉璜中是仅见的。

精巧的战国玉云纹剑首，外径5.3厘米，厚0.7厘米。玉质青白色，呈薄片状，中心有圆孔，一面花纹较复杂，环孔有一周6瓣柿蒂纹，其外又有两周阴线勾云纹。另一面以双阴线分为内外两区，内区素而无纹，有3个隧孔，外区饰“丁”形勾云纹。

玉剑首中以圆形剑首最为常见，但像这种两面饰花纹的作品并不多见。剑的配饰还有杨公乡战国墓的玉谷纹璏，关于古代玉剑饰的各部位名称，文献记述有所不同，反映出时代、地区间的称谓差别。

宋朝以来的古代图册中，多把此类饰于剑鞘侧面的玉件标注为“璏”。所见这类玉饰主要为长短两种，其花纹、形制多有变化。

这件谷纹璏长6.5厘米，宽2.3厘米，高1.4厘米。此璏由典型的青玉料制成，这种玉料在除璧以外的战国玉器中很少出现。

春秋战国时期龙形玉佩

作品呈长方形，片状，两端向下卷，表面饰凸起的谷纹，每3个谷粒为一组，以阴线相连。

战国玉剑饰还有云纹珌，高6.3厘米，宽5.95厘米，厚2.25厘米。玉料为青白色，表面有较重的赭色斑，其色非玉料本身所带。器呈上宽下窄的梯形，两侧内凹，中部向两面凸起，表面饰阴线勾云纹，勾云纹中又有细阴线环形图及双短线。

剑珌是剑鞘底端的饰物，所处位置很低，不能再饰长穗，在它的底面有细阴线花纹，应是后人所刻，又有相通的双孔，穿有绳结、长穗，可能是后世作为人身挂件或器物挂坠使用。

剑饰中很重要的部分还有剑格，亦称护手，指剑身与剑柄之间作为护手的部分，在古代又称剑镗，如一件战国玉兽面纹剑格，高2.2厘米，宽5.5厘米，厚1.7厘米。为新疆和田玉质，青白色，截面为菱形，两端薄，中间厚，两面均饰兽面纹。

兽面为粗眉、凸眼，鼻以下不明显，兽面两侧饰勾云纹，中部有通孔，用以置剑柄。全器边棱锋利，光亮度强。

战国玉螭凤云纹璧，宽14.2厘米，璧径11.5厘米。此璧为新疆和田白玉制。璧两面各饰勾云纹6周，勾云略凸起，其上再刻阴线成型。璧孔内雕一螭龙，兽身，独角，身侧似有翼，尾长并饰绳纹。璧两侧各雕一凤，长身，头顶出长翎，身下长尾卷垂。

此玉璧不仅螭龙、凤鸟造型生动，璧表面的纹饰也不同于一般作品，没有采用常见的谷纹、蒲纹、乳丁纹，而是采用了勾云纹，使其与螭龙、凤鸟的搭配更为和谐，且加工精致。

杨公乡战国墓中另有一件玉兽面谷纹璧，璧径16.5厘米，孔径4.8厘米，厚0.3厘米。璧玉料呈绿色，因埋藏产生褐色沁。璧较大，略薄，两面饰纹相同。

璧外缘和近孔边缘以单阴线为界，中部以两周阴线隔为内、外两区。内区饰谷纹，谷纹微凸起，呈旋状，其上又加阴线旋纹。

外区一周饰3组双身兽面纹，兽面较宽，朝向内孔，兽面两侧有伸出的肢体，细而长，似蛇身，交叉盘绕，兽面及兽身的局部以粗而浅的阴线界出。

乳丁纹 是在玉器上琢出一个个排列有序的圆点，故称为乳丁纹。它可能是由谷纹变化而来，出现在璧上，通常代表天上的星星，宋代以前较少见到，明代使用较多，多装饰于玉璧和器皿。乳丁纹和谷纹的区别在于，乳丁纹只是突出圆点，取名“乳丁”，也即含有感怀生命起源的含义。

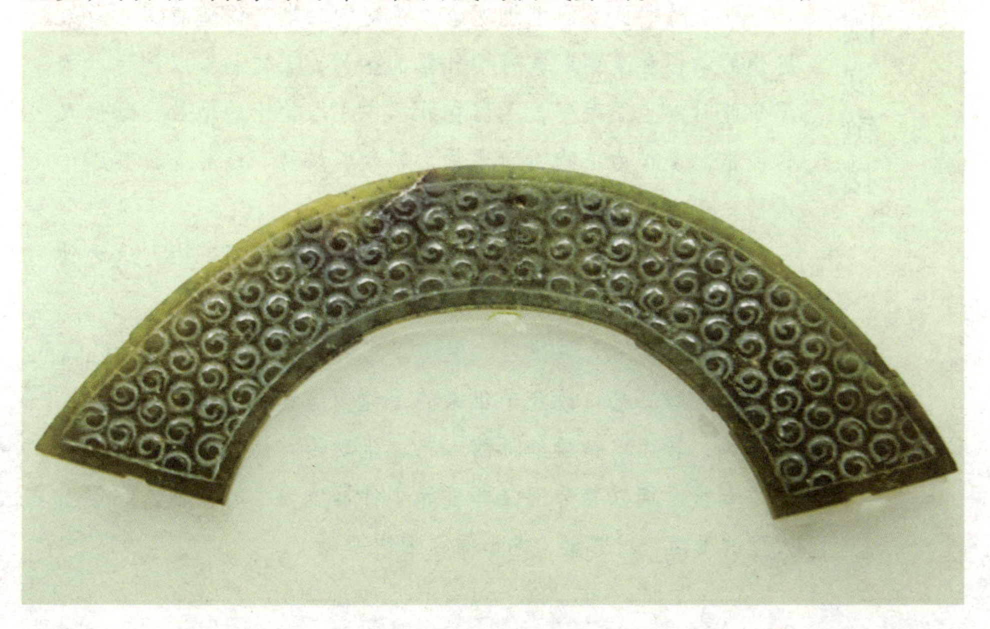

■ 春秋战国时期的玉器

再如杨公乡的战国晚期玉龙首璜，长17.4厘米，高6厘米，厚0.3厘米。璜玉料暗青色，局部有因埋藏侵蚀而产生的色变，片状，弧形，约为三分之一圆周。

璜两端雕侧面的龙首图案，其形似兽，耳贴于颈部，上唇厚大，下唇尖细，嘴部镂空且刻有齿纹。璜身饰凸起的谷纹，谷粒间以细阴线勾连。璜的上部中间有一小孔，供穿绳系挂。

龙首玉璜在商代已出现，一般为单龙首，璜体似龙身。西周时期出现了双龙首璜，璜身多饰以弧线勾连而成的龙身。战国时期的龙形佩较多，其中一些制成了璜形。

这类龙首璜的璜身完全没有龙的含义，所表达的内容较龙形璜更为宽泛。此璜为战国时期龙首璜中较大的作品，两端的龙嘴可悬挂其他佩件，因而应是成组玉佩中位于上部的玉件。

从工艺上讲，同一件玉器普遍采用阴刻、浅浮雕、接榫等多种手法进行琢磨。那细润的质地、充满活力的线条，无不令人叹为观止。

阅读链接

战国时期是人们思想观念大改变的时期。伴随着尊神敬天思想的动摇和夏商以来青铜礼器的盛行，玉器制作以神为本的思想此时发生了改变，玉器在礼器中无与伦比的地位受到很大的冲击，多作为信物用于盟誓、朝觐、婚聘、殓葬等，其庄严肃穆之感日减，装饰艺术韵味增多。

不过，用玉器祭祀天地鬼神的思想已经根深蒂固，这种独有的功能并没有完全消失，后世仍有继承。

铁制工具的大量使用，促进了玉雕工具和碾玉技术的飞跃发展。玉雕工艺一改几千年来的单纯简练和一味追求形似的古朴作风，转而以精雕细琢的工艺、生动传神的造型为特点，突破了春秋时期以装饰玉、葬玉等小件器物为主的特征，制作出大型的玉磺、出廓璧、龙形佩、带钩等。

秦汉隋唐玉文化

秦汉以后，加速推进着日益富足的社会经济，不断开创着新的玉器文化的繁荣，自此，我国玉器文化的体制和容貌固定下来。

我国的玉器自诞生以后，就不再是单纯的文化现象而首先表现为一种政治现象，这种现象持续到后世的隋唐时期甚至更晚。

隋唐时期国家强盛，经济发达。此时东西方有着政治、经济、文化方面的交流，外来文化进入我国，带来了许多新鲜的事物和观念。这也反映在玉文化的发展上。

秦代简单质朴的玉器珍品

秦帝国是我国历史上一个极为重要的朝代，由战国时代后期的秦国发展起来的统一大国，它结束了自春秋起500年来分裂割据的局面，成为我国历史上第一个统一的、多民族的、中央集权制国家。而我国历史上第一个朝代的玉器文化也颇有自己的特点。

秦代乳钉纹玉璧

龙形玉佩

首先，是秦朝的祭祀。以玉祀天地、诸神、先祖是玉最原始的作用，东周时代礼乐废弛，新兴阶级不断打破旧有秩序，经济与思想文化的发展也使原始神话遭到理性的排斥，所谓“子不语怪力乱神”。

祭祀都要用不同等级、数量的牺牲和玉器，所谓“牲牛犊牢具圭币各异”。《封禅书》对雍四畤的祭品记述甚详：

> 春夏用骍，秋冬用駠。畤驹四匹，木禺龙栾车一驷，木禺车马一驷，各如其帝色。

其次，是玉石的佩戴，以玉为佩的习俗由来已久，由于对玉的种种道德比赋，使得佩玉成为“君子”不可或缺之物，所谓“君子无故玉不去身”是对这种佩玉之风的总结。

从记载看，佩玉雕的人群很广泛，不但有“君

祭祀 是华夏礼典的一部分，是儒教礼仪中最重要的部分，礼有五经，莫重于祭。是按照一定的仪式，向神灵致敬和献礼，以恭敬的动作膜拜它，请它帮助人们达成靠人力难以实现的愿望。祭祀有严格的等级界限。天神地祇只能由天子祭祀。诸侯大夫可以祭祀山川。士庶人则只能祭祀自己的祖先和灶神。

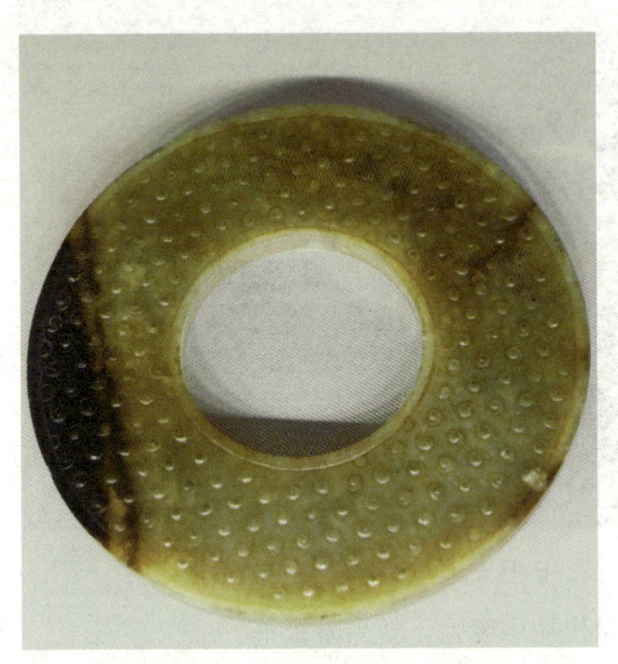

秦代青玉蚕纹玉璧

子”，还有妇女，如《诗·郑风·有女同车》中说：

有女同车，
颜如舜华，
将翱将翔，
佩玉琼琚。

最后，以玉器作为礼尚往来的赠品在当时也非常流行，史籍与文学作品的有关记述表明，玉器不仅可以用于诸侯之间的交往，贵族间的婚聘，亲戚之间的礼赠，而且王侯将相常以之收买谋臣死士，说客也以之贿赂政要，打通关节。甚至恋人赠玉以传情，夫妻间亦以赠玉示恩爱。秦遗物中亦见一些古玉，有3类，即玉人、玉礼器和玉器皿。

秦朝玉器纹饰上的表现为一般所见的蟠虺纹，称为秦式龙纹，纤细的阴刻线条紧密勾连，没有层次，龙的头、羽、翼区分不明显。

秦朝玉器在器型上，一般墓葬的组合大多为璧、圭、玦、璜和串饰等简单的品类。同时，秦代偏好深色的青玉，应与秦人尚黑的习俗有关，依照传统五行之说，北方属水，代表色为玄，即黑色，色泽青黑的青玉正代表水的颜色，也契合了秦人尚黑的传统。

秦代墓葬中，如陕西省凤翔秦公一号大墓、宝鸡

蟠虺纹 又称“蛇纹”。以蟠屈的小蛇的形象，构成几何图形。有的作二方连续排列，有的构成四方连续纹样。一般都作主纹应用。盛行于春秋战国时期。商末周初的蛇纹，大多是单个排列；春秋战国的蛇纹大多很细小，作蟠旋交连状，旧称“蟠虺纹”。

益门村二号墓的玉器遗物并不多，在器型、雕工、纹饰上较简单质朴，反映出秦代玉器工艺发展的不足。

而当时关东则相反，整体文化是尚礼的、内倾的，但却强调人性，精美的佩玉无疑是个人品格的标榜与个性之张扬，所以才会有艺术上百花齐放和思想领域的百家争鸣。

秦代和氏璧称得上是我国历史上最有传奇色彩的玉器，那么秦赵和氏璧之争也可看作是两种玉文化的激烈冲突。

卞和冒着生命危险所要保守的是对真玉的忠贞，各国对和氏璧的珍视主要是因为其上凝结的忠信仁义种种道德意义。

秦昭王闻赵得和氏璧，派人致书赵惠文王愿以15城易璧，赵国蔺相如的第一个反应是：“秦以城求璧而赵不许，曲在赵。赵予璧而秦不予赵城，曲在秦。

■ 玉玺 “玺”是我国印章最早的名称。在秦以前，无论官印，还是私印都称“玺”。自秦代以后专指帝王的印。秦统一六国后，制定一系列等级制度，当时规定“朕”仅为皇帝专用，皇帝的印章独称“玺”，其材料用玉。臣民只称为“印”，并且不能用玉。汉代基本沿袭秦制，但制度已略放宽，也有诸侯王、王太后称为“玺”的。

均之二策，宁许以负秦曲。”

又责问秦王：“臣以为布衣之交尚不相欺，况大国乎！”是典型的尚礼义的关东思维方式。

在秦国方面，一开始就是打算以“空言求璧”的，秦王拿到璧之后“传以示美人及左右”，意甚轻慢，不过将之作为一件稀罕物罢了，远没有对这一玉文化精髓重器的应有尊重，所以面对蔺相如“秦自缪公以来二十余君，未尝有坚明约束也”的指责也无言以对。

蔺相如（前329—前259），战国时赵国上卿，今山西柳林孟门人，官至上卿，赵国宦官头目缪贤的家臣，战国时期最著名的政治家、外交家。根据《史记·廉颇蔺相如列传》所载，他生平最重要的事迹有完璧归赵、渑池之会与负荆请罪这3个事件。

后来秦王眼见得璧无望，倒也想得开，厚礼送相如，并说：“赵王岂以一璧之故欺秦邪。”他不理解对于关东诸国来说，像和氏璧这样的玉宝重器，是国家权力的象征，“守金玉之重”为人主之责，以之换土地倒也罢了，要是被骗去则大丢面子，是君辱臣死的严重事件，岂止“一璧之故”这样简单。

■秦国玉璧

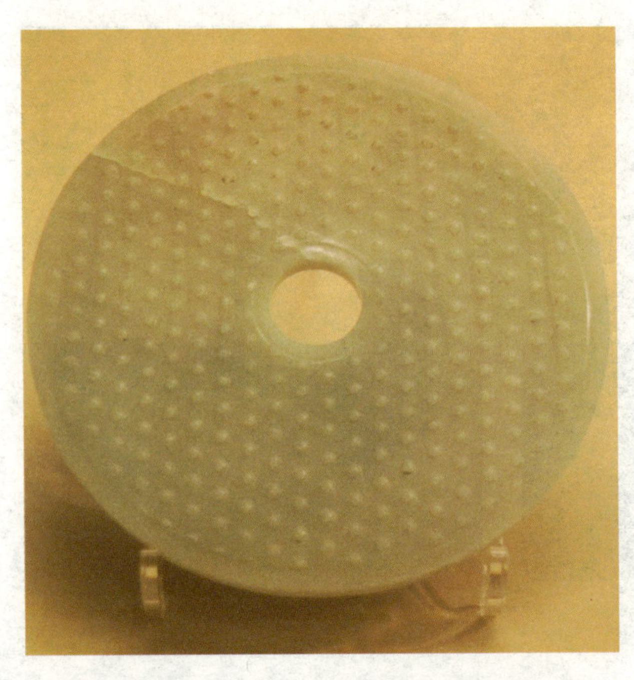

和氏璧最后还是落在了强秦手里，公元前237年，李斯在上《谏逐客书》中提到：“今陛下致昆山之玉，有随、和之宝。”“随、和之宝”，即指“随侯之珠”与“和氏之璧”两件当时著名的宝物。很有可能，赵国是在不得已的情况下，畏惧秦国

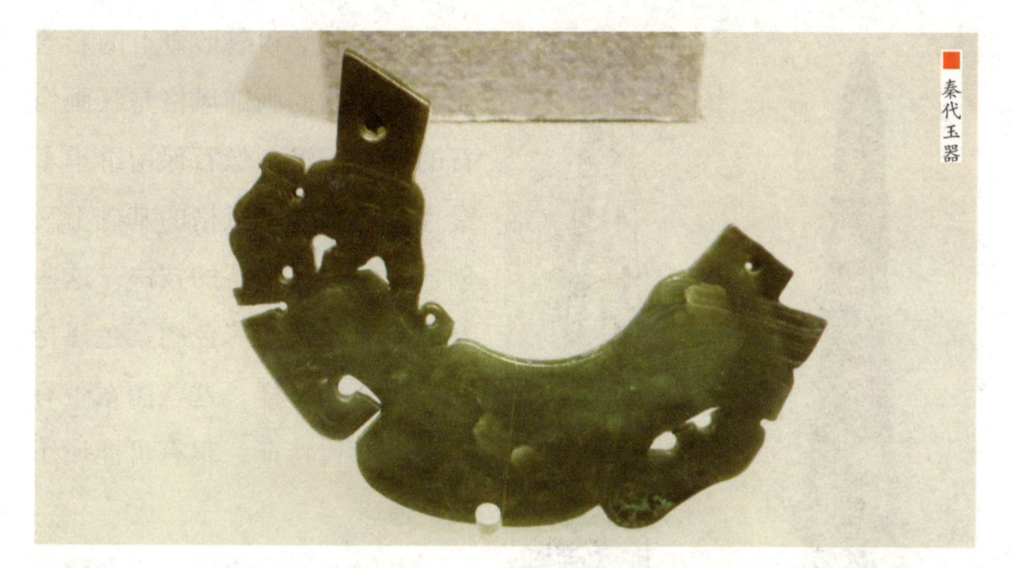
秦代玉器

的强大，将和氏璧送给了秦国。

秦始皇剖璧治“传国玉玺”，一代名器就此而毁。就结果而言秦人胜利了，但“完璧归赵”的故事传诵千古。传说中起始于秦代的传国玉玺，上有八字铭文：“受命于天，既寿永昌。”

秦朝是我国第一个封建制统一国家，但仅存在了十几年就灭亡了，流传下来的具有明确纪年的遗物很少。从零星发现的玉器来看，与战国精细做工的玉器区别不大，还未见代表性之作品。

但是，从战国时期人们对器物的颜色就已经很重视。以黄金包镶白玉以求艳丽斑斓的色彩美，在秦代逐渐流行，又在陶、铜等材质器物上涂漆饰纹，作为显示财富和地位的象征。

秦代又承上启下，在玉器上始创彩绘描画作纹装饰，给人们带来了视觉上的新冲击。漆绘玉器在古玉中是一个新品类，虽然历史短暂，还未来得及在社会上形成规模，即随着秦王朝的灭亡而终止，但它却同秦俑一样，在玉器艺术文化方面，也是众多奇迹和辉煌之一。

秦代玉器与其他玉器相比较，多大气磅礴、霸气十足。这与秦朝的精神和气质有关，战争与征服，好大喜功，造就了如此独特的秦玉文化，这一点同样反映在彩绘玉器上。

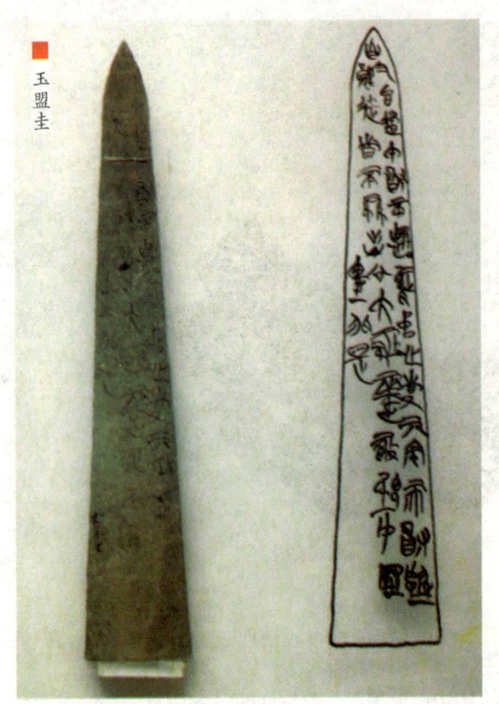
玉盟圭

如秦玉璧和鹅形壶上的彩绘人物、动物的画饰风格是汉画像石的前身，汉画像石保留继承了秦代的绘画艺术风格的基础上又创造出了自己独特的技法。这些秦玉器上存留的彩色图案色泽艳丽，像新的一样，这些图案带有明显的秦代特征，很有可能属于秦代遗珍。

秦代玉器彩绘多采用龙纹、凤纹和各种动植物纹样，把它们图案化，既有浓厚的装饰趣味，又能不失鸟兽活跃的特点，以及植物带给人们的勃勃生机。

由于艺术手法简练和概括，更加突出了各自的特点和个性。虽然是一件小小的彩绘玉器，却可以作为一件大型的优秀绘画艺术作品来欣赏。

秦代的绘画很少留到今天，彩绘玉器正是所谓“地不爱宝”的一种偶然。同时，反映出在玉器雕塑、彩绘艺术上的成就非常惊人。

阅读链接

秦代动植物纹饰的表现手法，在玉器上有浮雕、圆雕、彩绘。浮雕在战国、秦代最盛行，采取现实主义手法，取材现实生活，以狩猎中常见的动物为主要描绘对象，它反映了秦人的经济生活中狩猎占有重要地位，以及皇家贵族的狩猎风俗。

秦代玉器圆雕动物种类繁多，主要有虎、鹿、兔、鱼、牛、马、犬、羊、鸟、鸽、蛇等，其中有些动物只是头部或身体的局部，或是完整的雕刻。

彰显王者之风的汉代玉器

汉代是我国大一统的封建盛世，强大的国力促使手工业生产亦相当繁盛，玉器在当时也攀上了古代玉器发展前期的最高水平。

公元前206年，秦王子婴在西安亲率臣下向汉王刘邦献玉玺、兵符并伏地称臣。至此，我国历史上第一个封建王朝秦，就如昙花一现般宣告了它的灭亡。

公元前202年，经过了历时5年的楚汉战争，刘邦最终击败了西楚霸王项羽后登上帝位，史称汉高祖。

西汉王朝建立以后，我国的文化体制和容貌基本上固定了下来。我国的玉器自它诞生以后，就不再是单纯的文化现象而首先表现为一种政治现象。

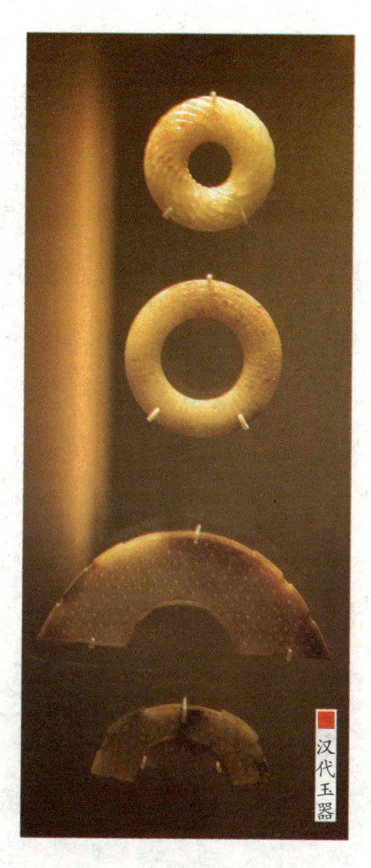
汉代玉器

■ 汉代玉璧

汉代的社会政治文化主要表现为三大特征：一是汉承秦制；二是汉继楚绪；三是独尊儒术。

汉武帝刘彻即位以后，进一步强化专制主义的中央集权制度。儒家学说恰好符合了汉王朝之需要。

汉代政治文化的这三大特征，对汉代玉器的发展有着非常重大的影响。汉承玉器上的表现，仍然保留着一份“周礼”的用玉思想和礼仪制度。

尽管当时周礼的用玉制度历经春秋战国争鸣的大潮已呈“礼崩”之势，但作为在政治、经济上继承秦代制度的汉王朝，仍然继承着一部分传统礼制和以玉示礼的宫廷习俗。不过这种继承已不是全部照搬，而是顺应汉代的政治背景并有了进一步的改进，最突出的莫过于六器的改变。

到西汉时“周礼”六器还仅存3器，玉璧的用途仍然较多，圭的数量有所减少，琮已经很少见到。

在西汉之初，就产生了汉皇后之玺，又称“吕后之玺”，其主人就是我国历史上第一位垂帘听政的皇后吕雉。

吕后是汉高祖刘邦之妻，名雉，从小就美丽聪

儒家 又称儒学、儒家学说，或称为儒教，是我国古代最有影响的学派。作为华夏固有价值系统的一种表现的儒家，并非通常意义上的学术或学派，它是中华法系的法理基础，是我国的基本文化信仰。儒家最初指的是婚丧祭祀时的司仪，自春秋起指由孔子创立的后来逐步发展到以仁为核心的思想体系。

慧，以果断和狠毒著称。刘邦战胜项羽建立汉朝后，封吕雉为皇后，史称“吕后”。

汉初，刘邦宠信戚姬，有废掉吕后另立新后的想法，吕后为了保住其皇后宝座，将皇后宝玺掌握手中，想了种种计策。她设计用竹剑刺杀了韩信之后，地位更加不可动摇。吕后前后掌权16年。吕后当时用来发布命令的，就是一块皇后之玺。

韩信（约前231—前196），汉族，淮阴人，西汉的开国功臣，我国历史上杰出的军事家，与萧何、张良并列为汉初三杰，曾先后为齐王、楚王，后贬为淮阴侯，为汉朝的天下立下赫赫战功，是我国军事思想“谋战”派代表人物，被萧何誉为“国士无双”。

我国历代皇帝、皇后都拥有自己的玉玺，可是，真正留传下来的并不多，皇后之玺是两汉时期等级最高，且唯一的帝后玉玺。

从外形和做工上看，这枚皇后之玺远远超过发现的其他汉代玉玺，皇后之玺为正方形，2.8厘米见方，通高2厘米，重33克，以新疆和田羊脂白玉雕成。玉色纯净无瑕，玉质坚硬致密，无任何受沁现象。

在我国传统文化中，玉被古人推崇备至，正所谓“金石有价，玉无价”。而和田白玉更是玉中的极品。

皇后之玺的玺钮为高浮雕的匍匐螭虎形，螭代表着真龙天子；虎为百兽之长，“取其威猛以执状”。螭虎形象凶猛，体态矫健，四肢有力，双目圆睁，隆

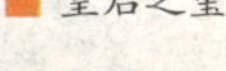
皇后之玺

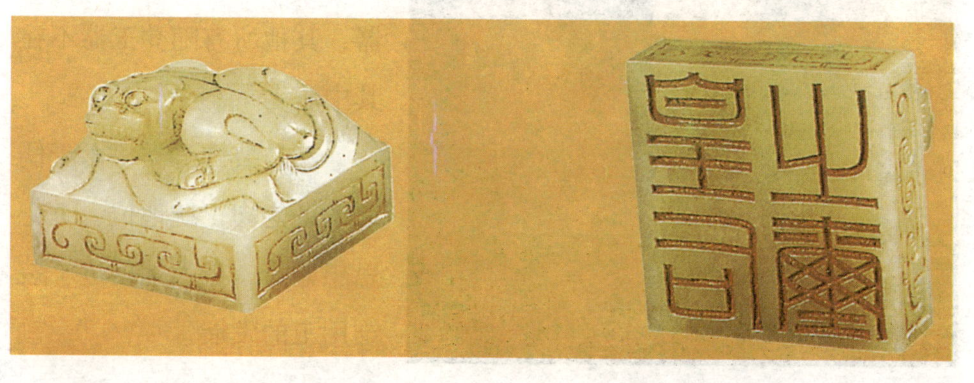

阴刻 是一种独特的雕刻方式。阴刻是将笔画显示平面物体之下的立体线条。阴刻为凹形状。凹陷下去的字是阴字，凸出来的字是阳字。刻图章是一般都刻凸出来的字，这就是阳刻，如果刻凹陷下去的字，这就是阴刻。

鼻方唇，张口露齿，双耳后耸，尾部藏于云纹之中，背部阴刻出一条较粗的随体摆动的曲线，6颗上齿也以阴线雕琢。

螭虎腹下钻以透孔，以便穿绶系带。玺台四侧面呈平齐的长方形，并琢出长方形阴线框，其内雕琢出4个互相颠倒并勾连的卷云纹，每个云纹均以双阴竖线与边框相连。阴线槽内残留有部分朱砂。

玺面阴刻篆书“皇后之玺”4字，字体结构严谨大方，笔画粗细均匀，深度一致。

此枚玉玺玉质之精美，螭虎造型之生动，玺文字体之规整大气，雕琢技法之娴熟，都是罕见的。

汉代的玉器主要分为5类：

■汉代软玉雕刻品

一是礼玉类，有玉璧、玉圭、玉珍，也偶见玉环、玉瑶、玉琮之类，但已不作为礼器使用。

二是丧葬玉类，有玉相、玉衣、玉覆面、玉琀、玉握及九窍塞。这里所说的丧葬玉器是专指殓尸用玉器，其他所有随葬玉器不在其中。

三是装饰玉类，由于儒家学说走向正统地位，玉德思想盛行，极大地促进了装饰用玉的发展。

汉代装饰类玉器

四是玉器艺术品类，以动物造型的玉器为主，有著名的玉奔马、玉舞人，还有玉熊、玉鸟、玉兽、玉蛙、玉狮、玉龙、玉虎等。

五是玉器实用品类，其中有饮食类的玉容器，说明汉代玉器开始踏上生活化、世俗化的道路，再一次开拓了我国玉雕艺术的春天。

汉代玉器的材质主要是软玉。汉武帝时，张骞出使西域，开通了闻名遐迩的“丝绸之路”，新疆和田美玉沿着“丝绸之路”源源不断进入中原，使得玉器制作业得到极大的物质保证，开创了和田玉主导后代玉器材质的历史潮流。

玉雕动物在汉代很常见。汉代玉器写实，一反平面雕刻，代之以立体圆雕，雕琢手法突出的是“汉八刀”和双钩碾法，又称“游丝毛雕”。“汉八刀”反映了汉代玉雕的简洁明快。

辟邪是传说中的神兽，汉代始流行于我国，古代帝王陵寝前常有大型石刻辟邪守护，汉代玉器也出现

辟邪 我国古代传说中的一种神兽，似鹿而长尾，有两角，也叫作貔貅。辟邪之义，是驱走邪秽，驱除不祥。古代织物、军旗、带钩、印钮、钟钮等物，常用辟邪为饰，古代陵墓前常有辟邪石雕。辟邪神兽总称为符拔，一角为“天鹿”，二角为“辟邪”。

汉代沁色玉爵杯

了辟邪形象。

如陕西省宝鸡发现的东汉青玉辟邪，长13.2厘米，宽4.8厘米，高8.6厘米。玉料青褐色，圆雕异兽，卧状，圆目，张口，头顶有角，身有翼，长尾。

异兽举首怒吼，挺胸突臀，两翼内合，前足直伸，后足直立，威武凶猛，似有拔天撼地、驱邪逐魅之气概，将大汉帝国气宇轩昂的一代精神表露无遗。

还有汉代的玉仙人奔马，由白如凝脂的和田玉精心打造而成，它昂首张口，竖耳挺胸，飞翼扬鬃，四蹄高抬，踏云乘风遨游于太空之中，马背上骑一戴巾生翅的仙人，手持灵芝，似正欲追寻极乐的天国仙界，充满奇幻迷离的浪漫气息。

汉代曾从西域大宛获得汗血马，据说日行千里，号称天马，而两汉羽化登仙观念弥漫，仙人骑天马正是当时历史背景的如实写照。

汉继楚绪对玉器的影响，主要表现在汉代这种怪题材玉器的创作和流行，以及辟邪玉器的出现，丧葬玉器更是达到了登峰造极的境界。

楚人笃信神仙，偏好巫术。其实鬼神思想起源于远古时代，在北方大地盛行，只是时至周末已有所衰微，经春秋战国之后，渐为先秦理性思想所替代。

然而，历史却又偏偏将大量神秘的远古传统礼

汗血马 在我国，2000年来这种马一直被神秘地称为“汗血宝马”。汗血宝马的皮肤较薄，奔跑时，血液在血管中流动容易被看到，另外，马的肩部和颈部汗腺发达，马出汗时往往先潮后湿，对于枣红色或栗色毛的马，出汗后局部颜色会显得更加鲜艳，给人以“流血”的错觉。

俗神话留置于楚山楚水、包藏于楚乡楚俗之中。例如《天问》《离骚》之中，就蕴藏着大量古代的神话，可以反映当年楚人的迷信程度。

汉朝统一以后，原楚文化中的鬼神迷信曾充斥于汉代的文艺创作之中。汉代文艺创作又借助于政治统一和经济繁荣的强大动力，推动着好巫信鬼习俗的广泛蔓延。这突出反映在各种随葬用玉和金缕玉衣上。

刘汉天下的鼎盛造就了我国玉器史上继红山、良渚、殷商盛世和春秋时代四大高峰之后又一个黄金时代，根据《汉书》《后汉书》记载，当时朝廷规定皇帝用金缕玉衣，诸侯、贵人、公主用银缕玉衣，大贵人、长公主用铜缕玉衣。

汉代诸王侯墓发现的玉器集中反映了类别齐全、技艺精湛、分布面广且属国家礼制这些特点，应是汉玉风貌的总代表。

《汉书》 又称《前汉书》，由东汉时期历史学家班固编撰，是我国第一部纪传体断代史，《汉书》是继《史记》之后我国古代又一部重要史书，与《史记》《后汉书》《三国志》并称“前四史”。《汉书》语言庄严工整，多用排偶、古词，与《史记》口语化文字形成鲜明对照。

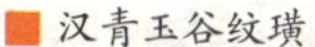
汉青玉谷纹璜

汉代金缕玉衣

这些王侯大墓没有一个不是极尽奢侈之能，其基本结构或是高台深坑，或是崖洞横穴，前厅后室，左右府库，犹如人间宅邸。

在汉代所有随葬玉器当中最具有典型意义的莫过于玉衣，充分反映出汉代宫廷和一般社会观念中，玉器仍然有着极其崇高的位置，这种玉器对汉代政治背景和意识形态可以做出很好的映照。

王者之风 代表着某种行为标准，指一个人是否具备拥有帝王将相般的模范。在历史上，一个帝王的行为规范最能体现这个国家人民生活的行为准则。其表现极为大度，但对于别的细节又很认真，拥有无与伦比的观察力；有心计，最重要的是要有领导能力，而且要在做事前确立自己的目标，在做的过程中，不利欲熏心。

玉衣初兴于东周，盛行于两汉，终结于魏初。最著名、影响最大的金缕玉衣是河北满城中山靖王刘胜、窦绾夫妇墓中发现的两套。它的用材选料、造型技巧、琢磨工艺及总体规格属我国历代帝玉丧葬礼仪之中空前绝后之作。

刘胜的玉衣形体肥大，全长1.88米，用1100多克金丝连缀起2498片大小不等的玉片，由上百个工匠花了两年多的时间完成。玉片有绿色、灰白色、淡黄褐色等。用金丝将玉片编缀成人形，头部由头罩、脸盖组成，上身由前后衣片、左右袖筒及左右手套组成，下身由左右裤筒及左右足套组成，皆能分开。

玉衣内头部有玉眼盖、鼻塞、耳瑱、口琀，下腹部有生殖器罩盒和肛门塞。周缘以红色织物锁边，裤筒处裹以铁条锁边，使其加固成型，脸盖上刻画眼、鼻、嘴形，胸背部宽阔，似人之体形。

玉衣是汉代只有皇帝和高级贵族的殓服，而且按等级分为金缕、银缕、铜缕三等，规定只有皇帝的玉衣才用金缕，而中山靖王刘胜是诸侯王，竟然也使用了金缕玉衣。

窦绾的玉衣全长1.72米，由2160片玉片和700克金丝组成。这件玉衣的头部内也有用玉制成的眼盖、耳瑱、鼻塞和口琀。

玉衣之作最引人注目之处在于其浩大的工艺价值和所谓的防腐不朽。汉代的用玉理论在玉璧的使用方式之中得到了更充分的证明。

在汉代所有的随葬玉器当中，玉璧的作用显得非常突出，它的用量最多，含义也最复杂，在古代礼仪之中的悠久历史和包含的宗教内涵都是玉衣所难以企及的。而且，金缕玉衣也并没有能使它们包裹之中的尸体避免腐朽。

汉代玉器是我国玉文化史上的王玉时代，是皇室专用，赏玩佩戴主流群体是上层统治阶级，首先所体现的是王者之气韵，王者之气是威严，唯我独尊的霸气，御

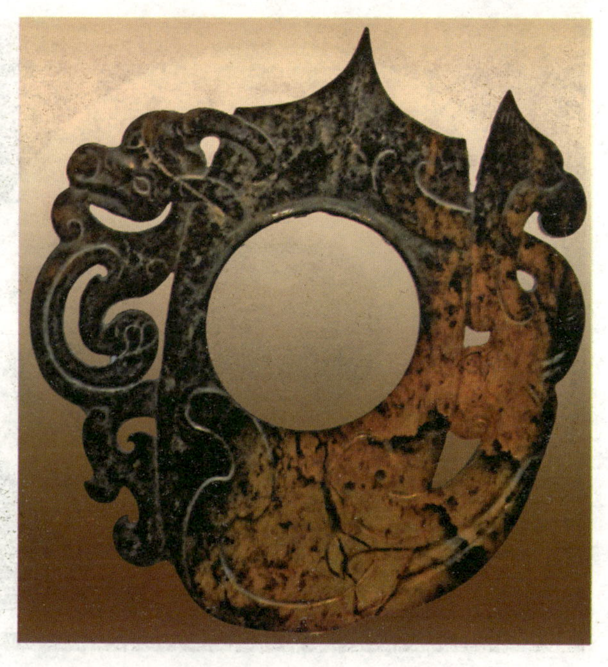

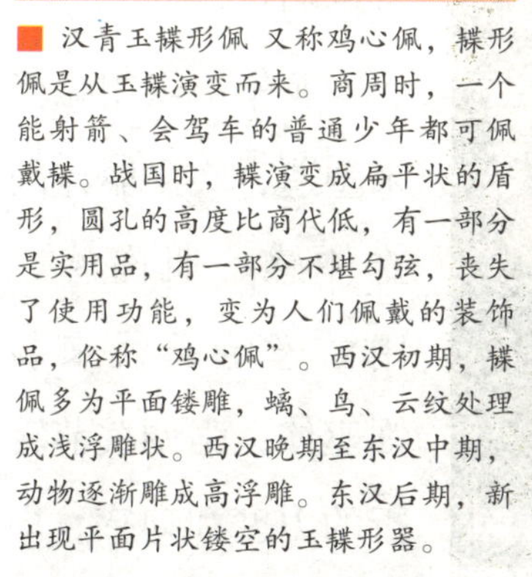

汉青玉韘形佩 又称鸡心佩，韘形佩是从玉韘演变而来。商周时，一个能射箭、会驾车的普通少年都可佩戴韘。战国时，韘演变成扁平状的盾形，圆孔的高度比商代低，有一部分是实用品，有一部分不堪勾弦，丧失了使用功能，变为人们佩戴的装饰品，俗称“鸡心佩”。西汉初期，韘佩多为平面镂雕，螭、鸟、云纹处理成浅浮雕状。西汉晚期至东汉中期，动物逐渐雕成高浮雕。东汉后期，新出现平面片状镂空的玉韘形器。

凤乘龙，遨游天际的超凡能力。

真正奠定汉代王者之风的玉器在我国玉器发展历史中的地位的，是汉代玉器中最为常见的龙、凤题材作品。在汉代早期玉器作品中龙凤造型已达到了传神的境界。

而龙凤造型整体构思上打破原有的呆板、程式化的构造模式，更多地寻求生动变化的构图设计，不拘泥于表面的对称平衡，而追求的是一种内在的呼应。

汉代龙凤玉器造型上，经常看到有一龙仰天长吟，一凤回首相和；或一大螭龙穿云而出，一小螭龙环绕凝视。这样的构成，区别于原有传统造型中左右几乎为镜像的那种静止的对称，也就是我国古人称谓的“象外之象”的意境，从而达到更高境界的一种平衡。

同时，龙凤躯体塑造多呈“S”形弯曲。“S”形是极富美学含义的造型，躯体粗细有变化，生动错落有序，转弯处流畅而无丝毫阻塞感，圆中有方，并有张力和弹性的感觉。

比起前期的古代玉器来，汉代的玉器躯体上少了很多的装饰纹样，更加简洁、洗练，摈弃了战国玉器中龙的躯体多以卧蚕纹、网纹为主要装饰风格的样式。

白玉双龙纹镂雕璧

龙躯边缘用弧面来塑造，突出躯体的立体感、肌肉感，用游丝毛雕线来装饰躯体，强调关节转折的力度和动感。局部点缀的流云纹或卷云纹，既避免留白不足，又衬托出巨龙翱翔云际的主题。

在龙的四肢表现上，汉代玉工都是经过精心设计推敲的。无论是腾起飞跃还是阔步前行，四肢的配合都很巧妙，总是一侧肢体开始发力，另一侧的肢体便开始蓄积力量，总有前力还未用完、后力已蓄势而动的感觉。

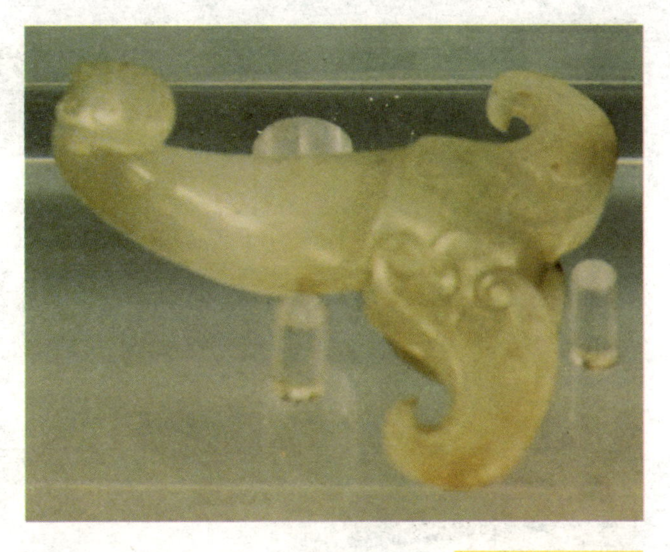

汉白玉龙首带钩

同时还可以观察到，或前张后弛，或左松右紧，紧绷和放松的肢体交替与敏感的躯干相结合，这是在中外艺术史上优秀的作品中都广泛运用的一种表现形式，称为“对偶到列”，其效果给人以生动有力的感觉，表现出无穷的潜力。

龙凤玉器的细部刻画上，眼珠凸起明显并有夸张感。上眼睑凸起，往上平缓过渡，眼皮与眼睛接合部边缘陡立，增添几分威严感；下眼睑短且围绕在眼球下半圈，并且也凸起，向下平缓过渡。

这种雕琢手法使得眼部的高低落差明显，轮廓线明显，增强立体效果。看上去自然有一种眼神凌厉、不怒自威的感受。透过表象的塑造，蕴含的是一种威仪不可轻的意味。

而且，龙凤玉器都嘴形大张，龙的牙齿与嘴的接

卧蚕纹 是宋、元以后人们对古玉纹饰的一种称谓，“卧蚕”纹的图形，最初是指春秋至汉代玉器上细的弧线纹，到了清代又主要表示战国至汉代螺旋状凸起的谷纹。卧蚕纹因器形略有差异，有的以减地法使蚕纹凸起，也有用粗阴线勾勒反衬出蚕纹形象。这些手法表明战国时期璜形器及其图案装饰的制作达到了非常成熟的水平。

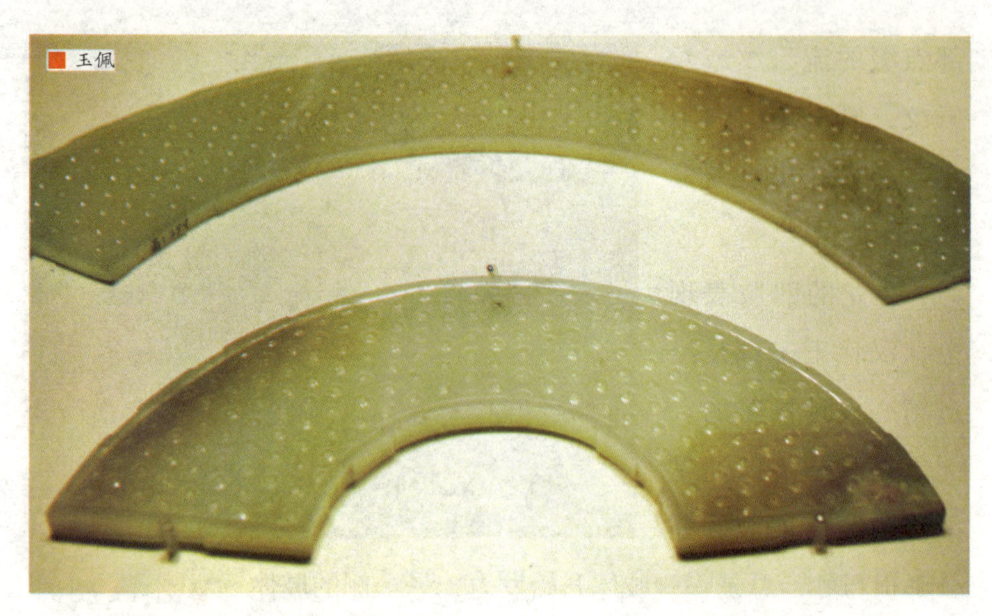
玉佩

合部用圆弧线勾勒，齿尖弯曲锐利。这种雕琢手法还同样运用在龙、凤的指爪部位。指端粒粒饱满，充满力量，指尖内弯，尖锐如钩。

关节转折部位雕琢同样如此，强化了线形表现的立体感，同时线本身圆中有方，用直砣线一点一点地接转过来，显得更为硬朗，虽然有砣线接转的毛糙感，却更好地凸显出力度来。

比如有件汉代玉环，分内外环，内环中间一游龙为“S”形，呈腾飞状，前肢关节转折和后肢与躯干连接的部位收束紧凑，仿佛正在积蓄着无限的力量，准备下一次的腾跃。

前、后肢及爪部伸展得很开，肢体部几乎达到“一”字形，并突破内环，龙爪牢牢地扒在外环内壁上，给人以强烈的动感，用阔步青云来形容似乎还显不足，龙首部位的收缩与躯干尾部的张扬巧妙结合运用。

而外环上阴线刻5组竹节纹饰，把外环等分为5部分，把5个竹节纹连接起来，刚好是符合黄金分割定律的五边形，连接其中两点刚好是这个玉环的黄金分割线，龙和凤的眼珠恰恰就在这条线上。

古代玉工认识及掌握美学要素的深度令人叹服。整体构图的特点是：主次分明，张弛有度，疏密得宜，极有动感。镂雕技术与“游丝毛雕”的线刻技法有机地结合；龙、凤肢体的边缘用小弧面过渡，颇显浮雕感；阴刻线的表现细若游丝，弧线部位转折流畅，张力饱满，线断却神不断；既气宇轩昂又优美流畅，实属汉代古玉难得之珍品。

再如一件汉代玉剑彘，雕琢大小两条螭龙，两螭对视，大螭龙身躯舒展，动势灵活，绞丝纹尾，旋转有力，肢体伸展适度，错落有致，肢体和躯体的边缘陡立，立体感强烈。眼中似有柔情，注视着小螭龙。小螭龙为穿云状，状态活泼而有朝气，回首张望大螭龙，含着几分依恋。

此件为西汉中期制作，凶悍的造型中流露着了几分柔美，舐犊之情跃然而出。

蒲纹出廓“宜子孙”玉璧为东汉时期制作的，其出廓部分为两条螭龙缠绕环抱着篆书“宜子孙”。螭龙形态要比起汉早期的龙形要纤弱柔美。

汉代玉璧宜子孙

龙角和龙的卷尾变化出许多小弧形来，与云形装饰纹交错，显得华丽而优雅。立边进行修饰，形成柔和的圆弧过渡。脸部眼神不再凶悍，而多了几分可爱，没有汉代早期龙的凶狠。身躯的“S”线更趋圆滑，更多的是柔美，少了汉早期的力量体现。

该玉璧外圈部分的浅浮雕螭龙造型也同样是这

样的风格，内圈的蒲纹、乳钉纹制作饱满、规矩。其工艺制作精良，剔地及打磨工艺细致认真，从艺术表现来看其神韵正是从野性奔放、震慑四方的雄浑大气而转向富有尊贵、细致优雅。

这便是汉代玉器发展过程中的风格变化主线，也是其艺术表现形式的演变，更是汉代玉器神韵的脉络。

有件汉代玉夔凤纹樽，高12.3厘米，口径6.9厘米，足径6.8厘米。樽为白玉质，有褐色沁斑。此樽有盖，盖面隆起，中心凸雕一花瓣形钮，钮周凸雕 3 个鸟形伴钮；器身表面有带状夔凤纹和谷纹，间刻小勾云纹；一侧有环形柄，顶端形成简单云形出廓，上饰一兽面纹。底有 3 个蹄形足。造型端庄，图案精美，系仿青铜尊而作。

而另一件小巧的汉代玉螭凤纹韘，宽6.5厘米，高7.8厘米。玉为暗白色，局部呈褐赭色，片状，中部为心形玉片，表面饰云纹，中心有孔。玉片上部透雕云头装饰，两侧分别透雕螭、凤，螭细身，大臂，长角，长尾，凤亦细身，长尾，头顶之翎长而分叉。

还有一件玉夔纹韘形佩，长12.3厘米，宽3.6厘米。玉为暗白色，片状，弧形，上部有尖锋，其外饰有透雕的夔纹。此器应是东汉玉韘

汉代貔貅

的代表作品，中部的孔径很小，其外的透雕装饰是从夔凤图案演化而成的非动物形图案。

汉代玉蝉

古代动物玉器中，玉蝉的使用历史较长，在新石器时期的红山文化、良渚文化、石家河文化遗址中都有发现，其后至汉代的各个时期，蝉都是玉质作品中的重要题材。

有件汉代玉蝉，长2.9厘米，宽2.1厘米，厚0.8厘米。白玉质，有褐色斑，薄片状。扁腹，腹下有纵向的直线纹。长翅，翅上无翼纹。小头，双目凸出于头两侧。

玉蝉的用途主要有两项，一为佩饰，流行于商之前。汉代玉蝉多为逝者口中的含玉，称为“琀”。在逝者口中置玉是古代的一种入葬习俗。

战国早期曾侯乙墓中的玉琀为一组小牲畜，汉代墓葬中也有较多的玉蝉，其上多无穿绳挂系之孔，用蝉作琀有祝愿逝者蜕变再生之意。

玉猪在汉代墓葬中有较多的发现，一般都置于逝者手中，为丧葬使用的玉握。

有两件汉代玉猪，其一长11.2厘米，高2.9厘米，另一长11.7厘米，高2.6厘米。两件作品所用皆为新疆玉，颜色不同，一件玉呈青绿色，另一件玉呈青白

韘 古代射箭时戴在右手大拇指上的扳指。我国传统扣弦开弓法不同于欧洲那种以食指和中指拉弦的方式，而是以戴上韘拇指拉开弓弦，包括后来的蒙古族、满族，也都是这种开弓法。但汉族的韘从侧面观是梯形，即一边高一边低，而蒙古族、满族的扳指一般为圆柱体。

沁色 是指玉器在古环境中长期与水、土壤以及其他物质相接触，自然产生的水或矿物质侵蚀玉体，使玉器部分或整体的颜色发生变化的现象。常见有白色雾状的水沁、黄色的土沁、黑色的水银沁、绿色的铜沁、黑紫色的尸沁等。在老坟中，玉因尸液浸染而出现深紫色的斑痕，俗称“尸沁”。

色。圆柱状，底面较平，两端略作切削以呈猪首及猪尾的外形，又以粗阴线界出眼、耳、四肢，雕琢简练朴实。

在汉代及稍后的丧葬礼俗中，玉猪的使用较为流行，其中的一些作品四肢直立，头、臀部隆起，形象较为真实。

汉代动物玉器很有特色的还有玉卧羊，这件玉卧羊高3.1厘米，长5厘米，宽2.2厘米。玉羊为圆雕，玉料青白色，局部有沁色斑。羊卧姿，昂首目视前方，眼睛以阴线刻成圆形，外圈加弧线。双角弯曲盘于头后方两侧，颈下及身体两侧以平行的短线饰作羊毛。前足一跪一起，后足贴腹下。

玉羊的造型自商代即已出现，汉代时圆雕玉羊的造型已十分准确，多为静态卧形，身体肥硕，背部丰满，短颈，嘴部似榫凸，羊角雕琢细致，大而夸张，一般向下盘旋弯曲，羊身上多有阴线细纹为饰。此类玉羊用作玉镇或陈设品。

汉代玉猪

陕西省咸阳汉昭帝平陵的一件汉代玉马，也具备玉镇的特征：肥臀，短颈，凸胸，四肢细而短，马头窄长，鼻、眉等处有尖状的凸起，马尾的根部向上冲，马为卧

式，一前足踏地欲起，马嘴张开。

汉代玉羊

西汉南越王墓也有大量玉器，尤其发现了一件西汉绝品角形玉杯，通长18.4厘米，口径5.8厘米至6.7厘米，口沿上微残，青玉质，半透明，局部有红褐色沁斑。仿犀牛角形，中空。口呈椭圆形，往下渐收束，近底处呈卷索形回缠于器身下部。

角形玉杯纹饰自口沿处起为一立姿夔龙向后展开，纹饰绕着器身回环卷缠，逐渐高起，由浅浮雕至高浮雕，及底成为圆雕。在浮雕的纹饰中，还用单线的勾连雷纹作填空补白，一夔龙缠绕器身，集浅浮雕、高浮雕、圆雕艺术为一体。

阅读链接

汉代玉器是王玉的典范，以龙凤为题材的玉器作品的神韵又是汉代玉器中最具代表性的，此后“龙凤文化”成为中华民族的精神象征。

在鉴赏玉器时一定要以王者的视角来体会其中的神韵，感受唯我独尊的霸气，舍我其谁的勇气，天地四方的博大。这种气质是后世难以比拟的。即便科技进步，工具发展，工艺先进，可这种气韵却似凝固在那个历史时期。

后世从宋代就开始仿制，直到清代以倾国之力来模仿，或现在利用高科技手段来仿做，唯有貌似却难有神似。因此汉代玉器的那种神韵留给我们的是无限的遐想和敬仰。

开创全新局面的隋唐玉器

两晋南北朝时期，我国社会处在一个南北分裂、动荡不安、战乱频频的大环境下，整个社会的发展受到极大的影响和限制。在这样的社会条件下，玉器的发展同样受到了抑制。尤其是曹魏文帝下令禁止使用玉衣，致使葬玉一落千丈。

从墓葬发现玉器情况来看，大部分仅有简括的玉猪、玉蝉之类的玉雕，而且仅在有限的范围内存在，已不见各种玉用具和玉佩饰出

唐朝玛瑙花瓣盏托

现，说明此时无论是玉器的加工制作还是社会存有量都大大减少。

南北朝时佛教在我国得以弘扬，故这一时期出现用于佛教方面的玉器，主要是各种佛像，民间以曲阳白石和黄花石造“玉佛”供养。

隋唐是我国封建社会的两大强盛帝国。这也反映在玉器文化的发展上。隋朝历史很短，但却是一个承前启后的朝代，为大唐帝国的创建铺平了道路。在玉器史上，隋代玉器工艺不曾有什么独特的建树，却为一个新的玉器时代拉开了序幕。

隋代镶金边玉杯

著名的隋代玉器是镶金边白玉杯，发现于陕西省西安市李静训墓，高4.1厘米，口径5.6厘米，底径2.9厘米。此杯为直口平唇，深腹，下有假圈足，平底实足。口部内外镶金一周，金沿宽0.6厘米。

杯用白玉制成，保存完整，造型、制作均很精美。从这件镶金边白玉杯看，隋代已有了很精湛的玉器制作技术。

隋代玉器的品种新出现的有玉铲形佩、玉双股钗、玉嵌金口杯和玉兔等近10种。无论是已有或新出现的玉器，其用料和局部结构形式等方面则有很大的

供养 又称供施、供给、打供，是对佛、法、僧三宝进行心物两方面的供奉而予以资养的行为，是佛具或供物的基本行为。《十地经论》卷3谈到供养的种类时说：“供养有三，一为利养供养，衣服卧具等之谓也；二为恭敬供养，香花幡等之谓也；三为行供养，修行信戒行等之谓也。”

不同。如玉兔，是和田羊脂白玉圆雕而成，通体光素无纹，两侧腰有一横穿圆孔，以供佩系用。

隋代双股玉钗，一改以往以单股为钗之式，对其后唐宋的玉钗式样制作和使用具有重要影响。

■ 青玉七梁发冠

隋代玉器虽然品种和数量不多，但都是用优质青白和田玉制作，这与战国以前和魏晋南北朝玉器用料较杂、使用优质和田玉较少的情况成鲜明对比。

受到波斯文化的影响，隋唐玉器上出现了一些新的造型和图案。佛教题材玉器有飞天，肖生玉有立人、双鹿、寿带、鸾凤等，都受到当时绘画与雕塑艺术的影响。

飞天 意为飞舞的天人。在我国传统文化中，天指苍穹，但也认为天有意志，称为天意。在佛教中，娑婆世界由多层次组成，有诸多天界的存在，这些天界的众生为天人，个别称为天神，天即此意。飞天多画在佛教石窟壁画中。飞天原是古印度神话中的歌舞神和娱乐神，他们是一对夫妻，后被佛教吸收为天龙八部众神之内。

隋唐时期，达官贵人身着佩玉，尊卑有序。《隋书·礼仪表七》记载：

> 天子白玉，太子瑜玉，王玄玉，自公以下皆苍玉。

陕西省礼泉县兴隆村唐越王李贞墓发现玉佩6件，两件较大，为上窄下宽，上饰云形边，两侧连弧形，底边平直，上有一孔；另一大件作云头形，上下两边各有一孔；另外4小件有璜形与云头形，上下两边各一孔，为一组佩饰，青玉，光素无纹。

在陕西省西安唐大明宫遗址发现一件白玉嵌金佩饰，应为皇家用品，此为片状近三角形，底边平直，顶尖有一小孔，两腰为三连弧形，正面镶勾连云纹金饰，纹饰流畅，金玉辉映，玉质洁白无瑕，晶莹光润，显得富丽堂皇。

唐代的玉佩多为光素无纹，说明在春秋战国到汉代极为盛行的佩玉，到唐代已失去它的光辉，正在走下坡路。同时，隋唐时玉器加工技艺已趋成熟，砣法简练遒劲，突出形象的精神和气韵，颇有浪漫主义色彩。尤其是立体生肖形象的肌肉转折处理能收到天然得体的良好效果。

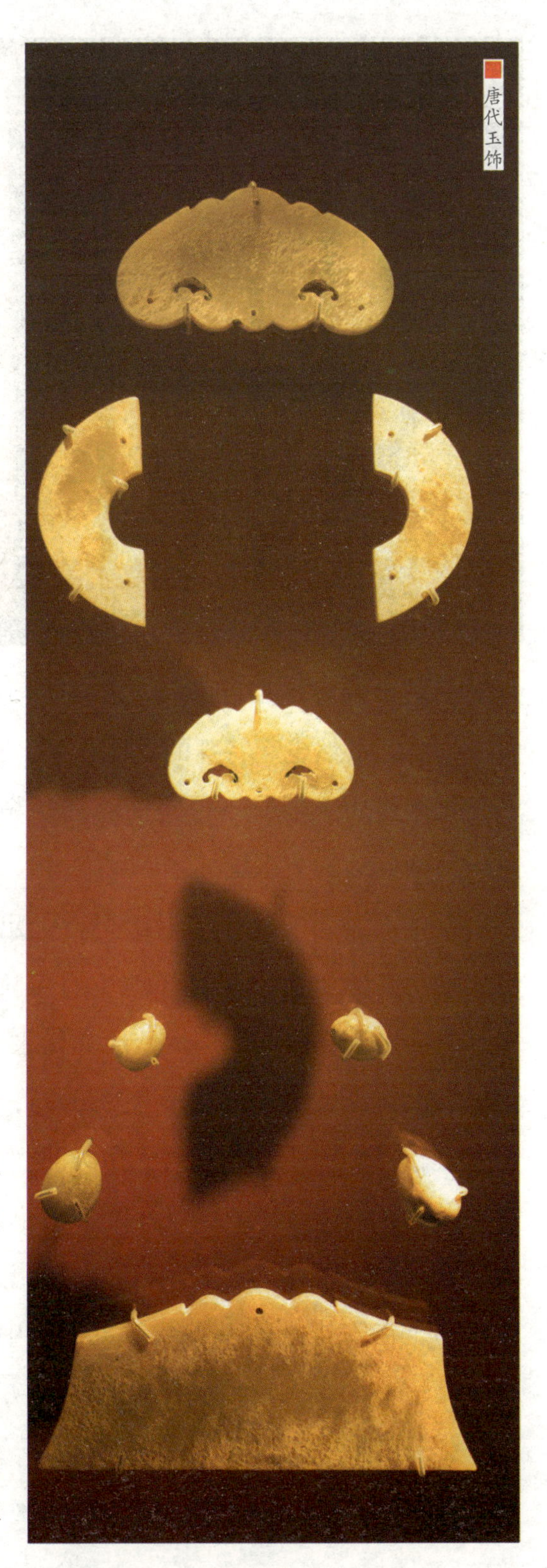
唐代玉饰

隋唐时期已普遍采用产自西域的和田玉，和田玉温润晶莹的特性在各种玉雕人像、动物造像中也得到了充分的体

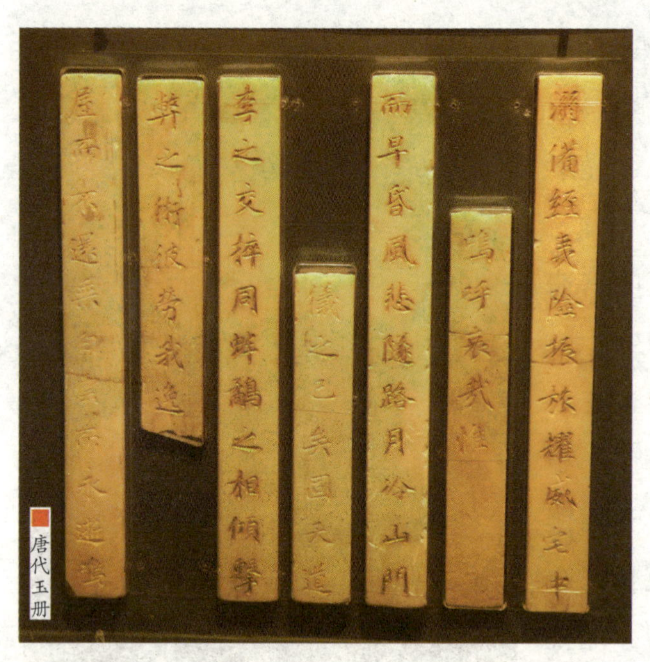
唐代玉册

现，从而使形象美与玉材美和谐地融合为一体，提高了玉器的艺术性和鉴赏性。

隋唐玉器在装饰材料上，金玉并用，色泽互补，金相玉质，形成隋唐玉器绚丽多彩的面貌。在玉器上出现黄金饰件，始见于战国至汉代，当时的黄金饰件主要起垂钩之用，如金链串玉佩、玉带钩等。隋唐用黄金饰玉，虽然也起特殊的功能作用，但主要起装饰之用。

隋至盛唐玉器，不论是简练还是精琢，其处理都恰到好处，均可达到气韵生动的艺术境界。

唐代玉器旧的礼仪玉退出舞台，出现新的礼仪玉，已不用周代的琮、璧等“元器”，只有禅地玉册与哀册两种。禅地玉册呈简牍状，多五简为一排，以银丝连贯，册文作隶书。

泰山脚下的嵩里山上有座阎王庙，庙前有座文峰塔，在塔的原址上发现5种颜色的土，五色土呈方形，中间为黄色，四周为红、白、青、黑色。

原来，古代皇家祭祀时，要在社稷坛的坛面上铺设五色土，5种颜色的土在安排上也有讲究：黄土居中，代表统治者的最高权威，东西南北依次为青白红黑，象征四面八方对皇帝的辅佐，也有“普天之下，莫非王土”的寓意。

就在五色土下面，发现了两个金盒，里面整齐地摆放着两卷玉片，一卷由16块长方形的玉简组成，另一卷则由15块玉简组成，玉片晶莹剔透，上面都刻有文字，字体端庄清秀。

据考评，两卷玉册第一卷是唐玄宗李隆基的封禅玉册；另一卷是宋真宗赵恒的封禅玉册。

玉哀册是帝王下葬时的最后一篇悼文，是称颂帝王功绩的文辞。玉哀册呈扁平片状，但均较宽长，表面磨平，正面刻楷书文字，背后顺序编号。

唐代玉器的品种式样几乎是全新的。即使名称仍如前期，但形式也是各不相同，作用也较单纯，多数与实用和佩戴有关。

汉魏时期曾有回光返照的礼器和盛极一时的葬玉几乎消失。所见者主要有作佩饰用的玉簪、玉镯、玉带板、玉人神仙佛以及作实用的玉杯等实用器具。

在陕西省西安市南郊何家村发现的唐代镶金兽首玛瑙杯，高6.5厘米，长15.6厘米，口径5.9厘米，选用的材料是一整块世间罕有的带条纹状的红玛瑙，玛瑙两侧为深红色，中间为浅红色，里面是略呈红润的乳

简牍 我国古代遗存下来的写有文字的竹简与木牍的概称。用竹片写的书称“简策”，用木板写的叫“版牍”。超过100字的长文，就写在简策上，不到100字的短文，便写在木板上。写在木板上的文字大多数是有关官方文书、户籍、告示、信札、遣册及图画。

唐兽首玛瑙杯 又称镶金兽首玛瑙杯、兽首玛瑙杯。1970年西安市南郊何家村出土，长15.5厘米，口径5.9厘米。选材精良，巧妙利用玉料的俏色纹理雕琢而成。杯体为角状兽首形，兽双角为杯柄。嘴部镶金帽，眼、耳、鼻皆刻画细微精确。是唐代中外文化交流的产物。

唐代玉卧马

白色夹心，色彩层次分明，鲜艳欲滴，本身就已是极为罕见的玉材。

此杯为模仿兽角形状，口沿外部有两条凸起的弦纹，其余的装饰重心均集中于兽首部位。兽作牛首形，圆睁双目，眼部刻画得形态逼真，炯炯有神，长长的双角呈螺旋状弯曲着伸向杯口两侧，双耳硕大，高高竖起。兽嘴作镶金处理，同时也是作为此杯的塞子，双唇闭合，两鼻鼓起，就连唇边的毛孔、胡髭也刻画得细微精确。

这种角杯实际上源于一种被西方称为“来通”的酒具，这种造型的酒具在当时中亚、西亚，特别是萨珊波斯的工艺美术中是十分常见的。因此，这件玛瑙杯很可能是由唐代工匠模仿西域传来的器物所制作的。它是唐代与西域各国文化交流的重要佐证。

唐墓中常发现妇女化妆盒，如有一海棠形玉粉盒，最长5.5厘米，最宽4厘米，高不到1厘米。有盖，子母扣，盖面隆起，面阴线雕刻花朵与盒形相应，简单明快，可谓万紫千红玉为先。

在陕西省西安市南郊何家村发现的除镶金牛首玛瑙杯外，还有刻花白玉羽觞、玛瑙羽觞、水晶八瓣花形长杯等。造型奇特，线条流畅，选料精美。

玉簪自新石器时期出现就一直未断，但隋代以前皆为单股形，自唐代始，除隋代始见的双股钗和最早出现的单股钗仍制作使用外，又新出现一种簪头部分为玉制、宽薄片状，簪身为金银质的复合式簪。

玉梳始见于殷商，此后各代每有所见，唯早期多呈圆首圭形或长方形。及至唐代，这一形式已消失，新出现的有宽长半月形。

玉梳有两式：一式为整体都由玉料制作，半圆形，上端为梳柄，下端为梳齿，整体用一块玉制成，它与前期玉梳相比，齿牙加宽并变短，从而更方便使用。另一式玉梳也如玉簪，即一部分为玉质，另一部分为金银等金属，金属制做梳齿且多已无存。

唐代玉镯很罕见，所见一对玉镯由3段玉质呈扁弧形或璜形器再用黄金包嵌为镯。

我国古代衣着特点之一是穿长衫，腰部需用大带束住。唐代开创的按官级高低佩戴的玉器服饰玉带富有时代特征，是一种“等贵贱”玉器，是我国封建社会的首创。

羽觞 又称羽杯、耳杯，是我国古代的一种盛酒器具，器具外形椭圆、浅腹、平底，两侧有半月形双耳，有时也有饼形足或高足。因其形状像爵，两侧有耳，就像鸟的双翼，故名“羽觞”。羽觞出现于战国时期，一直延续使用至魏晋，名称逐渐通俗化为“耳杯”，其后逐渐消失。

唐代镶金嵌玉宝石带饰

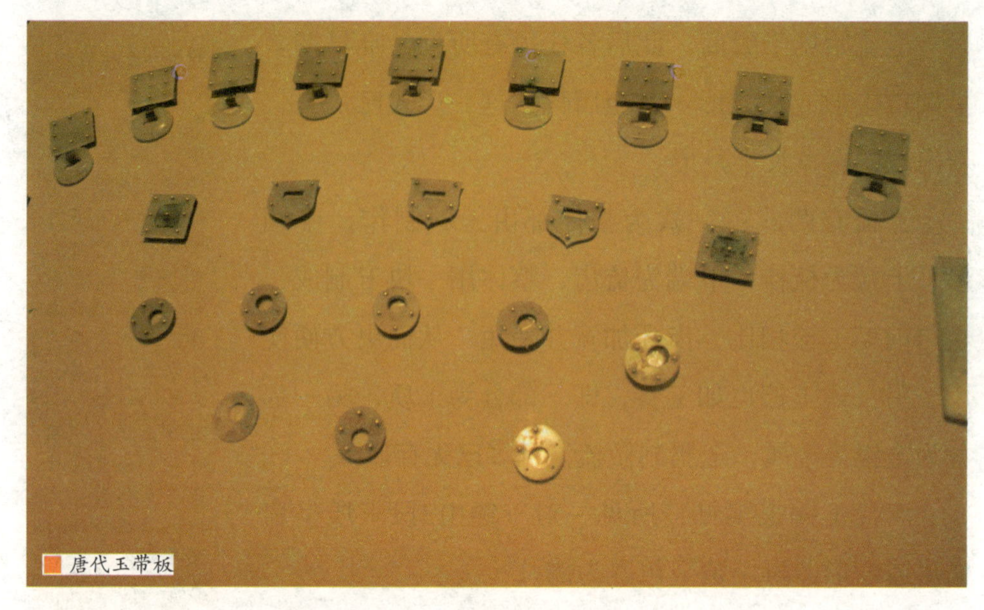
唐代玉带板

用玉带銙的佩带形式来象征官位及其权力，一般三品以上文武官员方许佩用，其规范化与制度化，是我国古代礼仪玉器中的重要发明和创新。

玉带銙由鞓带板、铊尾和带扣组成，始于唐高祖李渊时期。据《唐实录》：“高祖始定腰带之制，自天子以至诸侯，王、公、卿、相，三品以上许用玉带。”据《新唐书·銙车服志》记载：

紫为三品之服，金玉带銙十三绯为四品之服，金带銙十一；浅绯为五品之服，金带銙十；深绿为六品之服，浅绿为七品之服，皆银带銙九，深青为八品之服，浅青为九品之服，皆铂石带銙八。

唐代玉带銙的颜色由紫色向其他颜色递变，紫色位阶最高。紫色其义来源于紫微星，据传是天帝所居处，故以紫色位至尊。而且带銙以玉为最高，依次为金、银、铜、铁。同时，据官爵的高下，所用玉带銙的节数有严格规定，由13块至7块，尊卑有变。

唐代发现均为玉带上嵌缀的带板，数量相当可观，仅陕西省西安市何家村一处窖藏中就发现数套。从当时玉带板制品看，在一条玉带之上，带板确有大小件数之别和纹饰的不同，最多者达15件套，形式有扁平状的正或长方形、半月形和圆首圭形3种。

唐代玉质实用器皿，见者除玉杯外，尚有玉勺、玉盘、玉盒和玉罐等。其中以玉杯最多且形式新颖多变，见者有莲花式、云形、椭圆形、瓜果形等。

唐代玉器中的人神仙佛及纹饰，也进入全新的发展和变化期，其形式之多为前所未见，计有宽衣博袖的文人士大夫、头戴乌纱帽的官吏、衣着华丽美妙的仙女、长髯无冠的老人或道士、与汉族人形殊别的所谓“胡人”和具浓厚佛教色彩的飞天等。

唐代玉器中的佛教文化内涵丰富多彩，是唐代玉器重要的文化特色，其中以飞天为典型代表，是时代最早的飞天玉器，是后世同类玉器的先导。

唐代飞天玉器用料均由新疆和田羊脂玉、白玉雕就，在玉材和艺术上表现出飞天的圣洁与高贵。

唐代玉飞天

唐镶金白玉臂环

飞天在佛教中被描绘成浑身散发香气，能歌善舞，给人们带来幸福的神仙，造型特征为一体态轻盈女子，身披长裙飘带，祥云托起，手持莲花，飘飘九霄，遨游天际，飞翔太空。

玉飞天的艺术风格为飘然妩媚，淡雅萧疏，情韵连绵，尤显灵动之美，尽显镂雕之妙。

唐代最善于吸收外来文化因素，作为汉族传统文化的营养。伎乐纹玉带板是唐朝引入西域音乐、文化的历史见证，是唐朝成功地进行东西部文化交流的重要内容。朝廷将新疆龟兹国的伎乐人带进长安，并与汉族的音乐融合。

李隆基（685—762），世称唐明皇，他就任以后，在皇宫里设教坊，“梨园”就是专门培养演员的地方。唐明皇极有音乐天分，乐感也很灵敏，经常亲自坐镇，在梨园弟子们合奏的时候，稍微有人出一点点错，他都可以立即觉察，并给予纠正。唐明皇个人能够演奏多种乐器：琵琶、二胡、笛子、羯鼓，无一不通、无一不晓。

唐太宗李世民于642年将唐朝宫廷燕乐9部乐增加为10部乐，有燕乐伎、清乐伎、天竺伎、高丽伎、安国伎、西凉伎、康国伎、龟兹伎、疏勒伎、高昌伎。唐10部乐集汉、魏、南北朝乐午之大成，用于外交、庆典、宴享，具有鲜明的礼仪性。

714年，唐玄宗李隆基又将10部乐改为立部伎和坐部伎。坐部伎内容有长寿乐、天授乐、宴乐、龙池乐、鸟歌万岁乐、破阵乐6部，演出水平和地位高于立部伎。故唐代大诗人白居易在《立部伎》诗中有“立部贱，坐部贵”之说。

唐代玉带板上的伎乐纹中，演奏乐器者属坐部伎，铊尾上的舞蹈者属立部伎，其形象为：深目，高鼻，卷发，留胡须，着胡衫，紧袖，束腰发，肩披云带，足蹬乌皮长靴，舞于氍毹上，舞姿生动传神。

白居易道：

> 心应弦，手应鼓。弦鼓一声双袖举，回雪飘飖转蓬舞。左旋右旋不知疲，千匝万周无已时。人间物类无可比，奔车轮缓旋风迟。

白居易（772—846），字乐天，晚年又号香山居士，我国唐代伟大的现实主义诗人，中国文学史上负有盛名且影响深远的诗人和文学家。他的诗歌题材广泛，形式多样，语言平易通俗，有“诗魔”和“诗王”之称。代表诗作有《长恨歌》《琵琶行》等。

舞蹈场景所描述的属于盛行于唐朝的“胡旋”。

玉带板上的伎乐纹饰是唐代玉器善于向域外优秀文化学习与借鉴、吸收西域音乐舞蹈文化并将它融合于中华传统玉文化之中的产物。

唐代白玉弥勒佛

唐代玉器上的动物造型也突然增多。除传统的龙、凤、螭外，更有一些写实性很强并具某种吉祥寓意和为推崇伦理道德服务的动物出现。

见者有狮子、鹤、雁、鸳鸯、孔雀、绶带鸟等。其中狮子、孔雀两种动物为玉器中首次出现，鹤、雁等鸟形为成对相向展翅飞翔态。

唐代白玉兔

有一件唐白玉线雕龙纹璧，龙头长双角，张口露牙，嘴角张大超过眼角，颈后有须，下唇留须，龙身满饰方格形鳞纹，背生火焰状鳍，四肢做腾飞状。

璧上的鸟纹为短翅，多呈展翅形，翅端向头部扇起，排列整齐阴线表示羽毛，丰满健壮，活泼和谐，生活气息浓郁，与金银器、瓷器、铜器等鸟纹一致。

唐代玉器上的植物纹图，为首次以写实而又具体的形式在玉器上展现，并与上述的动物纹图相似，具有某种含义。常见的有蔓草、缠枝莲和葡萄等花果，或单独组纹饰器，或与其他动物复合组图。

唐代玉器的制作和刻纹的表现手法在局部也有很大的发展变化。其中以整体图案隐起，又称挖地或剔地阳纹，再在其上加阴线，局部细纹法尤为突出。

晚唐及至五代十国时期，我国再度出现分裂，社会经济严重萧条，玉文化也受到了极大的影响，表现为五代十国的玉器少之又少。

阅读链接

唐代玉器玉料精美，种类多样，工艺精湛，内涵丰富，以超凡的文化艺术品质在我国悠久的玉文化历史上留下了光辉灿烂的一页，并为后人进行中华玉文化的跨文化研究奠定了第一块基石。

其后，清代康乾盛世时，巴基斯坦及南亚玉器的传入，可以认为是唐代玉器引入外来文化艺术成果的延续与发展。

宋元明清玉文化

宋代玉器承前启后，玉器画面构图复杂，有浓厚绘画趣味，完成了唐玉由工艺性、雕塑性向宋玉的绘画性、艺术性转变。

元代玉器继承了宋玉的造诣和风格，但没有将其推向新的高峰，元代除碾琢礼制用玉之外，还广泛地用于建筑和家具。

明、清玉器渐趋脱离五代、宋玉器形神兼备的艺术传统，形成了追求精雕细琢装饰美的艺术风格。同时，古玩商界为适应收藏的社会风气，还大量制造了伪赝古玉器。

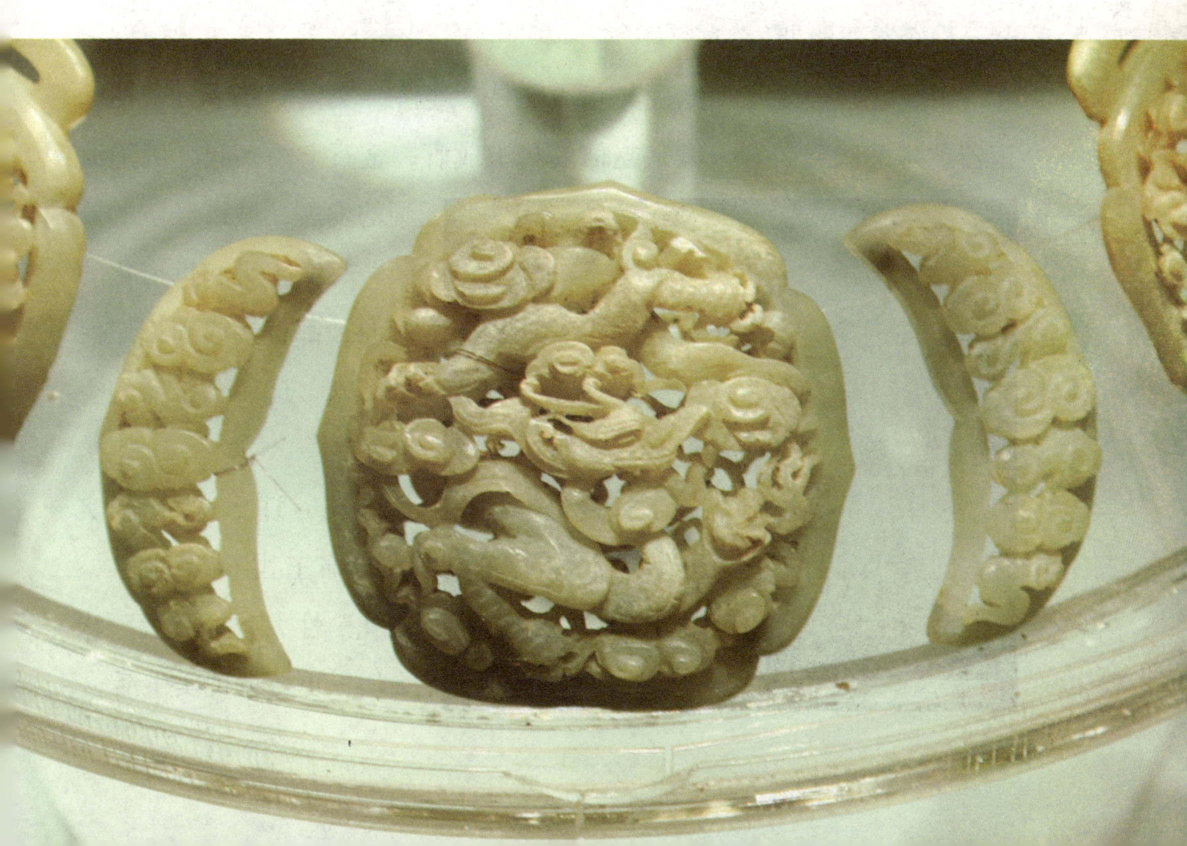

形神兼备的宋辽金玉器

960年至1234年的274年间，是我国历史上宋、辽、金的对峙分裂时期。宋代承五代之余，虽不是一个强盛的王朝，但在我国文化史上却是一个重要时期。

宋、辽、金既互相挞伐又互通贸易，经济、文化交往十分密切，玉器艺术共同繁荣。宋徽宗赵佶的嗜玉成癖，金石学的兴起，工笔绘画的发展，城市经济的繁荣，写实主义和世俗化的倾向，都直接或间接地促进了宋、辽、金玉器的空前发展。

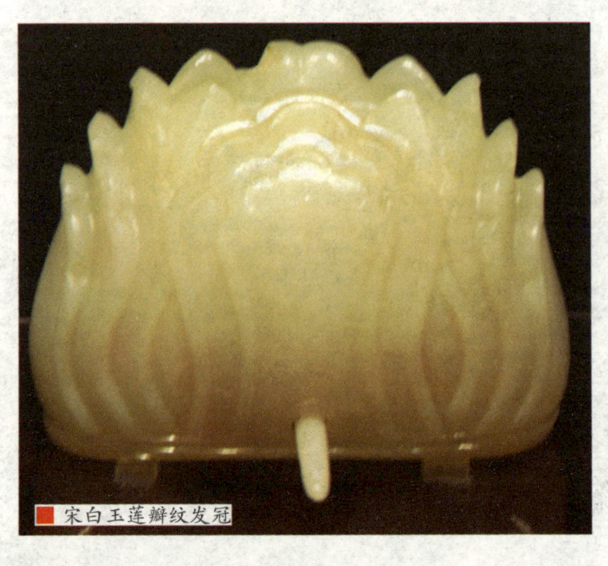

宋白玉莲瓣纹发冠

宋、辽、金玉器实用装饰玉占重要地位，“礼”性大减，“玩”味大增，更接近现实生活。

■ 南宋青玉螭纹璧 璧内外施压边线，器物肉部阴刻三螭环璧。螭首呈三角形。额阴刻两条纹，脊柱线顺螭身作S形曲线，璧反面光素无纹。玉雕刻螭纹主要始于元代，在宋代出现这样的作品十分少见。

宋代是一个手工业和工商业空前发展兴盛的时代，国富民强，文化发达，雕版活字印刷普遍，理学、书法、制银、瓷器等都得到很大发展。

此时期的玉器正处在一个承前启后的转折阶段。两宋玉器承袭两宋画风，通常画面构图复杂，多层次，形神兼备，有浓厚绘画趣味，完成了由唐玉偏重工艺性、雕塑性向宋玉偏重绘画性、艺术性的转变。

宋徽宗赵佶嗜玉成癖、爱玉如命，他虽然不是一个好皇帝，但却是个出色的艺术家，爱好艺术，所以此时的皇家用玉品种丰富多样，佩饰类有玉束带、玉佩，用具有玉辂、玉磬，礼器有玉圭、玉册等。内廷专设有玉作，玉料由西域诸国进贡。

民间用玉也较前朝为盛，大量出现各种玉佩饰、玉用器。同时，宋代出土前代古玉增多，滋长了仿制古玉之风，周汉间的古物大量出土，朝廷及士大夫热衷于收集、整理研究古物，形成一个新的学门，即金石学。

金石学的形成，兴起了集古玉的热潮，为满足社会需要，宋代仿古玉大量涌现。皇家、官僚及民间均风行收藏古玉，古董行开始出现伪造或仿造古玉之风气。因此，宋玉又可分为古玉、时作玉、伪古玉和仿古玉。

■ 莲花人物玉佩

宋代仿古玉器兴起，仿战国、两汉的玉璧开始出现，但在雕刻刀法上又有所不同。宋代的雕刻工具多是用砣子制作的，因此有砣制的痕迹出现。

此时期玉璧虽仿于古型，但同时也体现了许多当时琢玉的做法。玉璧形体浑圆，边沿呈圆形转角，不见锋棱，所仿谷钉稠密模糊，动物纹饰和造型在细部常有明显不同。

有一件黄玉龙纹璧，直径7.6厘米，多褐色沁，阴刻龙纹，刻工遒劲粗犷，曲线跌宕起伏。

两宋及其同期或稍后的辽金玉文化去除了隋唐五代繁杂的外来文化因素，又继承和发展了隋唐玉文化的市俗化、艺术化特色，特别是融汇了两宋绘画的特点和技巧。而且，玉器作为特殊商品，逐渐进入了流通市场，更促进了这一时期玉器向市俗化方向发展。

宋代肖生玉在崇尚写实主义的影响下追求形体及运动的准确表现，以显示其内心世界。花鸟玉佩多做隐起、镂空的对称处理，富有生活气息，双钩的经文诗词等铭刻玉器盛极一时。

宋代玉器市俗化的倾向与民间琢玉的勃兴以及商品经济的发展是休戚相关的。民间琢玉主要的消费对象已不完全是宫廷高官贵族，也不是文人雅士，而是

五代 即五代十国。唐朝灭亡之后，在中原地区相继出现了定都于开封和洛阳的后梁、后唐、后晋、后汉和后周5个朝代以及割据于西蜀、江南、岭南和河东等地的十几个政权，合称五代十国。因此五代并不是指一个朝代，而是指介于唐宋之间的一个特殊的历史时期。

对玉器十分迷恋的普通百姓，因此，宋代出现了能满足平民需要的市俗化题材玉器。

宋代实用玉器皿不仅比唐代品种多，数量也多。文房玉具已不再仅仅是文人把玩的玉件，而是有可供文人书写的实用工具。

宋代传世古玉较多，如白玉夔龙把花式碗、白玉云带环、白玉镂空松鹿环饰、青玉镂空龟鹤寿字环形饰、白玉镂空双鹤佩、白玉孔雀衔花佩、青玉镂空松下仙女饰、青玉卧鹿、黄玉异兽和白玉婴等，都是宋代玉器的佼佼者。

宋代传世宫廷铭刻玉器中最重要的一件是般若波罗蜜多心经玉子，系八角管状，高仅5.9厘米，宽1.5厘米，中穿孔，便于系佩，阴勒双钩经名、经文、译者、纪年、作坊等16行，292字，每字比芝麻粒还小，笔道比丝还细，篆工纯熟，书法遒丽，末二行落款为“皇宋宣和元年冬十月修内司玉作所虔制”，可知系内廷玉作碾制，供皇族佩戴。

再如白玉双立人耳礼乐杯，高7.5厘米，外口径11～11.4厘米，足径4.5厘米。杯白玉制，圆形，口微外撇，壁较厚。内壁凸雕32朵云纹，外壁饰礼乐图，凸雕10

■ 宋代云龙佩　宋代白玉，长方形，片状透雕。龙昂首，挺胸，曲身并没有上扬为降龙，一爪在前，三爪在后，尾与后腿相交，宝珠琢雕在龙首上方，素身上阴刻几组火焰纹，四周采用减地法琢雕大片花式朵云，佩的边饰打磨平整。

人，或持笙、笛、排箫、琵琶等乐器演奏，或歌唱。杯两侧各雕一立人为耳，其人手扶杯口，足踏云朵。

还有玉环托花叶带饰，直径6.5厘米，白玉制作，表面有褐色斑。圆形，多层次，下层为一圆环，上层镂雕花卉，似为百合，中部两朵花交错，周围饰叶、花，叶上用深、浅两种阴线表现出花叶的筋、脉，图案简练紧凑。左侧近环处有一孔，以备穿带。

此带饰的图案为典型的宋代花卉图案，主要特点为花叶简练紧密，花及叶的数量不多，用大花、大叶填满空间，图案表面少起伏，叶脉以细长的阴线表现，在透雕的表现方法上注重图案的深浅变化而无明显的层次区分。

西周以后鱼类玉器数量锐减，唐代又有恢复，宋代佩鱼之风又盛，出现了较多的玉鱼，样式、种类不一，或与荷莲、茨菇相伴，或仅单条鱼，或无鳞，或饰横向水线，或饰网格纹。荷花与鱼相并含有连年有余之意，是吉祥图案的一种。

如宋代玉鱼莲坠，长6.2厘米，宽4厘米，厚0.6厘米，玉色白，表

宋代花果佩

■ 宋代孔雀衔花玉佩饰

面有赭黄色斑。鱼小头，长身，无鳞，鱼身弯成弧状，昂首，尾上翘，鳍短而厚，共6片，其上有细阴线。鱼身旁伴一荷叶，长梗弯曲，盘而成环，可供穿系绳。

花鸟类玉器在宋、辽、金时期比较多，其中不乏鸟翅一只伸开、另一只下折的造型，这种鸟衔花玉饰是宋代较流行的样式。

如玉孔雀衔花饰，长7.6厘米，宽3.8厘米，花饰玉色青白，有赭色斑，为半圆形玉片，其上透雕孔雀衔花图案。图案主体为孔雀，孔雀回首，拖尾，展翅，口衔花枝，枝上有花两朵，品种不同。此件作品较一般宋代花鸟玉佩更为精致，据其形状，可能是一种嵌饰。

北京房山石棺墓也发现有孔雀形玉发饰，孔雀尾端带有半月状透空孔洞，同此件作品尾部表现相同。

连年有余 是人们的美好愿望，也是许多民间艺术的表现主题，民间年画、剪纸、玉器中都有这类题材，采用谐音寓意，属于吉祥寓意的表现形式。主要以鲇鱼做成装饰纹样，“莲”是“连”的谐音，“年”是“鲇”的谐音，“鱼”是“余”的谐音。

宋代玉睡雁

唐代时，器物中已有荷莲童子图案，宋以后，这类玉雕童子日益增多，作品有“连生贵子”的含义，寓意吉祥。

如玉举莲花童子，高7.2厘米，宽2.8厘米，厚1.1厘米，玉呈暗白色，雕一童子，着细袖衫、肥裤，外罩一长马甲，马甲上刻方格“米”字纹。童子头向左侧，露右耳，双手举莲花一枝，花朵置于头顶。

作品为宋代玉童子的典型形象，五官表现简单，以少量的短弧线表示衣纹，衣、裤、马甲等装束在同类作品中多有出现。

表现绘画艺术的精品如宋代玉松阴听泉图山子，长10.5厘米，高9厘米，厚4.5厘米，玉质青白色，含有较重的赭褐色斑。随玉料外形雕山林景色，正面山林中，松树下，一老人坐于石上，衣带似解，左手扶膝，右侧置一葫芦，一侍童立于身旁，双手捧杯。一小溪顺势而下，上游一鹿俯首而立。山子背面雕大叶柞树。

道教 是我国土生土长的宗教，起源于上古鬼神崇拜，发端于黄帝和老子，创教于张道陵，以“道”为最高信仰，以神仙信仰为核心内容，追求自然和谐、国家太平、家庭和睦，相信修道积德者能够幸福快乐、长生久视，充分反映了我国人的性格心理和精神生活。

作品中山石用孔洞透空之法雕出，小溪则以集束折线表示，人物衣纹简单，为宋、元时期玉器风格。观松下之人，非农非儒，闲散洒脱，作品表现的是一种富裕的山林生活。

荷叶、水草、水鸟、龟等图案在宋、金玉器中非常流行。此类作品的使用地域广泛，流行时间长，对后世玉器有很大影响。

如宋代玉荷鹭纹炉顶，高5厘米，底径4.3厘米至4.7厘米，炉顶玉质白色而局部为黑色，整体近似圆柱形，顶部略细，镂雕荷叶、芦草缠绕状，荷叶巨大而张开。一张荷叶上有黑色乌龟爬行，口吐烟云，其旁有荷花，荷、芦中可见5只鹭鸶隐现其间。器底部有一平板以示水面，其上有孔，可穿绳结系。

宋代道教影响的扩大同帝王崇尚道教有关。史书记载宋徽宗好道教，并把鹤作为祥瑞之物。

宋代的一件青玉双鹤佩，长6.8厘米，宽4.3厘米，质似白玉，微带青色，鹤头相对，双鹤翅爪相接，做展翅欲飞状。上部有孔备穿系，知是佩饰。

宋代玉坐龙

这件寓意祥瑞的双鹤佩的制作，受道教影响，并反映出宋代道教的发展。玉雕中对称动物布局源自唐代，但这种双鹤题材却是自宋代逐渐增多的。

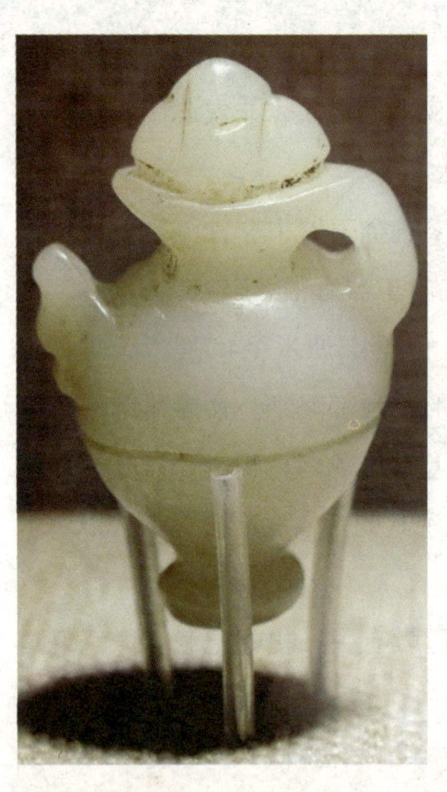

辽代实心白玉壶

辽金玉器也是由汉族玉工碾成，但其题材却富有边疆民族特色和游牧生活气息，以契丹、女真两族生活为主题的春水佩和玉秋山为其杰出代表，均有着形神兼备的艺术造诣。

辽是我国东北辽河流域由契丹族建立的地方政权，916年由耶律阿保机创建，其疆域控制整个东北及西北部分地区。

辽虽然是由一个较为落后的边疆民族建立的地方政权，政治、文化较为低落，但长期与汉族比邻，并受先进中原文化的影响，故在文化及用玉制度上，均受宋唐文化的影响，朝廷用玉甚至更广于唐宋，规定皇帝系玉束带，五品以上官吏系金玉带。

辽的玉器制度，除脱胎唐风外，也有其自身特点，比如用玉上，崇尚白玉，尤其推崇和田白玉。同时契丹贵族金银玉互用，契丹贵族把这些价值连城的佳材融为一体，制成精美绝伦的工艺品，既反映契丹族的工艺水准，又折射出契丹贵族奢侈的生活。

玉带板是辽代重要的朝廷用玉，其特色是定数不一，厚薄略有出入，多光素无纹，四角常以铜钉铆在革带上。辽代肖生玉器以动物造型为主，植物和几何造型很少，这可能与契丹以游牧经济为主，长期与动物为伍有关。

金所处的年代是和南宋相对峙的特殊年代，同时

契丹 中古出现在我国东北地区的一个民族。自北魏开始，契丹族就在辽河上游一带活动，唐末建立了强大的地方政权，907年建立契丹国，后改称辽，统治我国北方，辽朝先与北宋交战，“澶渊之盟”后，双方维持了100多年的和平。辽末，女真族起事，1125年为金所灭，余部建立了西辽王国，延续了93年。

又是北方少数民族所为，因此具有浓郁的时代特色与民族风格。

金代玉器之所以繁荣，一是由于女真族在契丹辽及北宋地区大量掠夺珍宝，刺激了金代玉器的发展；二是学习先进的中原文化，促进了玉器的发展；三是金代有较为充足的玉料、玉匠，加速了玉器的发展。

金代玉以回鹘进贡或通过西夏转手得到新疆玉。为了确保玉材的使用，金规定朝廷用玉多用和田玉琢制，祀天地之玉皆以次玉代之。金在扩张过程中，俘虏的大批玉匠，有的原在辽境内，有的直接从北宋境内掳掠而来。

女真 又名女贞、女直，满族、赫哲族、鄂伦春族等的前身。6世纪至7世纪称“黑水靺鞨”，完颜阿骨打建立了金朝，统治我国北方100多年之久。1636年，皇太极改女真族为满洲，女真一词就此停止使用。

“春水玉”“秋山玉”是金的代表作。契丹、女真均是北方游牧民族，渔猎经济占主导地位，春水、秋山原为契丹族春、秋两季的渔猎捺钵活动。所谓捺钵，即契丹族本无定所，一年之中依牧草生长及水源供给情况而迁居，所迁之地设有行营。

女真族建立新政权后，承袭了契丹的旧俗，狩猎于春秋的娱乐活动，并将捺钵渔猎活动改称为“春水”“秋山”。

常见的“春水玉”表现为残忍场面，通常是海东青捉天鹅图。海东青是一种神鸟，又名鹰

■ 金代玉簪

鹘、吐鹰鹘，主要生长于黑龙江流域。它体小机敏，疾飞如电，勇猛非凡，自古以来深得我国东北各民族的喜爱，由专人进行驯养，用以捕杀大雁及天鹅。

有件玉海东青啄雁饰，直径7厘米，厚2.1厘米，玉饰分为上、下两部分，下部为圆形，上部雕海东青啄雁及荷叶图案。海东青体小而敏捷，腾空回首，雁于海东青身下，回首与其对视，欲逃不能，身傍荷叶，一荷叶束而未张，一荷叶张而卷边，表明大雁已被迫降至荷塘，难寻生路。

此玉饰两侧各有一椭圆形隧孔，可穿带或套入钩头，表明此物是一种用于人身的带饰。

秋山玉是表现女真族秋季狩猎时射杀鹿的情景。在金代，秋捺钵也称伏虎林。在雕琢技法上，常留色玉皮作秋色。

在表现手法上，秋山玉有繁、简之分，场面不像春水玉残酷无情，而是兽畜共处山林，相安无事，一幅世外桃源的北国秋景。

嘎拉哈玉玩具，也是一种充满女真民族情趣的玉具。玉嘎拉哈是女真贵族儿童的玩具，中间有一穿孔，可随身佩带。玉形似羊或狗的髌骨，类似汉族童子玉坠，似有希冀少年福祉不断之意。因是羊或狗

金代仙人贺寿山子

之骨，是北方主要供食用动物之骨，长年佩带，具祥瑞之兆。

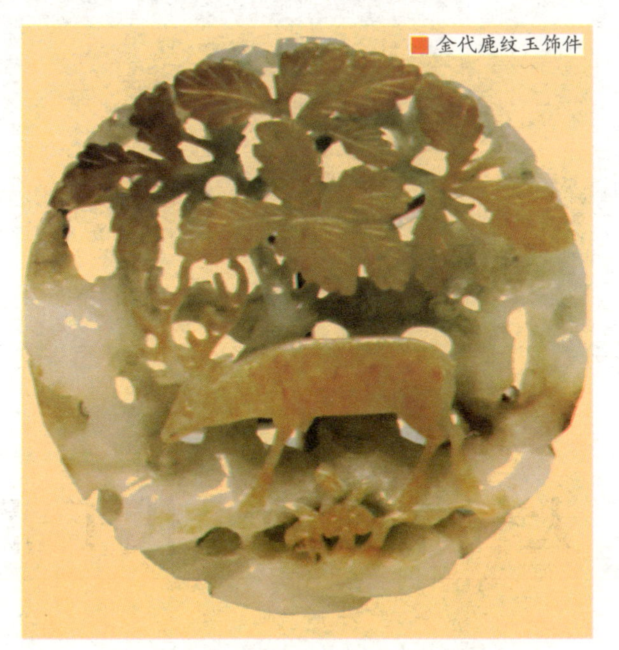
金代鹿纹玉饰件

金人常服玉带为上，庶人禁用玉。金代女真族佩带玉较为普遍，其时称作“列”，多作腰佩。金代佩饰玉以花鸟纹为主。金代花鸟形玉佩，多作绶带鸟衔花卉纹。

因“绶”与“寿”字谐音，故寿带鸟是福寿的象征，绶带鸟衔花卉纹，寓意春光长寿，勃勃生机。

而龟巢荷叶也是金代另一重要玉佩，是寿意类。

金代玉佩的一个重要特点，是其艺术不是孤零零地表现一个物体或一件动物；而是花与鸟、龟与荷叶、鱼与水草相辅相成，动静结合，表现出周围的环境特点，富有生活气息。

阅读链接

宋、辽、金都出现了前所未见的有情节、有背景的景观式构图，以镂空起突等法碾琢的悬塑性或立体的肖生玉器。

它是这一时代玉器的新兴形式，有着鲜明的时代特点，还出现了受道教影响的神仙题材和“龟游”一类祥瑞玉器。

总之，此时期玉器的特点是：玉如凝脂、构图繁复、情节曲折、砣碾遒劲、空灵剔透、形神兼备，是我国玉文化的第二个高峰期。

大气精致的元代玉器

元代除碾琢礼制用玉之外，还将玉材广泛地用于建筑和家具，玉器应用范围扩大，数量有所增加。内廷的制玉机构及碾玉作坊规模空前庞大，元代内廷与官办玉器手工业特别发达。

元代玺印

■ 元代白玉龙穿花佩件

元朝将首都迁至大都，入主中原后，由于受金文化和汉文化的影响，元朝琢玉业得到很大发展。因为承袭金与南宋的官办玉艺的既成布局，大都和杭州遂成为两大玉器工艺中心。

元朝的琢玉业有很大发展，首先是接受了汉族传统的爱玉风尚，近取金宋、远法汉唐。其次继承宋金传统琢法技艺。元朝政府网罗掌握了大量的工匠，形成官办的手工业生产。

同时，元代沿用宋金玉器传统题材，花卉纹的延续，螭虎纹的再兴，春水玉、秋山玉的进一步世俗化。虎纹是龙子之一，始见西汉，历代虽有雕琢，但用得均不多，元代螭虎纹不仅应用得多，而且非常成功，并创造出元代的风格。

元玉器中有两种是与蒙古族相联系的：一是玉押，供签署公文、告示之用，一品高官方可使用，十

大都 或称元大都，突厥语称为“汗八里”，意为“大汗之居处”。其城址位于今北京市市区，北至元大都土城遗址，南至长安街，东西至二环路。约1267年开始动工，历时20余年，完成宫城、宫殿、皇城、都城、王府等工程的建造，形成新一代帝都。1368年，为元朝国都。

分珍贵；二是玉帽顶，曾召西域国工碾制玉九龙帽顶，螭、虎形象的运动和曲线处理颇为灵秀细劲，均较为成功。

元代文人用玉制造文具，仿古尊彝玉器继续流行，古玉的搜集、保存、鉴赏在文人中一如既往，风行不止。此时画家朱德润编写的《古玉图》，是我国第一部专门性的古玉图录。

元代传世玉器中最大的一件是“渎山大玉海”。

13世纪，成吉思汗统一蒙古，向黄河流域一路扩张，后来，元世祖忽必烈定国号为元，定都大都，元军在攻占城池的同时，也缴获了大量稀世珍宝，其中有一块重达5吨的特大玉石，色泽青白带黑，质地细腻润滑，是一块天然宝石。

忽必烈为犒赏三军而将这块南阳独山玉制成了渎山大玉海，于1265年完工。其器体呈椭圆形，是一件巨型贮酒器。忽必烈意在反映元初版图之辽阔，国力之强盛，是我国玉器史上划时代的里程碑式作品。

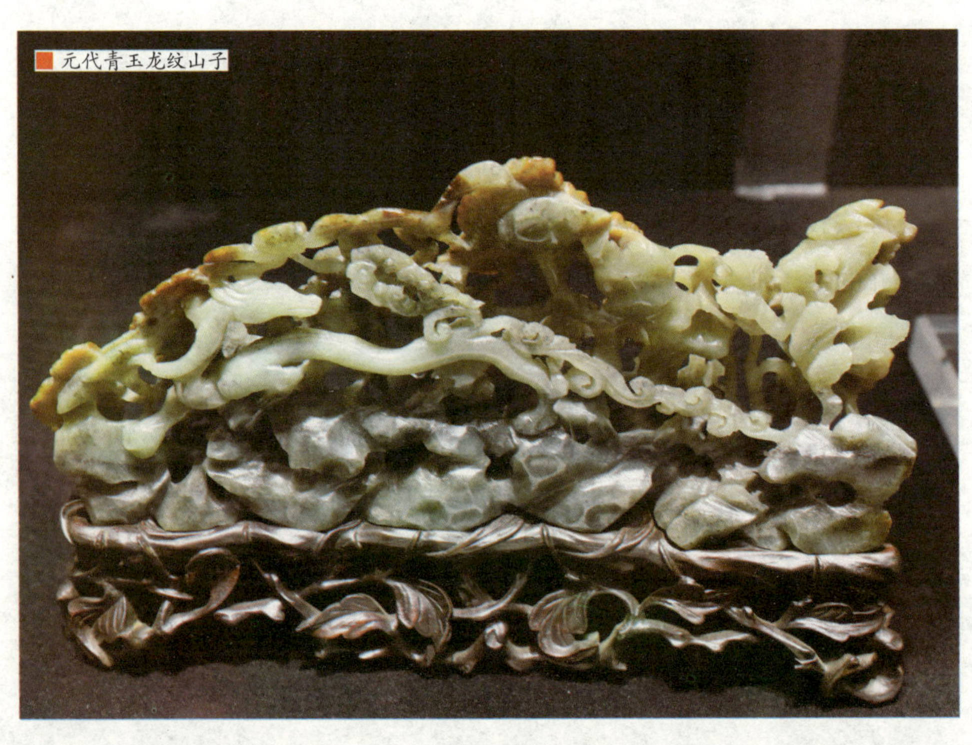
元代青玉龙纹山子

渎山大玉海又名玉瓮、玉钵，高70厘米，口径135～182厘米，最大周围493厘米，膛深55厘米，重达3500千克，可贮酒30余石。

元代鹘啄鹅绦环

周身碾琢隐起的海龙、海马、海羊、海猪、海犀、海蛙、海螺、海鱼、海鹿等13种瑞兽，神态生动，气势雄伟，是元代玉器的代表作。

玉海完工后，奉元世祖忽必烈之命，置元大都太液中的琼华岛广寒殿，明末移至紫禁城西华门外真武庙。

至1745年，乾隆皇帝命以千金赏赐于真武庙，于4年后迁于北京北海公园团城上的承光殿前，再配以汉白玉雕花石座作衬托，他又命40名翰林学士各赋诗一首，刻于亭柱之上。

元代的传世玉器也不乏秀美者，如青玉螭耳十角杯、青玉火焰珠把杯、白玉龙首带钩环、白玉双螭绦环带扣、青玉天鹅荷塘绦带扣与青玉双螭臂搁、青玉镂空龙穿荔枝墨床等。

元代安徽省安庆市范文虎夫妇墓发现的官府玉青玉虎钮押、玉带板，时作玉垂云玉及仿古玉尊等。

江苏省无锡市钱裕墓发现了元代玉海青攫天鹅

翰林学士 官名。学士始设于南北朝，唐初常以名儒学士起草诏令而无名号。唐玄宗时，翰林学士成为皇帝心腹，常常能升为宰相。北宋翰林学士承唐制，仍掌制诰。此后地位渐低，相沿至明清，拜相者一般皆为翰林学士之职。清以翰林掌院学士为翰林院长官，无单称翰林学士官。

陶宗仪 我国历史上著名的史学家、文学家，据说为晋代陶渊明后人，著作除《辍耕录》外，有收集金石碑刻、研究书法理论与历史的《书史会要》9卷，汇集汉魏至宋元时期名家作品617篇，编纂《说郛》100卷，为私家编集大型丛书较重要的一种。

环、玉龙荷花带钩和青玉鳜鱼坠等。

另外，江苏省苏州市张士诚母墓也发现有青玉10节竹环、玉佩，张士诚父墓有光素节25块等。

钱裕、张士诚父母墓的玉器都是由苏州碾制，这些玉器精工者少，作为鉴定玉器的标准器却有着重要的价值。

元代将春水玉逐渐演化为鹰击天鹅、芦雁荷藕图，又将秋山玉逐渐衍变为福鹿图案，其影响一直波及明清。从史书记载看，元明清三代，宫廷玉器较前期得到更大的发展。

元代玉带钩曲线较为平缓，但玉器增大，多呈琵琶形。此时对朝廷用玉倍加重视，元代玉产地有和田及匪力沙两地，官办玉作坊利用和田、匪力沙所出玉材碾玉，碾玉砂亦称“磨玉下水砂”。

而且，朝廷专设琢玉机构，元代官办手工业很发达，元朝政府设有许多管理手工业的机构和官办手工业作坊。元朝的官办手工业玉作坊，始终以元大都为中心，那里有金代的琢玉传统。另一个设在杭州，因有南宋良好的琢玉基础。

元代猎兔纹饰件

另外，由于受玉材及雕琢技艺

的限制，我国玉器主要以小巧玲珑著称，因而常被划入古玩类，其科学艺术及历史价值常被研究者忽视。而元代朝廷开始琢制巨型玉器，比如渎山大玉海之类就是其代表作。

元代狮蛮纹带铐

元朝廷有琢制大件玉器的爱好，并且有专门的朝廷用玉，主要在生活用玉、佩玉及处理公文用玉等方面。同时，元代新颖玉器展示风采，新款玉器除玉押、帽钮外，还有玉带环、玉带扣等。

如白玉龙钮押，长5.8厘米，宽5厘米，高4厘米。玉押方形，略厚，底面有凸起的阳文图记，上部为龙形钮，龙身短而似兽身，头上有角，披发，四肢粗壮，肘部饰上扬的火焰纹，三歧尾，中一歧长，上冲与头顶发相接。

元代处理公文的玉器要属国玺及新兴品种玉押。押是一种符号，签画于文书，表示个人的许诺，后为使用简便而刻之。元代陶宗仪《辍耕录》记载：

> 今蒙古色目人之为官者，多不能执笔画押，例以象牙或木刻而印之，宰辅及近侍官至一品者，得旨则用玉图书押字，非特赐不敢用。

据此可知，元代百官多不能执笔画押，就以象牙、木刻而印之，而玉押只有一品以上高官由朝廷特赐方可使用。

宋以后，玉器中大量使用螭纹装饰，但螭的形象已无汉代螭纹的特点，更似爬虫。双螭灵芝图案在元代玉器上较为多见。

如玉双螭纹臂搁，长10厘米，宽3.4厘米，厚1厘米。玉色青白，有赭色斑，片状，长方形，两端呈“S”状，两侧下卷，正面凸雕双螭衔灵芝图案，背面饰云纹。据此品的样式、螭纹及灵芝的特点可确定为元代早期所制造。

元代玉器形体气势较大，雕琢技艺炉火纯青，装饰技巧新颖别致。花卉纹、螭虎纹装饰应用得非常成功，窝角的处理非常得体。

元代玉匠在方形玉器的处理上，硬挺挺的直角，为流动的窝角，刚柔并济，同时在边框内外缘刻两条粗阴线，更使元代玉器的线角显得十分优美，玉器的搭配技巧十分熟练。

狮子生活于热带，在我国很少见，但很早即引入我国，因此我国历代工艺品中不乏狮子题材的作品，主要有两种：一种以真实的狮子

元代莲鱼纹饰件

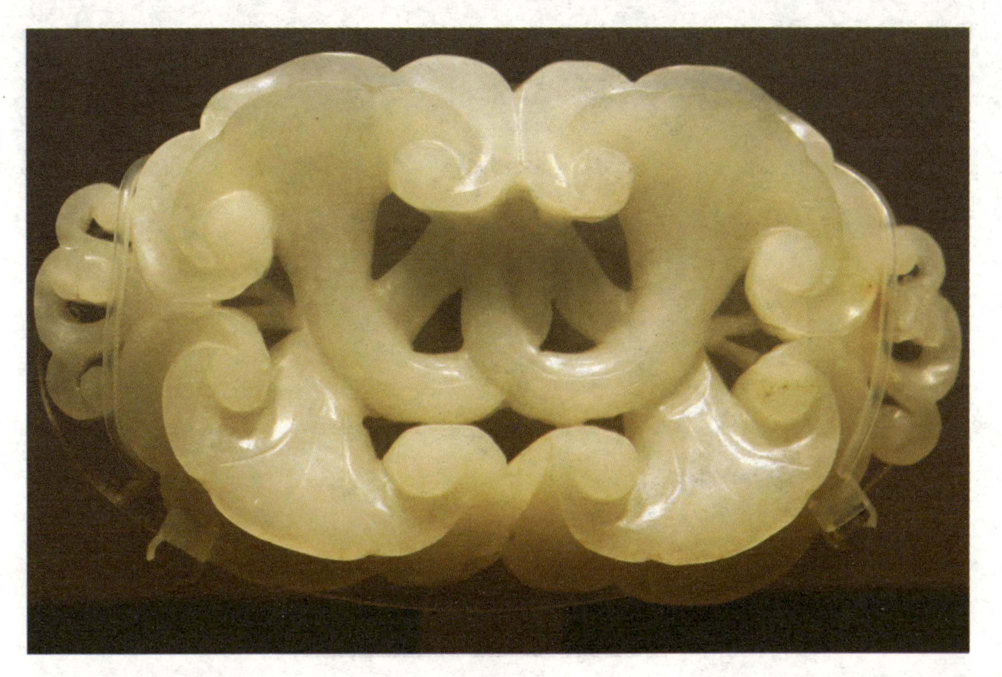

元代凌霄花玉佩

为造型而加以变化，另一种较为夸张。

如玉镂雕双狮，长7.3厘米，宽5.2厘米，厚1.7厘米。玉质白净无杂色，为较厚的片状，镂雕大、小二狮，大狮卧伏而回首，前肢踏球，小狮直立，前肢举起，与大狮相戏。此件玉狮为小头，腮部有弯月形弧线，具有明显的元代作品特点。

元代琢玉擅长透雕技法。传世玉器中，常可见到一种玉熏炉顶，大多定为明代玉器。透雕层次略深的可能是元代或辽金时的玉帽顶，在明清时改制成熏炉盖顶钮用。

如玉镂雕龙穿花佩，最大径9.7厘米，厚0.8厘米，玉料青白色。体作扁平的花瓣形，正面以多层镂空法，雕一细长的行龙穿梭在花丛之中。

龙嘴微张，长须后飘，身体呈弯曲状。器状四角各有一如意形穿孔，以供结扎用。背面平，仅见镂空

如意 又称“握君”“执友”或“谈柄”，由古代的笏和痒痒挠演变而来，多呈S形，类似于北斗七星的形状。明清两代，如意发展到鼎盛时期，因其珍贵的材质和精巧的工艺而广为流行，以灵芝造型为主的如意更被赋予了吉祥驱邪的含义，成为承载祈福禳安等美好愿望的贵重礼品。

元代鹅穿莲绦环

穿钻痕而不细加饰纹，原似一嵌饰物。

还有翼龙纹双耳玉壶，高15.5厘米，宽12.4厘米，口径5.9厘米，底径5.3厘米，由青玉雕琢而成。玉壶呈椭圆体，直口，壶颈的两侧有云纹半环耳，口颈部浅浮雕莲瓣和草叶纹，腹部浮雕翼龙、海水。

翼龙首上有鹿形角，飘长鬣，张大口，上唇长尖而下卷，身有鳞纹和鸟形翼，舞三爪足，鱼形分支尾，尾后有火珠，龙身下有海水波涛翻卷。

玉匠采用浮雕兼阴线刻技法，把翼龙卷曲飞舞的姿态、海浪翻卷的气势，琢刻得形态逼真。壶身的下部雕饰莲花瓣纹，壶底部琢成椭圆圈足。

此玉壶通体琢制6层纹饰，雕缋满眼，纹饰总体布局叠罗渐递，层次分明，和元青花瓷器纹饰的结构排列相似，这是元代造型艺术形式的一大特点。

此器造型端正，纹饰茂美，刀法劲放，典雅高

阴线刻 即在石面上直接用阴线条勾勒出图像。这种技法作品是画像表面没有凹凸，物像与余白在一个构图面上。因石匠对石面的处理方法不同，又分为平面阴线刻和凿纹地阴线刻两种。这是汉画像石最基本的雕刻方法，西汉晚期到东汉初的阴线刻画像石，线条粗深，图像稚拙。

贵，实属元代宫廷享用玉器中的珍品。

有一件元代玉龙首带钩环，通环长10.5厘米，最宽3.8厘米，高2.3厘米，白玉经火后，有黑褐色斑并伴有黄色沁，呈半鸡骨白色。全器分钩和环两部分。其中钩龙首，腹间镂雕莲花纹，钮为荷叶花纹；环口正、反两面均隐起云纹，环首处镂雕着一螭龙。

此器雕琢的龙纹皆为三束发，长双角，粗眉上卷，宽鼻梁凸起，具有元代的明显时代特点。而且带钩在元代是一种广为流行的器型，但带钩与钩环合为一器是少有的。带钩为实用器，钩与环上饰龙纹，当为元代帝王专用。

还有一件元代玉镂雕戏狮人纹带板，长6.9厘米，宽5厘米，厚1.7厘米，玉料青白色，表面有大片黄褐的玉皮色。器长方形，正面微凸起，另一面内凹。

正面在镂空的锦地上饰松树、柞树、一狮和一人。人身穿窄袖长袍，头戴圆形橄榄式帽，腰系宽带，一手托火珠，一手拉绣球以戏狮。狮子膘肥体壮，张牙舞爪，做欲滚球之状。

元代文武官员，凡二品以上者皆可系玉带，其带板之纹图，文官为禽鸟纹，武官为走兽纹，其中狮纹为一品标记和专用图。

其上耍狮人一般上着窄袖衣，下着短裙，足蹬皮靴。此

元代鹘啄鹅带环

元代云龙纹带环

戏狮带板，即为其中一件富有生活气息且具典型的代表作。

元代仿古玉仍然是当时玉器的主流。元代最明显的仿古玉实物要算玉瓶与玉尊了，并且摹仿的对象或是周代青铜尊，或是早期陶瓷贯耳瓶，为清玉器大量摹仿陶瓷器开了先河。

元代也制作了一些仿汉玉，在技法上不注重追模祖型特征，专以伪残和烧茶褐色斑以假充真。

元代仿唐代玉璧一般器型厚重；大璧少些，以小型居多，做系璧，供佩带用，多数只在一面雕纹饰，排列无规律；动物纹饰带有本朝的特点。元代玉雕刀工粗糙，用刀较深，刀锋常常出廓。

如白玉镂空凤穿花璧，直径9.3厘米，厚0.6厘米，玉为青白色，局部有黄色斑浸，正面镂雕一展翅飞翔的凤，并衬以缠枝牡丹，背面平磨，内外缘各有纹一周，雕琢精美，风格华丽。

阅读链接

元玉继承宋、辽、金玉器形神兼备的造诣而略呈小变，其做工渐趋粗犷，不拘小节，继续碾制春水玉和秋山玉以及从南宋继承下来的汉族传统玉器。

如元代的玉童子，面部先作减地处理示意表现脸盘，五官紧凑连成一片。用阴线纹刻画眼眶，鼻短鼻头大有棱角。

有的戴宽沿尖顶帽，着长袍束腰，下摆肥大如裙，脚着长筒靴，手持绣球飘带。

追求装饰美的明代玉器

明代玉器的发展变化也是与社会的变化相关联的，从总体上看，明代玉器渐趋脱离五代两宋玉器形神兼备的艺术传统，形成了追求精雕细琢装饰美的艺术风格。

明代的皇家用玉都由御用监监制，而民间观玉、赏玉之风盛行，在经济、文化发达的大城市中都开有玉肆，最著名的碾玉中心是苏州。

同时，还大量制造了古色古香的伪赝古玉器，甚至连清朝的乾隆皇帝也曾经被明代仿古玉欺骗。

明代玉器从器型上看，主要有玉礼器、文房用品和日用器皿等。

明代青白玉镇纸

玉礼器主要有玉璧、玉圭；装饰用玉有玉带板、带钩、带扣、玉簪、鸡心佩、花片、方形玉牌等；文房用品有玉笔、笔架、玉砚、玉洗等；日用器皿有玉盒、玉杯、玉壶、金托玉执壶等。

明代宫廷用玉，多与金银宝石镶嵌工艺结合。这类器物金玉珠宝融为一体，有在玉饰件上镶嵌红宝石、蓝宝石的；有金镶玉的带板；有金饰件上镶嵌红宝石、蓝宝石的。无不雍容华贵，珠光宝气，彰显了明代皇室贵族气派。

明初玉器传世和发现的均有佳作，风格继承元代，做工严谨而精美。比如青玉绞活环手镯，青玉略带浅灰色，透亮光滑，经过高超工艺的打磨，玲珑剔透，玻璃感极强。因为它是同一块整玉雕琢而成，不是高手很难成功。

这只玉镯由3根玉绳拧作麻花状，彼此相连相依，但又各自独立，丝丝入扣，活动自如。戴在手腕上，只要手稍稍一动就会发出叮咚清脆的碰撞声，似乎在警醒佩玉者，行为举止切勿过度张狂。

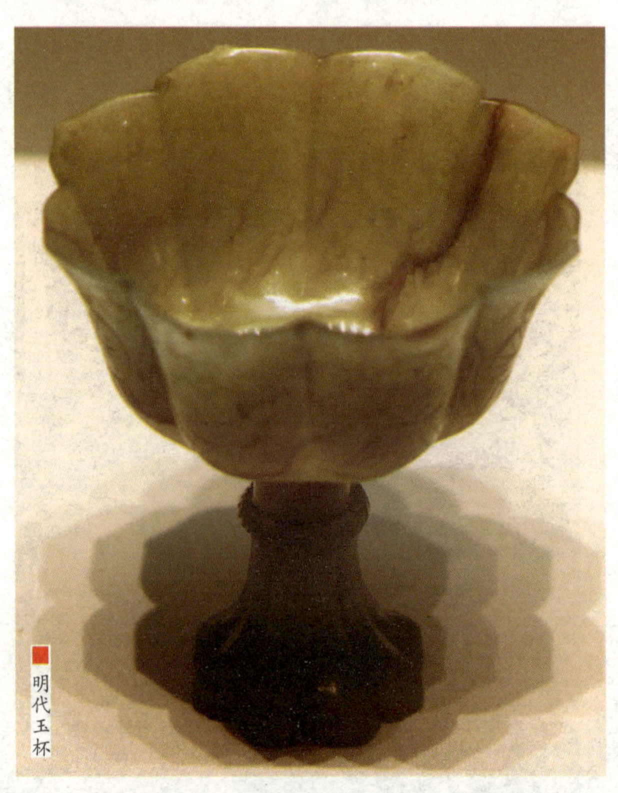
明代玉杯

江苏省南京明汪兴祖墓发现有玉带饰14块，碾琢隐起行龙，出没于祥云之中，碾工玲珑剔透，有鬼斧神工之妙。但云龙的形象与布局均接近元代，玉带板数量不符合明制。

另外山东省邹县朱檀墓发现了冕饰、玉

明代兽形玉水注

带、玉佩、玉圭、玉砚、玉笔架、玉杯等玉器，表现了明宗室亲王生前和殉葬用玉的状况。

这类玉器所采用的玉材光泽较强，碾工遒劲，磨工精润，不重细部，明显保存着元代玉器的遗风。但是严格地说，早明的玉器并没有自己的风格，许多精美玉器带有明显的元代遗风。

如明初白玉龙凤纹带铐，长9.3厘米，宽7.9厘米，厚2.5厘米。羊脂白玉，温润晶莹，光泽凝脂状。海棠式边框，内以剔地起突雕高浮，雕飞龙舞凤。

龙首上仰，鹿角，细颈，毛发呈两股状上翘前冲，身带火焰状装饰，爪部遒劲有力，凤下翔，尾羽用砣钻孔碾琢。龙凤间有火珠一颗，四周满铺穿插交错的荔枝果叶纹，是龙凤呈祥一类的主题，民间好之。此器场面热闹，工玉俱佳，是明初铸中精品。

明朝中期的玉器趋向简略，承袭元末明初文人文化的兴盛，出现了具有文人色彩的玉器，如青玉松荫策杖斗杯等。明中期玉器的加工与集散多集中于东南地域如南京、上海、江西等地。

其中，上海市陆深墓发现的白玉铁拐李、白玉蝶、玉鸡心佩、白

陆子刚 生卒年不详，我国明代玉器工匠，江苏太仓人，擅玉器雕刻，长于立雕、镂雕、阴刻、剔地阳纹、镶嵌宝石及磨琢铭文印款等技艺。所雕玉器大都为日用器皿，如壶、水注、香炉之类，能雕琢出人物、花卉、鸟兽及几何图案等，并在隐僻处雕出“子刚”“子冈”“子刚制”等款文，对后世玉器雕琢有很大影响。

玉带钩、镂空寿字玉、玉戒指、玉道冠、玉簪等玉件小巧玲珑，代表了这一时期的玉器开始显现出明代社会的特点，玉器的制作加工也可真正代表明代社会的特征。

晚明前期东南一带社会稳定，城市经济繁荣，民间富裕，因此玉器产量有所增加。当时苏州制玉业代表着全国玉器工艺的发展趋势，著名玉工陆子刚就出自苏州专诸巷。

此期代表性的玉器有明十三陵定陵发现的玉带钩、玉碗、玉盂、玉壶、玉爵、玉圭、玉佩、玉带等，包括了死者生前御用玉器和死后的殉葬用玉。其中玉壶、玉爵等使用錾金或珠宝镶嵌工艺，更是绚丽多彩。

由于明中晚期城市经济繁荣，手工业发达，海外贸易频繁，整个工艺美术为商品生产和外销所支配，

明朝玉带

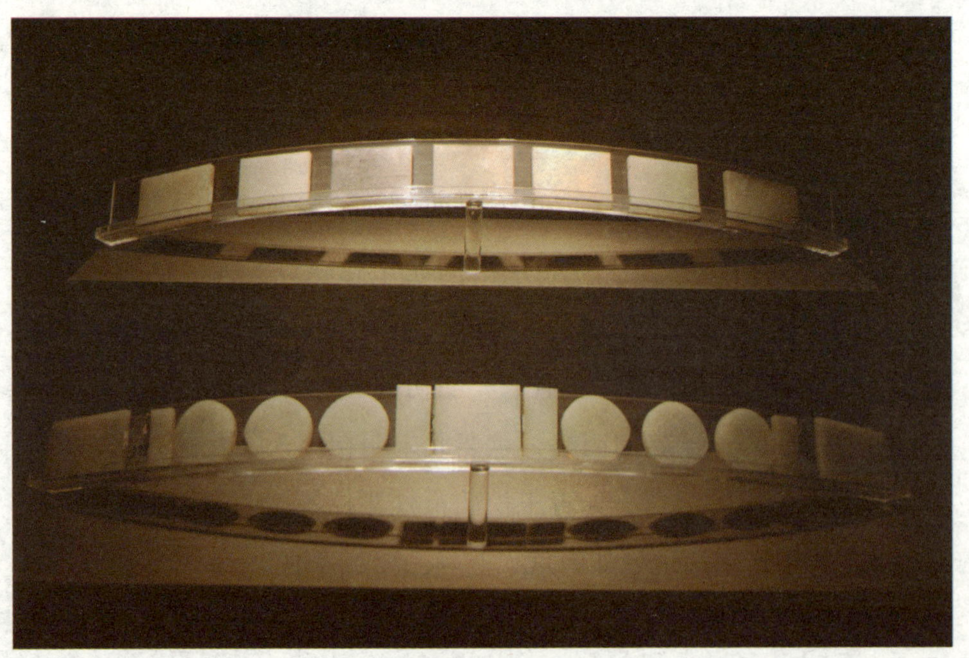

随之，玉器工艺也出现了商品化的趋势。

■ 明代玉鸳鸯饰品

在图案方面，与晚明社会风气相符，福瑞吉祥的谐音题材甚为风行，这种“图必有意，意必吉祥”的图案，首先是为了祈福，其次才顾及美。

晚期名工陆子刚所琢玉器反映了此期时作玉、仿古玉及文人用玉的交错发展的形势。玉文化中的城市庶民、文人的成分与影响正在增强，这是城市商品经济繁荣、玉器生产商品化的结果，也是我国玉文化的新变化。

从流传下来的明代玉璧看，数量均比前三代多，玉质多选用青玉、白玉制作，加工不精。

主要有两种形式：一种是一面玉璧浅浮雕螭虎纹，一面雕仿战国时代的谷纹、云纹或是卧蚕纹；另一种是根据古文献记载中的玉璧式样仿制，璧的两面均饰有仿战国、汉代的谷纹、云纹或卧蚕纹，然后在璧体的边沿外增加其他装饰。

同时，明代开始出现八卦纹饰的玉璧，如白玉大雁纹系璧，直径5.5厘米，玉质洁白莹润，浅浮雕兼镂雕大雁，身态呈翔浮状，清丽优美，中心透空可用作穿系。

明十三陵 我国明朝皇帝的墓葬群，坐落在北京西北郊昌平区境内的燕山山麓的天寿山。十三陵从选址到规划设计，都十分注重陵寝建筑与大自然山川、水流和植被的和谐统一，并且追求形同“天造地设”的完美境界，主要用以体现“天人合一”的哲学观点。

明代透雕龙纹玉带钩

明代玉器多谷钉纹，多以管钻套打，谷钉较大横竖成行，周边有明显的套打痕迹。动物造型的耳内多用锥钻打凹，少见直筒，旋纹细而不均。

明代玉器阴线宽深粗放，边棱锋利，槽地砣痕明显，其过线、歧出现象比比皆是。而且底子处理不清，不平整，俗称“麻底”。

从总体上看，明代装饰用线以宽而深的阴线为主，截面呈“V”字形，抛物线状，首尾均出峰。

明代玉器的玉材主要使用质地细腻温润的和田玉。宋应星《天工开物》记载了当时运玉材的盛况：

凡玉由彼缠头面，或溯河舟，或驾驼，经浪入嘉峪，而至甘州与肃州，至则互市得兴，车入中华，卸萃燕京。玉工辨璞，高下定价，而后琢之。

明代还通过海上贸易，得到了大量珍稀宝石，扩大了宝玉石制作的用料范围。

明代典型玉器，如江西省南城益宣王朱翊鈏墓发现的玉鸳鸯，高4.2厘米，长5.3厘米，宽3.3厘米。白色兼紫褐色。鸳鸯昂首，缩颈，羽冠较长，圆圈眼，羽翅上翘，口衔莲枝，卧于莲花、莲蓬及莲叶中，姿态生动。底部呈椭圆形，凿有斜孔，以备攒缀之用。鸳鸯呈紫褐色，莲花呈白色，色彩搭配适宜。镂雕圆润，玲珑可爱。

明代玉器的纹饰和装饰手法，有丰富的动物图案如龙、蟒、凤、狮、虎、鹿、羊、马、兔、猴、鹤、鹅、斗牛、飞鱼等。

如明代碧玉雕瑞兽，长22厘米，以碧玉雕成，圆雕兽做卧伏状，缩颈前视，头呈方形，双眼突出，狮鼻阔口，双耳紧贴头部，背部出脊线，长尾从尾部向前弯曲至后腿，前足微曲健壮有力。整器刻画生动形象，身体各部肌肉感强烈，线条疏密有致，为明代典型器物。

龙纹一直是古代玉器中最常用的纹饰，如明代青白玉双龙纹鸡心佩，长6.15厘米，宽4.2厘米。青白玉，呈半透明状，局部带黄褐色皮，鸡心正面弧凸，上部中心出尖较长，表面饰细阴线勾云纹，转弯处有苍蝇脚出现。

器上部镂雕飘带形龙纹，龙吻上翘，管钻圆眼，龙身饰长阴线，前足一上一下，并刻排列整齐的短小阴线以示脚毛，无后脚，长尾呈水草形蜷曲内勾。

左下侧有一长

明代青玉双螭耳盏托杯
杯长14厘米，高6.2厘米，重337克。盏托直径14.5厘米，重329克。其用料为青白玉。螭形象是周、汉艺术中最常见的，宋代以后也有发现。虽然都是螭的形象，因时代不同有着极细小的差别。这件盏托上的雕螭，仍带有宋元时的特点，即头似老鼠，而刀法又有明代的粗犷之风，故为元末明初的作品。

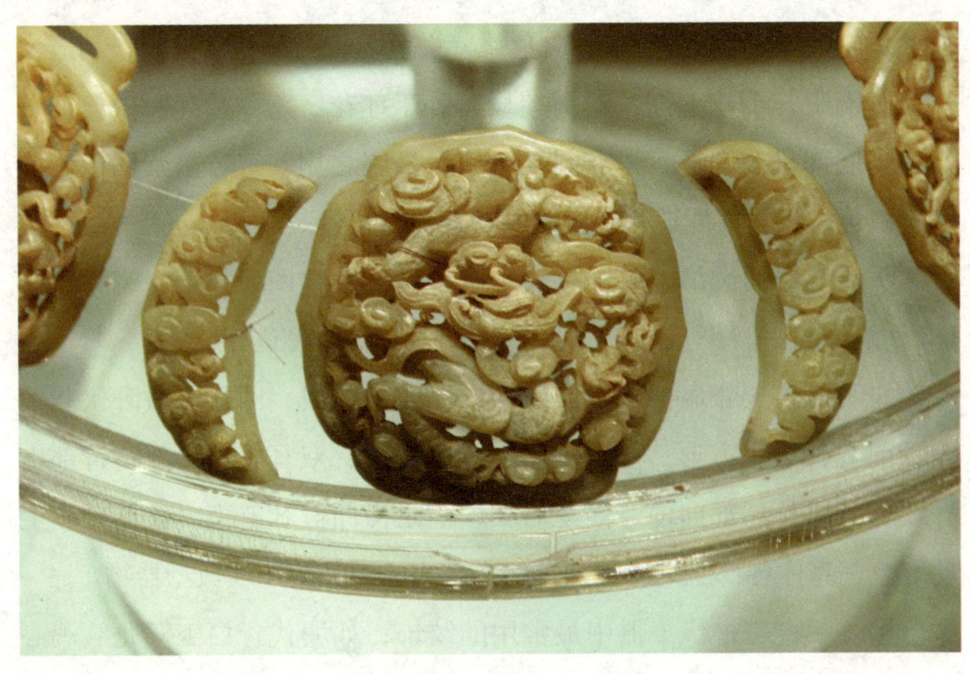

明代青白玉镂空龙纹带

吻小龙，四肢省略。器背龙身光素无纹，鸡心背面下凹，纹饰与正面略同。整器抛光较好，光泽强烈，雕琢风格带明代特征。

上海市浦东陆家嘴明代陆深墓群发现的玉蝉，长5.7厘米，宽2.6厘米。质地洁白，通体光润晶莹，器身呈五角形，琢出嘴、眼和翅膀等，轮廓清晰，线条对称流畅，生动反映了明代玉蝉的基本特征。

还有白玉蝴蝶佩，长8.3厘米，高6.5厘米。玉蝶双面透雕，蝶首插入花蕊中，做采花粉状。蝶翅的花斑，蝶体节节绒毛细毫，都极精美。

明代玉器植物图案有菊花、牡丹、荷花、葵花、兰花、石榴花、灵芝、山茶花等，还盛行以图案为底纹或边饰万字、喜字、寿字、流云、朵云、波浪等。

如玉雕莲瓣纹执壶，通高10.5厘米，口径7.3厘米，底径6.5厘米。直颈，硕腹，圈足。腹部有龙首

篆书 我国古代文字，是大篆、小篆的统称。大篆指甲骨文、金文、籀文等，它们保存着古代象形文字的一些明显特点。小篆也称“秦篆”，是秦统一后的通用文字，大篆的简化字体，其特点是形体匀逼齐整，字体较籀文容易书写，是大篆到隶、楷之间的过渡。

张嘴含流，龙身弯曲成把手，首身相应。腹部浮雕双重莲瓣纹，外层每片莲瓣内雕“寿”字及一束莲。带盖，盖面浅浮雕缠枝莲。雕工细致，制作工整，造型庄重大方。

再如玉雕寿字纹鸳鸯形香囊，长11.3厘米，以鸳鸯作为单独的玉雕题材，较为少见。圆雕鸳鸯，胸前阴刻篆书“寿”字，腹内中空可作香囊使用。工艺精湛，挖膛深入而匀整，造型和细部纹饰雕琢得一丝不苟，且保存完好，极为难得。

明代玉器深受文人画艺术的影响，在玉器上出现了前所未有的诗书画印艺术。

如竹筒形青玉执壶，通高12.4厘米，口径8.5厘米。体圆，子母口，壶身做三节竹筒状，盖、底皆平。柄与流皆琢制由竹节上长出的嫩枝条。流出于壶身中节，向上弯曲，饰竹节。柄为双枝细竹扭成，顶端镂雕一孔，可系绳。竹通常比之君子，虚心，有节，或以其四季常青而寓意长寿，深有文人画艺术之风。

同时，明代福瑞吉祥的谐音题材大为流行，在玉器上隐喻吉祥的纹饰比比皆是。如马背踞一猴寓意为“马上封侯”，戟磬图案寓意为“吉庆”。

明代玉执壶

如白玉刻渔人得利乳钉纹挂牌，该玉器采用青白玉材，以浅浮雕形式在正面雕一男孩怀抱一条肥硕的大鲤鱼，

明代镂空玉杯

寓意“渔人得利”，或者说是“吉庆有余”，正是晚明时期社会上流行的装饰风格。

挂牌反面模仿西周、战国时常用的乳钉纹，也有称作“谷纹”的。一来是采用流行的仿古手法；二来这种文饰本来的寓意也是“五谷丰登”，具有吉庆、祈福的意蕴。整块玉器雕工精细，手法纯熟，线条流畅，应是苏州一带的玉做件。

阅读链接

考古和文献资料显示，明代玉器生产和使用的规模都胜过宋元。玉器收藏更是空前兴盛，在北京明万历皇帝的定陵中出土了大批玉器，除了冠服用的玉带、玉带钩、玉佩、玉圭，还有壶、爵、盂、碗等玉器皿之外，还有耳环等玉首饰。

在山东、江西等地发现的50座明代藩王墓葬，共出土玉器2000余件。《天水冰山录》中记载查抄明朝权相严嵩财物，其中有857件装饰、陈设、实用玉器和202条玉带的名称。

明人宋应星《天工开物》、曹昭《格古要论》、高濂《燕闲清赏笺》、文震亨《长物志》、张应文《清秘藏》、陈继儒《妮古录》等著作都有论及玉器使用和收藏等方面的情况。

集历代之大成的清代玉器

玉器在清代得到了空前发展，形成了我国古代玉器史上的又一个高峰。清康熙时吴三桂追击南明永历帝入交趾，开通了缅甸翡翠进入中原的路线。乾隆时期在西域用兵，又打通了和田玉内运的通路，使和田玉大量运进内地，促进了玉器工艺迅速发展。

乾隆、嘉庆年间是清玉的昌盛期。这时宫廷玉器充斥各个殿堂，

清代莲藕形笔架

■ 清代花卉纹香薰 用料硕大，盖顶圆形宝珠钮较高，盖面隆起，镂刻缠枝花卉纹，花叶舒展卷曲，纹饰繁缛满密，富有浓郁的宫廷气息。两侧各有一耳，耳上有环，圆形镂刻底座。全器浑厚端庄，选料精良，琢磨精致，堪称清代玉雕佳作。香薰既可实用，又是珍贵的陈设之物。

各主要大城市玉肆十分兴旺。民间观玉赏玉之风兴盛，玉器的用途更加广泛，品类齐全。

清代玉器的品种和数量很多，以陈设品和佩饰最多，也最为精美。新增的品种有山水、玉山子、浮雕图画式的玉屏风等；玉佩饰的种类更是丰富非常。

清代宫廷用玉直接受内廷院画艺术的支配和影响，其做工严谨。有的碾琢细致，有的在抛光上不惜工本以显示其温润晶莹之玉质美。

翡翠自清代传入我国后便一统玉器天下，并被称为“帝王玉”，其地位凌驾于各种宝玉之上。翠玉材质与白菜造型始风行于清代，乾隆帝在1775年的一首名为《题和阗玉镂霜松花插》的御制诗中，从以包心叶菜为造型的花插，联想到以杜甫诗中园吏不识嘉蔬之隐喻为艺谏的传统，诗道：

和阗产玉来既颗，吴匠相材制器妥。

仿古熟乃出新奇，风气增华若何可。

菜叶离披菜根卷，心其中空口其侈。

插花雅合是菜花，绯桃雪梨羞婀娜。

民无此色庶云佳，艺谏或斯默喻我。

宫廷作坊中的工匠，或是制作翠玉白菜的玉匠，发挥创意、巧艺，为顺应皇帝的喜好而创作了传世不朽的翠玉白菜。

翠玉白菜长18.7厘米，宽9.1厘米，高5.07厘米，是一块难得的翡翠美玉。这棵翠玉白菜的特别之处在于，它是由整块半白半绿的翠玉运用玉料自然的色泽巧妙雕刻而成。绿处雕琢菜叶，白处雕琢菜帮。

在绿色最浓之处，还有两只昆虫，是寓意多子多孙的螽斯和蝗虫。菜叶自然翻卷，筋脉分明。螽斯俗名“纺织娘”或“蝈蝈儿”，这种昆虫善于鸣叫，繁殖力很强，也是祝福他人多子多孙的意思。

白菜寓意清清白白；谐音“百财”；象征新嫁娘的纯洁，昆虫则象征多产，祈愿新妇能子孙众多。自然色泽、人为形制、象征意念，三者搭配和谐，遂成就出一件不可多得的传世珍品。

杜甫（712—770），字子美，自号少陵野老，世称“杜工部”“杜老”“杜少陵”等。盛唐时期伟大的现实主义诗人。他忧国忧民，人格高尚，他的1400余首诗被保留了下来，诗艺精湛，在我国古典诗歌中的影响非常深远，备受推崇。被世人尊为“诗圣”，其诗被称为“诗史”，并与李白合称“李杜”。

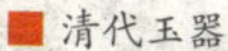
清代玉器

清代重白玉，尤尚羊脂白玉，黄玉极少，民间用玉以两江产量最多也最精。

清代玉器善于借鉴绘画、雕刻、工艺美术的成就，集阴线、阳线、镂空、俏色等多种传统做工及历代的艺

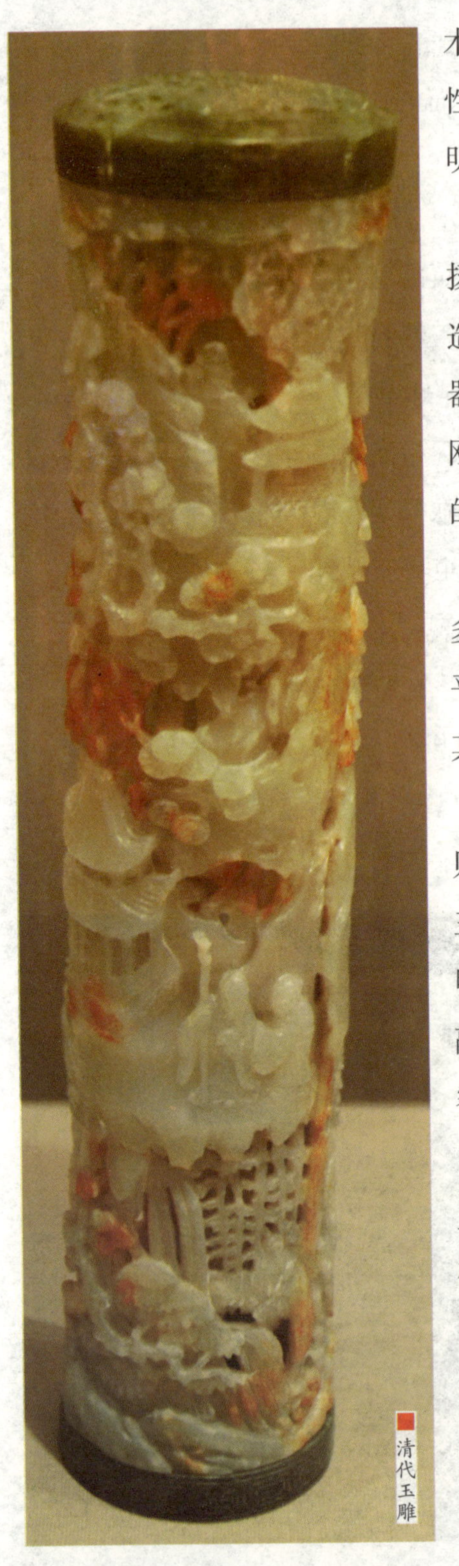
清代玉雕

术风格之大成，创造与发展了工艺性、装饰性极强的玉器工艺，有着鲜明的时代特点和较高的艺术造诣。

清代玉产地主要有宫廷、苏州、扬州，呈三足鼎立之势，各具特色。造办处玉作，体现皇帝旨意；苏州玉器，以精巧见长，赫赫有名的陆子刚、郭志通，均出身于清朝最负盛名的碾玉中心苏州专诸巷玉工世家。

苏州玉器精致秀媚，内廷玉匠也多来自该地，专诸巷玉器娇嫩细腻，平面镂刻是专诸玉作的一大特色，而其薄胎玉器，技艺更胜一筹。

苏州玉雕以小巧玲珑见长，扬州则以大取胜，玉如意、玉山子是扬州玉雕业的著名产品。扬州玉山子特色明显，玉匠善把绘画技法与玉雕技法融会贯通，注意形象的准确刻画和内容情节的描述，讲究构图透视效果。

扬州玉作发展很快，大有后来居上之势，其玉作豪放劲健，特别善于碾琢几千斤甚至上万斤重的特大件玉器，“大禹治水”玉山即其代表作。

“大禹治水”玉山是清朝乾隆时期的一件重要的玉器，是我国玉器宝库中用料最宏，运路最长，花时最久，费用最昂，雕琢最精，器型最巨，气魄最大的玉雕工艺品，也是世界上最大的玉雕之一。

清朝乾隆年间，新疆和田地区的密勒塔山中发现了一块重达6吨多的特大玉石。这块大玉石色泽青绿，光洁滋润，柔和如脂，是一块天赐的奇石。

消息很快传到了京城，乾隆皇帝闻后大喜，他决定将这块稀世宝玉雕琢成奇绝之珍。

乾隆喜爱书法绘画。他对宋人所画的《大禹治水图》更是爱不释手，但由于年代久远，这幅画已经破损褪色了，而年过六旬的乾隆，产生了把自己比作大禹的想法，于是下旨把这块特大玉石雕刻成大禹治水图，一方面为了歌颂大禹治水的丰功伟绩，另一方面显示自己效法先王，功绩卓著，以求千古留名。

“大禹治水”玉山工程浩大，费时费工。玉样从新疆运到北京历时3年多，在宫内先按玉山的前后左右位置，画了4张图样，随后又制成蜡样，送乾隆阅示批准，随即发送扬州，因担心扬州天热，恐日久蜡样熔化，又照蜡样刻成木样，由苏扬匠师历时6年琢成。

“大禹治水”玉山高224厘米，宽96厘米，底座高60厘米，重达5350千克，是世界上最大的玉雕作品。玉山置于嵌金丝的褐色铜座

造办处 早期的宫廷规模不大，没有也不可能设置专门的造办机构，皇室用度以各地进贡为主，日常用品多为宫廷采办，重要的礼仪用度，往往指派专门的大臣督办。随着国家及皇室规模的不断扩大，皇家用度需求也呈几何级数倍增，逐渐催生了皇家用度由“采办”向“造办”的过渡。

清代墨玉人马雕塑

清代翡翠笔洗

上，以名贵青白二色和田玉精心雕造而成。青白玉的晶莹光泽与雕琢古朴的青褐色铜座相搭配，更显得雍容华贵，相映生辉。

整块玉石被通体雕刻成山峰状，好像是矗立在黄河中的一座大山。玉山上雕刻有山峰、小溪、瀑布以及人物等多种题材，匠师以写实的剔地起突工艺技法，将这些题材与材料的原有形状巧妙地结合起来。

只见大山间重峦叠嶂，峭壁峥嵘，漫山遍野密布着苍松翠柏，在悬崖峭壁间，聚集着成群结队的治水大军，他们或是开山凿石，或是抬土运石。

在开岩者当中，可以看到治水大军的指挥者大禹的身影。作品生动传神，完美地再现了当年大禹率领民众开山引水的壮观场面。

在山巅浮云处，还雕成一个金神带着几个雷公模样的鬼怪，仿佛在开山爆破，充满了浪漫主义色彩。

玉山运达北京后，择地安放，刻字钤印，又用两年工夫，颇费周折，才大功告成。它的正面钤刻乾

雷公 又称雷神或雷师。古代神话传说中的司雷之神，道教奉之为施行雷法的役使神。传说雷公和电母是一对夫妻。雷公状若力士，袒胸露腹，背插双翅，额生三目，脸赤色猴状，足如鹰鹯，左手执楔，右手持锥，呈欲击状，神旁悬挂数鼓，足下亦盘蹑有鼓。击鼓即为轰雷。能辨人间善恶，代天执法，击杀有罪之人，主持正义。

隆的“五福五代堂古稀天子宝”大方印，背面刻“八征耄念之宝”方印，下方还有长篇御制诗及注文，可见乾隆对此作品何等骄傲，何等珍视，把它当作自己一生的总结。

清代玉器中有很多大型的观赏性“玉山”，以山水画为蓝本，就地取材，加以设计制作。其做工严谨，一丝不苟。如《桐荫仕女图》，作者利用玉的白色和红色，巧妙地琢制成茂密的树木、假山和石桌石凳，很有江南庭院的诗意。

在圆明园也发现有玉山子，宽31厘米，高26厘米，青玉质，青绿色间夹有黄色皮绺。以浮雕、透雕双钩技法琢刻出穿行于陡峭山崖间的仙翁，手持藤杖，宽衣大袖，长须齐胸，神采飘逸，一童子手攀枝条在前引路，一童子身背小筐，紧随仙人，整器系子玉整雕，借用我国传统绘画中的远山近景技法巧妙地融合在玉雕创作中。

乾隆时所称的痕都斯坦玉器是具有阿拉伯风格的莫卧儿王朝玉器，乾隆中晚期时已大量进入内廷，得到乾隆的喜爱，其风格波及北京、苏州、扬州等玉肆。

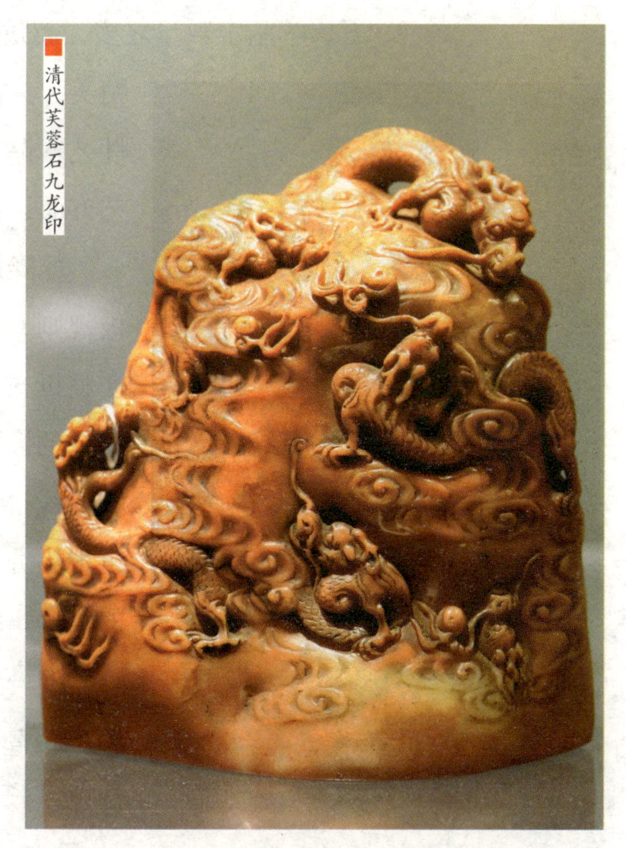
清代芙蓉石九龙印

新疆维吾尔族玉器有着鲜明的地方特色，与宫廷玉器和痕都斯坦玉器不同，虽属阿拉伯风格，但器型、纹饰均较单纯，光素器较多，不重磨工。

张之洞（1837—1909），字孝达，号香涛、香岩，又号壹公、无竟居士，晚年自号抱冰。其提出的“中学为体，西学为用”，是对洋务派和早期改良派基本纲领的一个总结和概括，他创办了三江师范学堂、武汉自强学堂、湖北武昌幼稚园等，与曾国藩、李鸿章、左宗棠并称晚清“四大名臣”。

清代玉器无论在品种数量和制造工艺上都形成了玉器史上的一个发展高峰期，并形成了不同风格和技术特色的“南玉”“北玉”制玉中心。

清代玉器品种和数量繁多，以陈设品和玉佩饰最为发达。陈设品有按青铜器为祖型的仿古形式器皿及各种仁兽、瑞禽的造型。

玉佩的品种更为丰富，成为各阶层民俗事项和服饰广泛佩戴使用的装饰品和吉祥物。此外兼有实用功能的各种玉器皿、文房用品数量和品种也较历代多有增加。

清代玉器在制作上以乾隆时代为分界线，前期制玉重视选料，由于开采条件改善，采集到的优质白玉、羊脂玉数量之多，超过历史上任何时期。材质的精美，为这一时期能产生许多珍宝性艺术品，提供了物质基础。在工艺方面，琢工精巧，光工细腻。

■ 清代白玉仙人出行山子

乾隆时代的玉器皿的轮廓线都极规则，横平竖直外缘及子口转折严整挺拔。棱角多呈劲挺锋锐状。起突的浮雕图案边缘，也处理成锋利边线，观之剔透。在抛光工艺上也很讲究，一般细光处看不见琢镟的痕迹，细光能达到玻璃光亮度。

如一件清代玉带扣，通长12.25厘米，高3.95厘米，厚2.07厘米，白色，长方形板状体，正面浮雕龙

清代黄玉佛手佩

纹，龙头居中，身部蜷曲。带钩扣鼻为一龙头，带扣孔呈半圆形，背面为方槽形穿孔。

还有河北省南皮县张之洞旧宅发现的玉盒，通高6.3厘米，口径13.5厘米，底径9厘米，青玉，盒为扁圆形，子母口，矮圈足。盒盖四壁浮雕菊瓣纹，正中圆形开光内，剔地浮雕一朵盛开的牡丹，盒身外壁同样浮雕菊瓣纹，与盖扣合后严丝合缝，周壁的菊瓣纹也一一相对，线条流畅，柔和。

与玉盒同时发现的佛手形玉佩，高12厘米，宽8厘米，厚4.4厘米，白色，玉质细腻，抛光凝润光亮，圆雕一大两小3个佛手，正面在茂盛的枝叶中长出一个大佛手，宛如双手相向半握，大佛手的一侧和背面枝叶下还各生长着一小佛手。

河北省献县陈瓒墓的玉璜，长10.7厘米，宽3.2厘米，厚0.5厘米，青白色，局部受沁呈深浅不一的褐色。体扁平，图案对称，呈双龙合体的侧面形。龙口大张，巨齿外露，上唇凸起，下唇内卷，水滴形眼，尖耳贴于脑后，身躯饰排列规整的谷纹，上下缘各阴刻一道轮廓

清代玉瓶

线，中部上方有一穿孔，以便于系佩，此璜为仿战国式样琢制。

乾隆皇子墓发现的玉如意，长34.5厘米，如意头宽7.2厘米，青玉质，绿色闪黄，夹有绺纹，整雕过枝灵芝纹及宝瓶、蝙蝠，谐“福寿平安”吉祥意。

皇子墓具有同样寓意的还有“平安如意”玉摆件，通长18.5厘米，高13厘米，碧玉质，局部泛灰色并夹有褐色瑕斑。造型仿古，立体透雕。

明末清初，鼻烟传入我国，鼻烟盒渐渐东方化，产生了鼻烟壶，因此清代有大量的玉制鼻烟壶佳作，比如白玉梨形鼻烟壶、白玉茄形鼻烟壶、白玉铺首纹鼻烟壶、白玉扁圆形鼻烟壶、白玉饕餮纹鼻烟壶、白玉双龙铭文鼻烟壶等。

阅读链接

清朝中期以后，玉器生产渐入衰落，不但规模减退，工艺制作上取巧偷工造成规格越发粗糙。如所琢树木花草枝梗，不再精到地琢出圆润的、符合生态的形象，仅以两面削琢的角形凸起代替。花卉图案也不再细致地琢出枝叶穿插、花叶翻卷的形态大多取平面的浅浮雕处理。

尤其是器皿轮廓线大多拖泥带水，转折含混。许多该作圆雕处理的玉陈设品、玉人、玉山，甚至小件玉佩、玉附的背面，也采取用工极少的粗处理方式。

天下奇石

赏石文化与艺术特色

夏商两周时期

石器时代是人类社会发展过程中的蒙昧时代。灵石崇拜与大山崇拜几乎同时发生，互有叠压现象，并在发展过程中不断深化，灵石由神秘化进而人格化。

夏朝的建立和青铜器的出现，极大地促进了生产力的发展，尤其是玉器的广泛应用和加工技术的全面提高，为赏石文化的产生打下了坚实的基础。

商代妇好墓中的玉器品类繁多，精美绝伦，集古玉器艺术之大成，象牙杯镶嵌有绿松石，是古代雕刻与镶嵌精品。

远古灵石崇拜启蒙赏石文化

一部浩如烟海的人类文明史，也就是一部漫长的由简单到复杂、由低级到高级的石文化史。

人类的祖先从旧石器时代利用天然石块为工具、当武器，到新石器时代的打制石器；从出土墓葬中死者的简单石制饰物，到后来的精美石雕和宝玉石工艺品。

各种石头始终伴随着人类从蛮荒时代，逐步走向文明，直至未来。古今一切利用石头的行为及其理论，构成了石文化的基本内容。

石器时代刮削器

远古人类打造石器蜡像

170万年前的元谋人开始使用打制的石头工具，比较简单粗糙，就质地而言，早期以易于加工、质地较松软的砂质岩为主。

而且，元谋人已经开始用石块作为随葬品。北京周口店猿人洞穴，石器原料多为石英岩，也有绿色砂岩、燧石、水晶石等。

早在3万年前，峙峪人所制作的一件石墨饰物提供了目前所知最早的实物例证。

在三峡地区，10万年前的长阳人遗址，几千年前的大溪、中堡岛、红花套、城背溪、关庙山等新石器时代文化遗址，从这些遗址中发现最早最多的器物便是石器。不仅有石锛、石斧、石刀、石刮器等生产生活用具，而且还有石珠、石球、石人、石兽等装饰和玩赏石品。

距今1.8万年前的山顶洞人，石器加工比较精细，

元谋人 其实是云南元谋发现的两颗牙齿化石，也是元谋人化石仅有的两件标本。简称元谋直立人或“元谋人”“元谋猿人”。元谋人的生活时期是早更新世晚期，距今约170万年。

河姆渡文化 我国长江流域下游地区古老而多姿的新石器文化，第一次发现于浙江余姚河姆渡而命名。经测定，它的年代为公元前5000年至公元前3300年。是新石器时期母系氏族公社时期的民族村落遗址，它反映了7000年前长江流域氏族的生活情况。

且已经出现装饰品，如钻孔石坠、穿孔小石珠、砾石等。距今1万年前的桂林庙岩人时期，就出现了用石头制作的工艺品。庙岩人选择形状像鱼的天然石块，在一端略作修饰，做成鱼头，在另一端雕刻出鱼尾纹，使整块石头像一条鱼，增添了石的观赏魅力。

距今1万至7000年前，桂林的甑皮岩人用小块石头穿孔作为胸饰佩戴。同时，在甑皮岩墓葬中还发现带有宗教色彩的红色赤铁矿粉末，并以此作为崇拜物撒在女性臀部上；一些男性死者身旁摆放有鹅卵石和青石板。

距今7000年前的河姆渡文化，遗存有选料和加工具有相当水准的玉玦、玉环、玉璜等各种玉器。

这些遗物充分证明，在旧石器时代晚期，原始人除了个人使用的简陋劳动工具和贴身装饰品外，还利用石头制造出了生产用品、装饰品和祭器。

石器时代砍砸器

距今5000年前的马家窑文化彩陶罐里，发现有已断线的砾石项链。

石，大者为山，小者为石，石是山的浓缩和升华。“土之精为石。石，气之核也。”在万物有灵的原始宗教思想支配下，山是有灵性的，石为山之局部当然也有灵性，就出现了灵石。

在内蒙古乌拉特中旗，有一

马坝人遗址石器

处被称为狩猎图的岩画，画中间一巨石耸立，两边安放着小岩石。这是氏族部落崇拜灵石的宗教场所。

人们对大山无比敬仰，以山作为神的化身，而大自然中存在一种主宰一切的神灵，神灵居住在大山之上，大山也就更加至高无上了。

泰山是大山崇拜的典型代表，是大山崇拜的载体，泰山也是中华东方崇拜信仰的典型范例。泰山是我国的神山、圣山，自古就为人们所崇敬。

石为自然生成之物，虽世间沧海桑田，天苍地老变化无常，而石头巍然屹立、坚硬、耐久不变。人类认为石头有灵，从而产生了敬仰心理，产生了石祖崇拜和有关石头的传说。

石祖崇拜是广泛存在于世界各地的一种原始信仰，它起源于远古时代，但影响颇深，至今有些民族和地区依然保留着原始崇拜的遗俗。石祖是一种崇拜形态，一般将石柱、石塔、石洞、孤立石等作为性器官的象征，成为崇礼和膜拜的对象。

石器是人类对自然石形态改变的结果，石器时代是石文化的重要实践过程，也是人类自觉的、主动的与自然抗争的过程。

石器的制造经过了由简而繁、由单一到多样，进而到定型化、艺

旧石器时代石器尖状器

术化的过程。旧石器时期，石器外形简单粗糙，多为利用天然石块或河滩软石稍加打制用于生产。

后来随生产的发展和所需的不同，种类繁多的石器相继出现。

石器在材料选择上由自然石块到普通石材，由软质石料到硬质石料，由单一石种到多石种，由普通石种到优质石种，直至玉石、宝石。并由重外形到重质地、重色彩，各种优质石种相继被发现、被应用。

可以说，石器的多功能、多样化与定型化，石料选择由就地取材到多方寻觅，是经过长期选择和实践的结果。同时，石器的多样化与定型化，是历经亿万次实践而形成的最佳外观形式，这种最佳的外观形式萌生美的雏形。

因此，石器时期是石文化的奠基阶段，是赏石文化的实践阶段。

远古的神话传说是先民对自然山石、社会生活和思想意识的生动反映。它积淀了一定的历史真实，并且寄托着先民对宇宙奥秘的认识、理解和对自己命运的追求。

它是集体创造的最初形态的原始文化意识，在文字出现后逐渐被记录下来，虽有一定的加工和附会，但仍能反映出朴素的原始风貌。

女娲是我国神话中创造万物的女神，她创造了人

女娲 我国古代神话人物。她和伏羲同是中华民族的人文初祖。女娲是一位美丽的女神，身材像蛇一样苗条。女娲时代，随着人类的繁衍增多，社会开始动荡了。两位英雄人物，水神共工氏和火神祝融氏，在不周山大战，结果共工氏因为大败而怒撞不周山，引起女娲用五彩石补天等一系列轰轰烈烈的动人故事。

类，是人类的女始祖。“女娲补天”的神话传说，记述远古时期，当天崩地裂，人类生存受到威胁时，她以大无畏的精神，炼五彩石把残缺的天补起来，挽救了人类，后人因此把彩色异常之石叫作女娲石。

《南康记》记述：

归美山山石红丹，赫若彩绘，峨峨秀上，切霄邻景，名曰女娲石。

女娲石同女娲一样，在我国历史上具有深远影响，它被认为是我国最古老的奇石，也是人间最理想的观赏石。

世界上每个民族都有其独特的地理环境，也相应有其理想的环境模式，昆仑山是我国人追求的神山仙境，它被描绘成无比高大奇特，拔地而起直上青天，是一处可望而不可即的仙境，同时又被视为西王母居住之地，很多历史文献多有记载。

《山海经·海内经》中说：“昆仑之虚方八百里，高万仞，百神之所在。”《海内十洲记》中将昆仑山描写得富丽辉煌：“金台玉楼，相鲜如流精之阙光；碧玉之堂，琼华之室，

西王母 传说中的女神。原是掌管灾疫和刑罚的大神，后于流传过程中逐渐女性化与温和化，而成为慈祥的女神。相传王母住在昆仑仙岛，王母的瑶池蟠桃园种有蟠桃，食之可长生不老。王母亦称为金母、瑶池金母、瑶池圣母、王母娘娘。西王母的称谓，始见于《山海经》，因所居昆仑山在西方，故称西王母。

新石器时代工具石片

紫翠丹房，锦云烛日，朱霞九光，西王母之所治也，真官仙灵之所宗。”

此外，先秦古书《穆天子传》则细致描绘了周穆王驾八骏渡沙漠，万里西游至昆仑，与西王母瑶池欢宴的盛况。这些神奇的神话传说，自然引起人们的极度憧憬。

小者为石，大者为山，因此昆仑山也就成为远古时期最伟大的奇石。

随着社会的进步，灵石由神秘化进而人格化，被人类崇拜祭祀。如关于“禹生于石”“启母石”的传说，就是原始灵石崇拜的写照，传说将灵石人格化并将石赋予母性的特征。

《淮南子·修务训》：“禹生于石。”《随巢子》：“禹产于昆石。”明确提出禹是昆石所生。在《遁甲开山图》中记述禹是其母女狄“得石子如珠，爱而吞之”，感石受孕而生。二者都反映一个事实，禹因石而生，石是禹产生的根本。

禹不仅生于石，而且还是社神。《淮南户·汜论篇》记载：“禹劳天下，死而为社。”认为禹是社神，是“名山川的主神”。《书·吕刑》记载：“禹

禹 姒姓，名文命，字高密，后世尊称为大禹，也称帝禹，为夏后氏首领、夏朝的第一任君王，于公元前2029年至公元前1978年在位。他是黄帝的七世孙、颛顼的五世孙。是我国传说时期与尧、舜齐名的贤圣帝王，他最卓著的功绩，就是历来被传颂的治理滔天洪水，又划定我国国土为九州。

新石器时代工具石器

平水土，主名山川。”

河南嵩山南坡有一巨石，高十余米，相传即为启母石。有文记载古代神话谓禹娶涂山氏女生启，母化为石。灵石非但有灵，还具有生育能力。大禹由灵石所生，而我国第一个王朝统治者夏启，也是石头所生，“石破北方而生启”，夏启之母涂山氏也由人变成石头，而石头又生了启。

河南登封启母阙启母石

禹、夏启、涂山氏3人的生存均与石头息息相关，组成一个由灵石衍生出来的家庭，最典型最生动地反映出夏代对灵石的敬仰和神化。

人和石具有不解之缘，人类的祖先是石头所生，那么人类也就成了灵石的后代，人和石从远古就结合在一起，所以对石头的信仰和崇拜也就在情理之中了，对灵石崇拜的礼俗也应运而生。这一切为我国赏

石矛矛头石器

石文化的产生，从实践和理论上创造了前提条件。

夏朝划分九州，铸九鼎，产生文字，标志着我国进入了文明社会。

《左传》记载："茫茫禹迹，画为九州。"夏将全国划分为九州，设九牧以统治国民。夏王朝的建立，揭开了我国历史新篇章，开创了中华民族文明历史。

夏商周诸氏族相继崛起，先后完成了从部族到民族的发展，并相互影响、相互融合，成为汉民族文化的基础。而以汉民族为中心的中华民族大家庭，又为传统文化奠定了坚实的基础。

鼎 是我国青铜文化的代表。鼎在古代被视为立国重器，是国家和权力的象征。鼎本来是古代的烹饪之器，相当于现在的锅，用以炖煮和盛放鱼肉。自从有了禹铸九鼎的传说，鼎就从一般的炊器而发展为传国重器。一般来说鼎有三足的圆鼎和四足的方鼎两类，又可分有盖的和无盖的两种。有一种成组的鼎，形制由大到小，成为一列，称为列鼎。

相传"禹铸九鼎"，并把国家大事铸在上面。《汉书·郊祀志》记载："禹收九牧之金，铸九鼎，像九州。"禹在九鼎的鼎面上，分别铭刻着天下9个州的山川草木、禽兽的图像。

奇异的观赏石在典籍中的最早记载应推《尚书》，其中列举九州上贡的物品，青州有"铅松怪石"，徐州为"泗水浮磬"。在《尚书译注》中称怪石为怪异、美好如玉的石头，产自泰山。

《尚书·禹贡》记载："岱丝、臬铅、怪石。"《名物大典》上记载"泗水浮磬"即磬石。孔安国《尚书·传》记载："泗水涯水中见石，可以为磬。”《枸橼篇》记载：“泗水之滨多美石。”

磬在远古时期也称作“鸣石”或“鸣球”，《尔雅·释乐》记载：“大磬谓之磬。”《尚书·益稷》记载：“戛击鸣球”“击石拊石，百兽率舞。”记述了先人化装后模仿自然界各种鸟兽的形象和动作在击石拊石的节奏声中，“手之舞之，足之蹈之”，追逐嬉戏的生动场面。

夏代青铜器的出现，说明人类已经跨入文明社会的门槛。洛阳二里头文化遗址被确认为夏王朝的都城遗址。二里头遗址修建十分豪华，四壁文采斐然，并嵌以宝玉，其间还堆放着青铜、美玉、雕石等，其中有一件镶嵌绿松石铜牌，制作精美，镶嵌技术熟练，是件艺术精品。

此外，在南京北阴阳营新石器时代墓葬中发现大量磨制精细的石器工具，如石铲、石斧和石刀等。

除石器以外，还有玉器、玛瑙与绿松石等装饰品，说明绿松石、

新时器时期石器

古代玉蟾蜍

玛瑙已被广泛运用。

南京还在夏代遗址发现76枚天然花石子，即雨花石，分别被随葬在许多墓葬中，每个墓中放1至3枚雨花石子不等，有的雨花石子放在死者口中。这是已知关于雨花石文化的最早实证，证明在新石器晚期的夏商时期，赏石文化已初步形成。

灵石信仰是自然崇拜的一种形式，虽然历经社会动荡和不同民族习俗及文化的碰撞与融合，形式发生变化，同时也加上不同时代的印记，但人们的崇敬心态还是一脉相承，并演变为对灵石的各式崇拜、众多礼拜仪式和遗俗。

在《山海经》这部我国古代最早的神话总汇中，有记述仰韶文化的神话。书中记述了大量先秦时期华夏美石、奇石、采石、文石、泰山玉石、乐石、蚨石、冷石等石种，还大量记述了各地山神。

阅读链接

在人类文明史上，每个社会形态的文明都必须借鉴和吸收以前社会形态所创造的一切文明成果，只有如此，社会方有新的创造和进步。赏石文化也是经过了这样的传承方式。

赏石是在长期的生产劳动中逐渐形成的，起初重视实用性，渐渐发展到重视色彩、质地，进而发展成为装饰品和饰物，成为审美对象。

原始人类已经自觉或不自觉地用美丽的小石子作为装饰物，虽处于萌芽状态，但已成为赏石文化的早期行为。

商代崇玉之风开启赏石之门

我国赏石文化，最早是在园林中得以实践，苑内筑丘、设台、布置山石。

《史记·殷本纪》中记载：

益收狗马奇物，充牣宫室，益广沙丘苑台，多取野兽蜚鸟置其中……大冣乐戏于沙丘。

我国园林最初的形态称为“囿”，即起源于殷商时期。囿最初是

虎纹石磬

帝王放养禽兽，以供畋猎取乐和欣赏自然界动物生活的一个审美享乐场所。

先秦由于经济的发展，生产资料有了剩余，猎取的一些动物，能成活的，便圈起来人工饲养，以后随范围扩大和种类的增多，渐渐发展成为园林的雏形。

除园林石外，这时最早开发出了观赏石中的灵璧石。灵璧石主要产自安徽灵璧县，远在3000年前，就已经被确认为制磬的最佳石料，并且对其进行开采和利用。从殷墟中发现的商代“虎纹石磬”就是实物的佐证。

这面“虎纹石磬”原是殷王室使用的典礼重器，横长84厘米，纵高42厘米，厚2.5厘米，石磬正面刻有雄健威猛的虎纹，可称为商代磬中之王。

“虎纹石磬”发现于殷墟武官村大墓，是形体最大的商磬。它表面雕刻的虎形纹造型优美，刀法纯熟，线条流畅，薄薄的石片表面，一只老虎怒目圆睁，虎尾上扬，虎口扩张，尖尖的獠牙清晰可辨，老

殷墟 我国商朝后期都城遗址，是我国历史上被证实的第一个都城，位于河南省安阳市殷都区小屯村周围，横跨洹河两岸。殷墟王陵遗址与殷墟宫殿宗庙遗址、洹北商城遗址等共同组成了规模宏大、气势恢宏的殷墟遗址。商代从盘庚到帝辛，在此建都达273年。

古代石磬

商代晚期的龙纹石磬

虎身躯呈匍匐状，做出猛虎扑食的架势。

据测定，该磬有5个音阶，可演奏不同乐曲，轻轻敲击，即可发出悠扬清越的音响。

石磬在商代是重要的礼乐之器，商人用以祭天地山川和列祖列宗。《尚书·益稷篇》载：“击石拊石，百兽率舞”，即是表述先民敲击石磬，举行大型宗教舞蹈的场景。

磬的形制又分为单悬的特磬与成组使用的编磬，它们不仅在数量上有区别，质地也在使用中有严格的规范。祭天地山川，使用石磬，祭列祖列宗，则敲击玉磬。

后来又规定，只有王宫的乐坛上才可以悬击石磬。诸侯如胆敢悬击石磬，那就是僭越，是大逆不道的行为。在王室还设有磬师，专门教授击磬之道。

这件虎纹石磬，是单悬的特磬，以青色灵璧大理石精心磨雕，在发现这件石磬的西侧有女性骨架24具，可能是殉葬的乐工。

殷墟中有许多件商代石磬，妇好墓中就有5件长条形石磬，制作比较精细，磬身上分别刻有文字和鸮纹，其中有3件，均为白色，泥质灰岩，形亦相近，

虎纹 青铜器纹饰之一。虎纹一般都构成侧面形，两足，低首张嘴，尾上卷。也有以双虎做成圆形适合纹的。初见于殷代中期，流行时间较长，一直到战国时代。在我国，虎乃百兽之王，时常被我国古代人民奉为“山神”。虎是中华民族原始先民的图腾崇拜物。

可能是一套编磬。

妇好为商王武丁之妻，其墓位于安阳小屯，里面有铜器、石器、玉器、骨器、陶器等多达一千余件。尤其玉器品类繁多，玉器制造精美绝伦，集古玉器艺术之大成，象牙杯通体雕刻，并镶嵌有绿松石，是古代雕刻与镶嵌精品，同时已出现了专门从事玉器生产的人员，称为“玉人”。

进入商代，作为赏石文化的先导和前奏，赏玉活动已十分普及。据史料载：周武王伐纣时曾“得旧宝石万四千，佩玉亿有万八”。而《山海经》和《轩辕黄帝传》则进一步指出：黄帝乃我国之“首用玉者，黄帝之时以玉为兵”。舜曾把一块天然墨玉制成玄圭送给禹。

玉器收藏，最晚始于夏商时期。由于玉产量太少而又十分珍贵，故以“美石”代之，自在情理之中。因此，我国赏石文化最初实为赏玉文化的衍生与发展。《说文》道：“玉，石之美者。”这就把玉也归为石之一类了。于是奇石、怪石后来也常跻身宝玉之列而成了颇具地方特色的上贡物品。

妇好墓玉器无论是玉禽、玉兽还是玉人，均为正面或侧面的造型，这是妇好墓玉雕以至整个商代玉器的共同特点，也反映了商代以品玉为特色的赏石文化，从而为后世丰富多彩的赏石文化开了先河。

阅读链接

商朝时期为后世留下了丰富的遗物，为我国赏石文化的发生和发展提供了有力的物证，弥补了先秦文献记载之不足。

玉器时代是石器时代的进步和发展，也是石头制作技术和石头应用的全面总结和实践，并且在此基础上创造出了光辉的玉石文化。

玉器时代又是赏石文化的起始，并为赏石文化的产生和发展提供了全套的技术。

春秋战国赏石文化的缓慢发展

进入周朝时期，除了玉器在继承殷商玉器技艺发展的同时，以自然奇石为对象的活动也有所进步。

我国历史上有文字记载的这方面的事件，可以追溯到3000多年前的春秋时期。据《阚子》载："宋之愚人，得燕石于梧台之东，归而藏之，以为大宝，周客闻而现焉。"

卞和抱璞雕像

阚子由此可以算作我国最早的石迷，也可称为奇石收藏家，相传他得燕石于梧台。梧台，即梧宫之台，在山东临淄齐国故都西北。

《太平御览》中对这件事作了较详细的记述，

阚子得了一块燕石，视为珍宝，便用帛包了10层，放在一个里外有10层的华美箱子里。

但是，由于审美观点不同，人们对同一燕石出现了不同评价，真可谓仁者见仁，智者见智。

通过这亦庄亦谐的故事，说明先秦时期民间已有怪石的收藏活动。

春秋时期，楚国也出现了一位极为著名的奇石收藏家，就是卞和。有一次，他在荆山脚下发现一块十分珍奇的“落凤石”，于是拿去献给楚王，雕琢成“价值连城”的“和氏璧”，并经历了10个朝代、130多位帝王、1620余年，创造了奇石收藏时间最长的世界纪录。

韩非子（约前280—前233），战国末期著名思想家、法家代表人物。原名韩非，尊称韩非子或韩子。战国末期韩国君主之子，荀子的学生。他作为秦国的法家代表，备受秦王嬴政赏识，但遭到李斯等人的嫉妒，最终被下狱毒死。著有《韩非子》一书，共55篇，10万余字。

韩非子是战国时期的哲学家，他在《韩非子·和氏》中记述了和氏璧的传奇历史：春秋时期，楚国采玉人卞和在楚山采到一块璞玉赏石，先后献给楚厉王和楚武王，但二人均无识宝之慧眼和容人之胸怀，反而轻信小人之言，颠倒是非。卞和被诬为欺君，砍去了双脚。

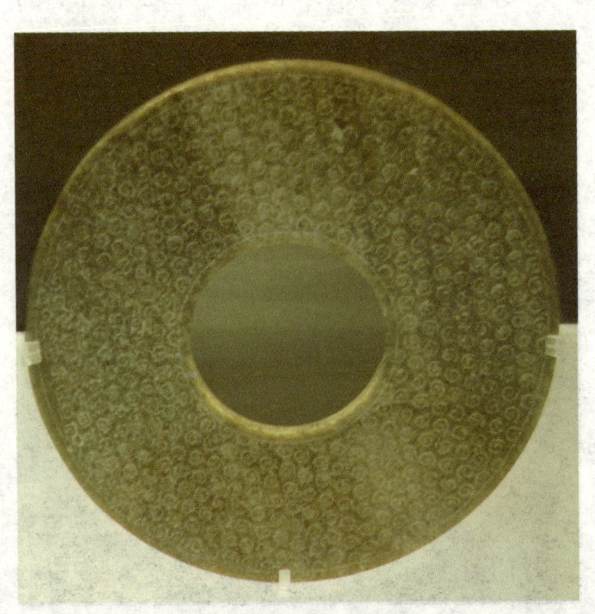

春秋战国玉器

但是，卞和不屈不挠，当楚文王即位时再度献宝。精诚所至，金石为开，玉人理璞而得宝石，遂命名为和氏璧。

韩非子认为和氏璧之珍贵，是由其本质特征所

战国琉璃谷纹璧

决定的，贵在天然，“和氏之璧不饰以五彩，随侯之珠不饰以银黄，其质至美，物不足以饰之”。

一块宝石历3位君王，废卞和二足方被人认识和接受，它的出世可称为世界之奇，同时和氏璧也触发了众多历史事件。如秦王愿以十五座城池换取和氏璧，引出了蔺相如“完璧归赵”的故事。

后来秦始皇统一中国，得和氏璧，命玉工孙寿将丞相李斯手书“受命于天，既寿永昌”8个鸟虫形篆字镌刻其上，始成国玺，并雕成“方四寸兽纽，上交五蟠螭”。

春秋之际，各国王侯为娱乐享受，竞相经营宫苑，争奇斗胜，吴王夫差筑“姑苏台”，《说苑》：“楚庄王筑层台延石千重，延壤百里。”足见当时园林已粗具规模，并且院内有地形起伏变化和山石、奇物、鸟兽、层台等。

这时，还产生了我国最早的一部诗歌总集《诗经》，不仅在文学艺术，而且在赏石文化方面也具有重要价值。《诗经》记述了先人对美石的歌颂和以石为信物、以石为礼品相互赠送的情景。

秦国士子交往“投我以木瓜，报之以琼瑶”。琼瑶也是美石，已

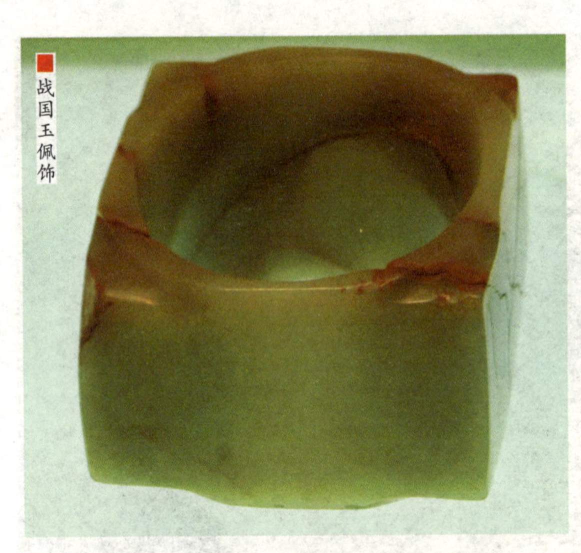
战国玉佩饰

作为士子间的礼品。《诗经·柏舟》："我心匪石，不可转也。我心匪席，不可卷也。"以石托物明志。

在历史的长河中，道家与儒家对我国赏石文化具有深远影响。道家崇尚自然，无为而治的思想和儒家的仁义道德思想，都可归于天人合一的思想。天即大自然，人们由畏天到敬天，进而达到与自然的和谐统一，天人合一。

出生在三峡岸边的战国诗人屈原，也是一位奇石爱好者，在他那光照日月的诗篇中，多处写到奇石。他的帽子上嵌着明月宝璐，衣服上佩着昆仑玉英；乘的龙车是用玉石做的轮子；带的干粮是用玉石磨的精粉；在汨罗殉国时，也是抱石而投江的。

此外，他还以巫峡山顶那块奇石"神女"为象征，塑造了一位盼望情郎的美女山鬼。战国齐国孟尝君"以币求之"，以美石分给"诸庙以为磬"。

阅读链接

公元前206年，汉高祖刘邦得到和氏璧而使其成为传国之宝。《录异记》："岁星之精，坠入荆山，化而为玉，侧而视之色碧，正而视之色白。"

和氏璧是块宝石还是块玉石自古说法不一，据近代学者分析，有的认为是蜡长石，有的认为是月光石，尽管不能定论，这历史之谜有待于人们探讨研究，但是2400年前和氏璧的出现，对于宝石、玉石和赏石文化的认识和应用，无疑具有巨大的推动作用，并对后代的赏石文化产生了巨大影响。

秦汉魏晋时期

秦始皇建“阿房宫”和其他一些行宫，以及汉代“上林苑”中点缀的景石颇多。即使在东汉及三国、魏晋南北朝时期，一些达官贵人的深宅大院都很注意置石造景。

东汉巨富、大将军梁冀的“梁园”和东晋顾辟疆的私人宅苑都曾收罗奇峰怪石。

南朝建康同泰寺前的3块景石，还被赐以三品官衔，俗称“三品石”。南齐文惠太子在建康造“玄圃”，其“楼、观、塔、宇，多聚异石，妙极山水”。

秦代封禅造景开赏石之风

随着社会的发展，人们对自然的认识也日益深化，原来作为自然崇拜的某些对象，渐渐被赋予某些社会属性，使自然神演化为人格神，如山神、日神等。以后又进一步被王权者宣扬、利用，而成为真正的宗教形式。

秦朝建立之后，秦始皇幻想使江山永固，又想长生不老，永享人间富贵荣华，所以神灵、长生不老药，对他具有强烈的诱惑力。

巨型泰山石

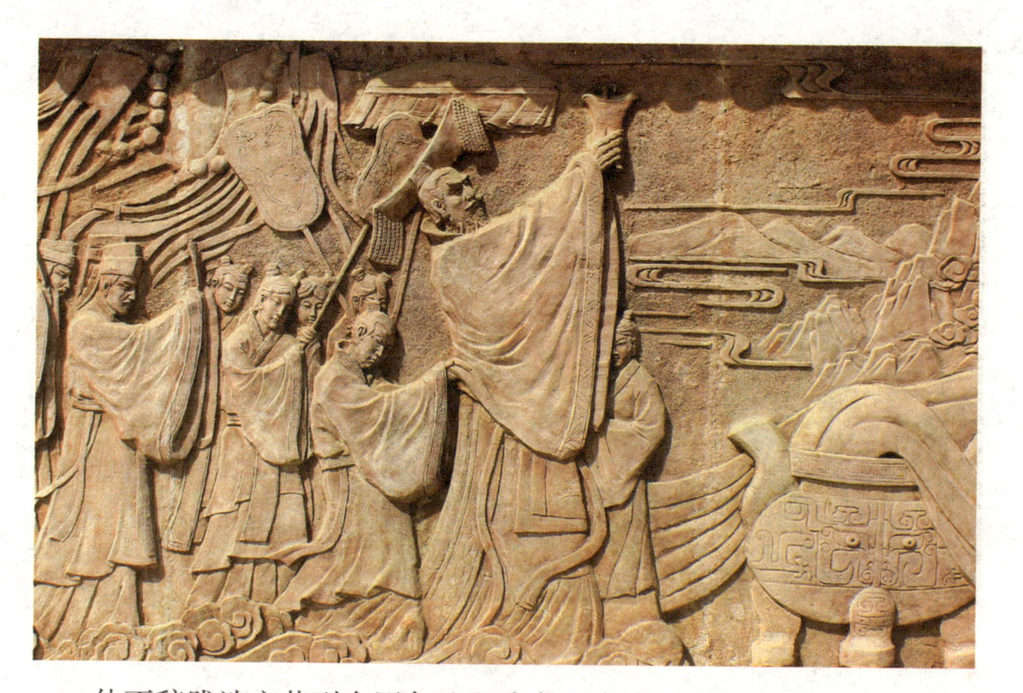

秦始皇封禅泰山浮雕

他不辞跋涉之苦到全国各地巡狩名山大川，访道问仙，登峄山、琅琊山、成山头、芝罘山、蓬莱等，并封禅泰山，宣示功德。

海上仙山，是一个最美好的理想境界，由于方士的渲染，给它涂上了一层虚幻、奇妙和神秘的色彩，为历代人们执着追求。海市蜃楼和蓬莱三仙山，则成为我国传统神话中仙岛、仙域景观的典型代表。

秦朝以来，方士盛行，他们迎合秦始皇的迷信心理，极力鼓吹仙山之说，方士徐市，即徐福，他终于凭借三寸不烂之舌，以长生不老药为诱饵，说服了秦始皇。

秦始皇派徐福入海寻找仙山神仙，但是泥牛入海无消息，徐福一去不返。而庙岛群岛的奇丽景色，却真有仙山之风貌。复杂的地质构造和地貌形态，孕育了丰富多彩的海边奇景。

秦始皇（前259—前210），嬴政，嬴姓赵氏，故又称赵政，我国历史上著名的政治家、战略家、改革家，首位完成全国统一的皇帝，建立皇帝制度，中央实施三公九卿，地方废除分封制，代以郡县制，统一度量衡，把我国推向了大一统时代，对我国和世界历史产生了深远影响，被誉为“千古一帝”。

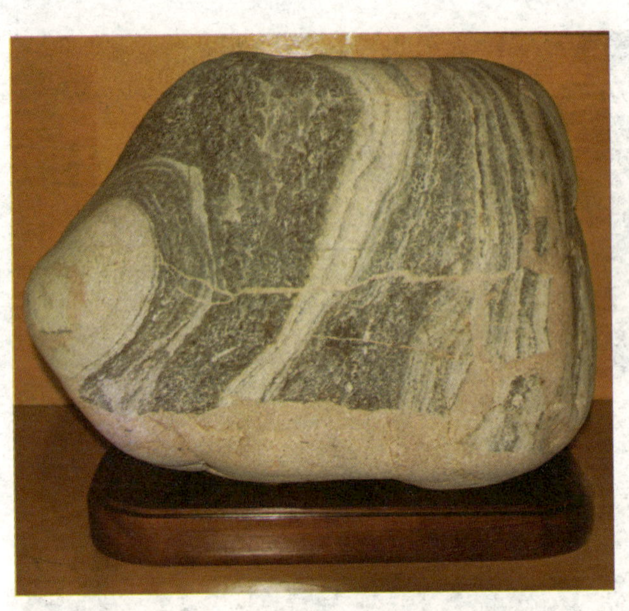
泰山石玉女布浴

北宋沈括《梦溪笔谈》对此作了生动描绘："登州海中时有云气，为宫室、台观、城堞、人物，车马、冠盖，历历可见，谓之'海市'。"

海市是一种自然现象，是一种幻景。当天气晴朗之时，天上飘浮着白云，海风微微吹拂，风和日丽波浪不惊，朦朦胧胧的海面上，忽然出现群峰耸立，阁楼隐现，有蓊郁苍翠的大山，也有道路、小桥、小岛，亦有城市和车水马龙的街道……虚无缥缈，忽隐忽现，刹那间又自然消失，"真神仙所宅也"。

庙岛群岛不仅有海市奇观，其海蚀地貌造成的奇石景观也十分奇特迷人。奇峰怪石或雄浑粗犷，或古朴清幽，或玲珑剔透，有的突兀群聚，有的孑然孤立，有的像宝塔挺拔，有的像宝剑直插云霄，还有的像雄狮，有的像玉女，栩栩如生，八韵各具。

山岳崇拜是自然崇拜中最集中最典型的崇拜之一，远古时期，山不仅是神的象征，也是神仙的居所，还是通天之径。

山岳崇拜伴随着天地崇拜而来，对大山的崇拜最初为在山上祭天，这时还属于自然崇拜范畴。后期则发展为人化自然，增加了浓厚的政治色彩。

封禅 封为"祭天"，禅为"祭地"，是指中国古代帝王在太平盛世或天降祥瑞之时的祭祀天地的大型典礼。远古暨夏商周三代，已有封禅的传说。古人认为群山中泰山最高，为"天下第一山"，因此人间的帝王应到最高的泰山去祭过天帝，才算受命于天。

远古先民对大山的崇拜，转变为自然神灵崇拜，也就是原始宗教信仰。封禅是泰山赏石文化中独有的现象，它起源于大山崇拜。

泰山自古被视为神山、圣山，成为天的象征和大山崇拜的典型代表，具有至高无上的形象。泰山封禅已成为一种具有象征意义的人文肯定。

然而唯泰山为五岳之宗，由于泰山雄伟高大，雄峙东方，被视为通天拔地与日月同辉，与天地共存。更以其数千年精神文化的渗透及人文景观的烘托，成为中华民族精神的缩影。汉武帝面对泰山，佩服得五体投地，赞道："大矣、特矣、壮矣、赫矣、骇矣，惑矣。"

经过神化的泰山成为古老昌盛的民族象征，也是中华民族精神的体现，是大好河山的代表，是大山崇拜的典型化和具体化。封禅活动也成了一种旷世大典。

从以上不难看出，对泰山崇拜真可谓到了无以复加的地步，这在世界赏石、供石史中也是空前绝后的。

泰山石

碧霞元君又称泰山玉女，俗称泰山老母、泰山奶奶。按道家之说，男子得仙称真人，女子得仙称元君。

《岱览》记载，秦始皇封泰山时，丞相李斯在岱顶发现了一个女石像，遂称为"泰山姥

泰山无字碑

姥”，并进行了祭奠。

后世宋真宗东封时，因疏浚山顶泉池发现损伤了的石雕少女神像，遂令皇城使刘承硅更换为玉石像，封为“天仙玉女碧霞元君”，泉池则称为玉女池。

不难看出，碧霞元君是源于一个象形石，因怪石酷似女子，便以其形而赋予神女的内涵，并命名为“神州姥姥”，以后又进一步神化，赋予灵性，进行祭奠。

无字碑是我国最古老的巨型立石，立于岱顶之上。此石为一长方体，下宽上窄，四边稍有抹角，上承以方顶，中凸，高6米，宽约1.2米，顶盖石与柱石皆为花岗石，石柱下无榫，直接下侵于自然石穴内，无基座，无装饰，通体五色彩，无文字，粗犷浑厚。

明代张岱《岱志》中说：“泰山元气浑厚，绝不以玲珑小巧示人。”无字碑的造型质朴厚重，是泰山精神的象征。同时，以巨大的山石为美，也体现出当时在山石的欣赏上，不是崇尚玲珑剔透，而是以大为美，以壮为美，以阳刚为美的审美观点。它是我国现存最古老的一块巨形立石，也是我国立石的鼻祖。

李斯（约前284—前208），秦朝丞相，著名的政治家、文学家和书法家，协助秦始皇统一天下。秦统一之后，参与制定了秦朝的法律和完善了秦朝的制度，力排众议主张实行郡县制、废除分封制，提出并且主持了文字、车轨、货币、度量衡的统一。

我国传统园林中的置石，就是源于秦汉的立石形式。就内容而言，由规正石转变为自然石，以观赏为主，突出自然之美。

石敢当 又称泰山石敢当，立于街巷之中，特别是丁字路口等路冲处被称为凶位的墙上。石碑上刻有“石敢当”或“泰山石敢当”的文字，在碑额上还有狮首、虎首等浅浮雕。后来被人格化，从而发展出了雕刻有人像的石敢当。

汉武帝刘彻于公元前110年至前89年，曾先后8次去泰山，也曾在岱顶立石。

传说汉武帝登泰山时带回4块泰山石，置未央宫的四角以辟邪。泰山被认为有保佑国家的神功，因此泰山的石头就被认为有保佑家庭的神灵。

后来泰山石被人格化，姓石名敢当，又称石将军，后来还发展出了雕刻有人像的石敢当。“石敢当”神并无具体形象，只是以石碑、石条刻上“泰山石敢当”5字，立于交通要冲，或于道转角处，或立于道旁或嵌于墙壁，以驱邪镇妖。

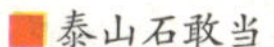
泰山石敢当

自秦代开始，由于皇帝不断巡视天下名山，多次登泰山，封禅，祭天告天，并立石刻石，以记其功德。文人学士也喜欢游山玩水，登高，因而留下了琳琅满目的碑碣、摩崖石刻，成为中华赏石文化的重要组成部分。

石鼓文系唐初在陕西陈仓发现的秦代石刻，称为我国“石刻之祖”，习称石鼓实为石碣，已有2700多年。

秦始皇统一中国后，多

次巡视名山，留下众多刻石，除泰山外，还有峄山、琅琊、芝罘、东观等。秦立石、刻石，并由立石刻字演化为碑。这些石刻艺术品是文化珍品，是天然书法展览，极大地丰富了石文化的内容。

秦朝时，随着经济日趋繁荣，造园业得到发展，久居城里因不能享受大自然的景致，便在苑中堆山叠石，再现自然景观。

上林苑为秦旧苑，公元前212年秦始皇营建朝宫于苑中，阿房宫即其前殿。后又扩建，周围达100多千米，有离宫70所。苑中放养许多禽兽，以供皇帝射猎。

当时的富豪的“花园”等，也都是构石为山，高十余丈，有的甚至连绵数里形成山石奇观。

这些点缀的孤赏石和假山，不仅再现了大自然的景观，也使人们崇尚自然的要求得到满足。

阅读链接

秦汉是封建社会政治稳定、经济发达的时期，也是我国赏石文化由自然崇拜向自然神灵转变的时期，赏石除自然属性外又被赋予一定的社会属性。

同时，由于海市蜃楼的神秘莫测，引起了人们对仙山灵药的追求，致使海上仙山被定为一个理想的仙境，并在园林中可以追求，通过堆山叠石、模拟、浓缩，再现海上仙山的自然奇观，这样也为我国传统自然山水园林奠定了基础。

一池三山的园林构图形式在我国逐步形成，赏石文化也成为园林中一项专门的艺术，形成专门学科，奇石作为艺术品在园林中被广泛应用。

汉代首开供石文化之先河

到了汉代，我国的赏石文化在秦代基础上又得到很大发展。

汉武帝时扩建秦代的宫囿，在长安建章宫内挖太液池，池中作蓬莱三仙山。自秦汉以来，对海上仙山的追求在我国园林中影响很大，一池三山的布局手法已成为传统园林特色，并历代相沿成习。

随着大量宫苑的修建，大理石这种建筑材料也被世人所认识，大理石主要用于加工成各种形材、板材，做建筑物的墙面、地面、台、柱，还常用于纪念性建筑物如碑、塔、雕像等的材料。

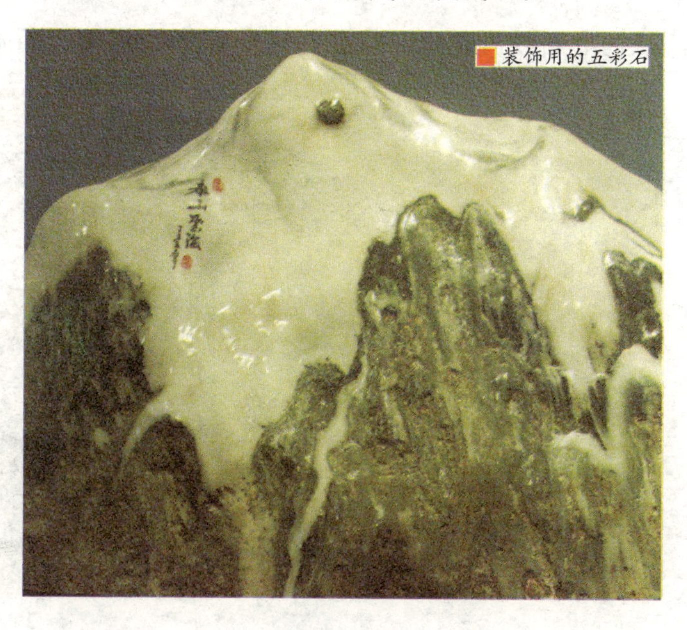

装饰用的五彩石

大理石还可以雕刻成工艺美术品、灯具、器皿等实用艺术品。但除了建筑之外，大理石又是很好的观赏石。

大理石原指产于云南省大理的白色带有黑色花纹的石灰岩，剖面可以形成一幅天然的水墨山水画，古代常选取具有成型的花纹的大理石用来制作画屏或镶嵌画，后来大理石这个名称逐渐发展成称呼一切有各种颜色花纹的，用来做建筑装饰材料的石灰岩，如“灵璧大理石”等。而白色大理石一般称为汉白玉。

在我国，大理石主要有以下几种：

云石，就是大理当地所产之石。点苍山的云石质地优良，花纹美观绮丽。在白色或淡灰色的底色上，由深灰、灰、褐、淡黄、土黄等色彩自然形成山水画，最佳者竟然如大画家所绘成一样。

《万石斋大理石谱》中曾说：“此石之纹，色备五彩……尤奇者更能幻出世间无穷景物。令人不可思议。略别之可得六种：（一）山水（二）仙佛（三）人物（四）花卉（五）鸟兽（六）鳞介。”可见云石之奇不在雨花石之下。

而且云石可大可小，就势取材，选择余地更大。后世徐霞客甚至认为立石纹画之奇“从此丹青一家皆为俗笔，而画苑可废矣”。

大理石树叶

观赏用大理石，一般可制成围屏、屏风、插屏、挂屏等，以优质硬木如紫檀、花梨、红木制成相应之框架或插卒，嵌石其中，以便于保护及观赏。

蛇纹石化大理岩

一种蛇纹石化大理岩被称为东北绿，是很好的雕刻原料。东北绿底色白，布满密密浅绿色的蛇纹石，磨光后呈现美艳的油脂状的橄榄绿色。纹色佳者亦是观赏佳石。

贵州还有一种叫曲纹玉的乳黄色的大理岩，抛光后可见在淡淡的乳黄底色上，分布着深黄色条纹和晶粒组成的不规则弯曲条纹。

上行下效，一些达官贵人的深宅大院和宫观寺院也都很注意置石造景、寄情物外。如东汉巨富、大将军梁冀的“梁园”中曾大量收罗奇峰怪石。

“汉初三杰”之一留侯张良，在济北谷城山下发现一块黄石，十分珍爱。他生前虔诚供奉它，死后同黄石一同入葬。后人节令祭扫，祭张良，也祭黄石。

张良对黄石的热爱真是到了痴迷的程度。黄石据说是仙人的化身，当初在下邳圯向张良赠送《太公兵书》的老翁，以后变为黄石，这就增加了神奇色彩。

传说当年张良行刺秦始皇失败后，逃匿到下邳，

屏风 古时建筑物内部挡风用的一种家具，所谓“屏其风也”。屏风作为传统家具的重要组成部分，历史由来已久。屏风一般陈设于室内的显著位置，起到分隔、美化、挡风、协调等作用。它与古典家具相互辉映，相得益彰，浑然一体，成为家居装饰不可分割的整体，而呈现出一种和谐之美、宁静之美。

张良（约前250—前186），字子房，汉高祖刘邦的重要谋臣，与韩信、萧何并列为“汉初三杰”。他以出色的智谋，协助汉高祖刘邦在楚汉战争中最终夺得天下，被封为留侯。他精通黄老之道。不留恋权位，晚年据说跟随赤松子云游。

一天，他觉得烦闷，就信步从白门走出来，到城东南一带闲游。他走上小沂水河岸，只见清澈的河水向南流去，于是就坐在桥头上休息片刻。

过了一会儿，张良看见一个老人，从桥西头步履蹒跚地走来。老人走到张良休息的地方，不料一只鞋子落到桥塊下去了。这时，张良听到老人喊他：“孩子！下去把鞋子给我拾来！”

张良一听，心里觉得老人无理，就有些不高兴。他慢慢地抬头一看，只见老人须发皆白，张良再仔细观察，暗想老人可能脚步不济，也就不再计较，给老人拾鞋去了。

张良捡回鞋子送给老人，老人却把脚一伸说：“给我穿上吧！”

张良一听真火了，刚想把鞋子扔了，哪知老人身子一歪，倒在地上。

■大理石插屏

张良又有些不忍，忙扶起老人。干脆就帮人帮到底吧，于是他一条腿跪着，把鞋给老人穿上。

还没等张良起来，老人却转身走了。张良见这个古怪老头前前后后如此无理，心中倒纳闷起来：他从哪儿来？又到哪儿去？我倒要看

黄色大理石玉壶

个究竟，于是他随着老人走了一段路。

老人见张良跟来了，便停下来说："看来，你这孩子还是可以教育的，5天以后，在这里再见面。"

张良顿时觉得这个老人不是一般的凡夫俗子，立即向前施礼道："谨遵教诲。"

说罢，二人分手，老人继续西行。张良回下邳去了。

5天后，张良到了原来与老人相会的地方，不料老人早已到了。

老人生气道："跟长辈相约，你却失约。再等5天来吧！"

又过了5天，张良听到雄鸡刚叫就起身了，想不到老人又在那里等着他了。老人叫张良再过5天再来。

张良好容易又等了5天，还没到半夜，就赶到那里。一会儿，老人也来了，背后还背着一捆书简。

张良忙上前把书简接了下来，老人嘱咐张良道："熟读这些书，就可以做帝王之师。13年后，到济北谷城山找我，山下有块黄石，那就是我。"

■怪异的奇石

老人把书简交给张良就走了。

张良拜别老人，回到下邳，把书简打开一看，见语多名贵，便精心熟读。后来他辅助刘邦，兴汉灭楚，运筹帷幄，决胜千里，多得力于这部书。

13年后，张良随从汉高帝到济北，果然见谷城山脚下有一块黄石。据说，张良死后，就用这块黄石与老人给他的那部书来殉葬。

据《史记·留侯世家》记述：

子房始所见下邳圯上父老与《太公兵书》者，后十三年从高帝过济北，果见谷城山下黄石，取而葆祠之。留侯死，并葬黄石冢，每上冢伏蜡，祠黄石。

东方朔（前154—前93），本姓张，字曼倩，西汉著名辞赋家、文学家，在政治方面仕途也颇具天赋，他曾言政治得失，陈农战强国之计，但不得重用。东方朔一生著述甚丰，写有《答客难》《非有先生论》，后人整理汇编为《东方太中集》。

公元前2世纪，西汉张骞去西域，探明了亚洲内陆交通，沟通了东西方文化和经济联系，开辟了丝绸之路，并从西域带来玉石、石榴等特产。

相传张骞在天河畔发现一怪石，便捡了回来，让东方朔欣赏。东方朔十分聪慧，幽默地对张骞说，这不是天上织女的支机石吗？怎么会被你捡到？

这块“支机石”高2米多，宽约0.8米，头小底大，状似梭子，传说就是牛郎织女用来支承织布机的基石。

将怪石视为天上仙女之物，那自然也是具有灵性的神石了。支机石由此身价倍增，成为珍品。

《蜀中广记》则用一个传说对此做了解释：

张骞出使西域大夏时，乘木筏经过一条能通海天的大河流，无意间到达一宫殿，看见一女子在织锦，她的丈夫牵着牛饮水，就问他们：“请问这里是什么地方？”

那女子说：“这里不是人间，你是怎么来的？”

张骞说了来的经过，并一再追问此地情况，那女子没有直接回答，只是指着身边一块大石说，你把它带回成都，交给一个叫严君平的人，他就会告诉你详情的。

后来张骞果然回到成都并找到了严君平，得知严君平是西汉著名星相家，将事情经过告诉严君平。

严君平听了后非常惊讶，他告诉张

张骞（约前164—前114），汉族，字子文，汉中郡城固人，我国汉代卓越的探险家、旅行家与外交家，对丝绸之路的开拓有重大的贡献。开拓汉朝通往西域的南北道路，并从西域诸国引进了汗血马、葡萄、苜蓿、石榴、胡麻，等等。

汉代石柱础

张骞纪念馆内的石虎

骞：“这块石头名叫支机石，是天上织女用来支承织布机的。”

接着恍然大悟地说：“怪不得八月份那天我观星象时，发现一个客星犯牛郎织女星座，原来就是你乘槎到了日月之旁！”

两人都觉非常诧异。这块支机石就一直放在成都，那条街道以后就叫“支机石街”。成都的“君平街”相传就是当年严君平的住地。

张良供奉的黄石和张骞带回的支机石，开我国供石之先河。这就说明，到了汉代，我国赏石文化已进入了发展时期。

阅读链接

张骞的支机石传说只能当神话来看，但是这块不平凡的石头究竟是怎么来的，考古学家也没有得出结论。

有的人认为是天上掉下的陨石，还有的人判断是古蜀国一个卿相的墓志石。

后来在该处建了公园，供游人观赏。牛郎织女的故事颇为世人所羡慕，该处遂成为青年男女相会和定情之处。

寄情山水的魏晋赏石文化

魏晋南北朝时期，是我国历史上战乱频繁、政局动荡的时期。一定的社会形势、经济基础产生出一定的艺术形态，魏晋南北朝的特殊社会形态，决定了多种艺术形式的转变，也由此成为赏石文化长河中一个继往开来的时代。

传国玉玺

东汉末年，和氏璧再引争端，十八路诸侯讨董卓，孙坚攻破洛阳时，让军士点起火把，下井捞取，内有朱红小匣，用金锁锁着。启视之，乃一玉玺，圆四寸，上镌五龙交钮，仿缺一角，以黄金镶之；上有篆文八字云：“受

诸葛亮（181—234），字孔明、号卧龙。三国时期蜀汉丞相，杰出的政治家、军事家、散文家、发明家。为匡扶蜀汉政权，呕心沥血，鞠躬尽瘁，死而后已。诸葛亮在后世受到极大尊崇，成为后世忠臣楷模，智慧化身。其代表作有《前出师表》《后出师表》《诫子书》等。

命于天，既寿永昌。”

孙坚得此宝后，想迅速回东吴，却被袁绍所逼，不得不指天发誓：“吾若得此宝，私自藏匿，不得善终，死一刀箭之下。”

后来孙坚在砚山被乱箭穿身而亡。孙坚死后，其子孙策为兴复父业，用和氏璧从袁术处借来兵马，又重整江东36郡。

除政治上的“夺石”大战外，魏晋时期，就自然山水而言，其功能发生了巨大变化，已成为审美对象和山水诗、山水盆景等山水文化的创作源泉。

三国时期的军事家诸葛亮、北魏地理学家郦道元等都以极大兴趣观赏了黄牛岩上那幅“人黑牛黄”的天生彩画，并分别留下脍炙人口的美文《黄牛庙记》与《水经注·黄牛山》。

黄牛岩位于三峡南岸，海拔1047米，是三峡的制

奇石盆景

水纹奇石

高点，关于黄牛岩，当地流传着一个美丽的神话：

巫山神女瑶姬用金钗杀死了12条妖龙，龙血把江水都染红了，过了3年江水还有血腥味儿。妖龙的骨头变成龙骨石，把西陵峡口堵死了，江水流不出去，猛往上涨；峡江两岸尽是水，没有一块干地。

大禹正在黄河两岸治水，听到这个音信，带着治水的民丁，日夜赶路，到三峡疏河治水。哪晓得龙骨石比一般的石头还硬些，锄头挖下去火星子直冒，只留下一点白印子。

大禹的手上脚上尽是伤，他一连九年没有回家。这事感动了天上的星宿下凡尘帮助大禹治水。星宿变成了几十丈长的一头黄牛。

它把脑壳一埋，尾巴一夹，四条腿使劲，用牛角一坨一坨地挖龙骨，用头一处一处地抵龙骨石，到底触开了夔门，推开三峡，一直把龙骨推出西陵峡口，

《水经注》 三国时期，有人写了《水经》，但内容简略，全书只有8200多字。郦道元系统地对《水经》进行注释，就是《水经注》。全面而系统地介绍了水道所流经地区的自然地理和经济地理等诸方面内容，是一部历史、地理、文学价值都很高的综合性地理著作。

推成了荆门十二碚。江里淤的泥沙在宜昌澄下来，成了一块平原。

黄牛帮大禹治好了长江水，长长吁了一口气。四面八方的百姓都赶来谢它。黄牛把脑壳一昂，四脚几蹦，跃上了高岩，钻到树林子去了。大禹为寻找黄牛，追上悬崖口，只见板壁岩上留下了清楚的黄牛身影。从此，人们把那座山叫作黄牛山，那岩叫作黄牛岩。

魏晋南北朝时期，玄、道、佛学的普遍影响，崇尚自然之风的形成，社会审美意识的变化，都推动了文学、艺术、园林、赏石走向自觉发展阶段。

这时，我国观赏石文化在文学艺术、绘画、园林艺术的影响下，不断地发展完善，自成体系，进而从园林艺术中分离出来，形成一门独立的艺术品类。

其内容和形式也都发生了转变。从某种意义上讲，魏晋南北朝时期是赏石文化承前启后的历史阶段，是转折时期。

魏晋南北朝时期在意识形态方面，已突破了儒家独尊的正统地位，思想解放，诸家争鸣。以“竹林七贤”为代表人物，被称为“魏晋风流”。

他们反对礼教的束缚，寻求个性，寄情于山水，崇尚隐逸，探索山水之美的内蕴，其特点就是崇尚老庄，旷达不羁。

此为魏晋以来形成的一种思想风貌和精神品格，表现形态上往往是服饰奇特，行为上随心所欲，有时借助饮酒，纵情发泄对于世事的不满情绪，以达自我解脱，并试图远离尘世，去山林中寻求自然的慰藉，寻找清音、知音，陶醉于自然之中；或者“肆意遨游”，或者退隐田园，寄情山水。这一切为赏石文化的转变打下了理论基础。

竹林七贤　我国魏晋时代，在古山阳之地的嵇公竹林里所聚集的七位名士，他们分别是嵇康、阮籍、山涛、向秀、刘伶、王戎及阮咸，合称“竹林七贤”，七人的政治思想和生活态度大都不拘礼法，追求清静无为，被道教隐宗妙真道奉祀为宗师。其中，嵇康和阮籍的成就最高。

魏晋南北朝时期是我国崇尚自然和山水情绪的发达时期。由于对山水的亲近和融合，逐渐把笼罩在自然山水上的神秘面纱掀开，由作为神化偶像转变为独立的审美对象。

由对山水的自然崇拜转变为以游览观赏为主要内容的审美活动，从而促进了文学、艺术、园林、赏石等各种艺术形式的发展和转变。

这时最大的特点，就是描绘、讴歌、欣赏自然山水成为时代的风尚，在向大自然倾注真感情的过程中，努力探索山水美的内蕴。

诗人、画家进入自然之中，将形形色色的自然景观作为审视对象；独立的山水画也孕育形成，陶醉于自然山水欣赏，体悟山水之道。

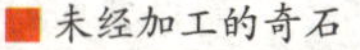

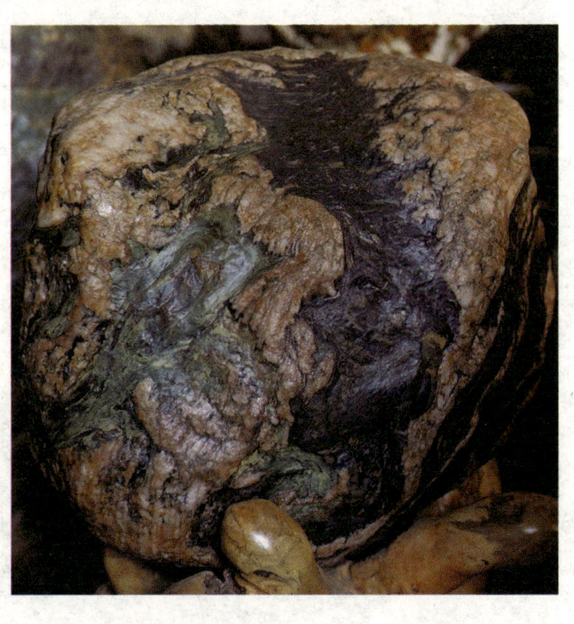

未经加工的奇石

宗炳是我国最早的山水画家，在440年写成《画山水序》。他一生钟情自然山水，以静虚的心态去审美山水，主张“山水以形为道”。

宗炳以名山大川作为审美和绘画对象，如《画山水序》云：“身所盘桓，目所绸缪，以形写形，以色貌

蜡梅雨花石

色。”主要强调写意、绘形，借物以言志，状物以抒情。

先秦时期儒家以自然山水比拟道德品格，山水被赋予一种伦理象征色彩，魏晋南北朝时期则完全冲破了“比德”学说的范畴，全面反映出人们对自然美认识的深化和普及，形成这个时期的包括赏石文化在内的大众审美特点。

山水诗和绘画一样蓬勃兴起。谢灵运是我国山水诗的开创者，“山水借文章以显，文章亦凭山水以传”。他在《泰山吟》中写道：

岱宗秀维岳，崔崒刺云天。
岝崿既崄巇，触石辄芊绵。

诗中从游览角度出发，写出了具有神话色彩的泰山石的特点。

在民间赏石的基础上，到了魏晋时期逐渐形成一定的规模。当时流行石窟雕琢，园林石进入到庭院，著名诗人陶渊明酒后常醉卧一块巨石上，后人将此石称为“醉石”，宋人程师孟作诗道：

万仞峰前一水傍，晨光翠色助清凉。
谁知片石多情甚，曾送渊明入醉乡。

这是文人最早题名的石头，描述了秀丽宜人的山水风光，表达了对石头的钟爱之情，因此才有了陶渊明伴着石头喝酒入睡的传说。

从陶渊明老宅过大道行约一里地有座山，顺坡而上，见绿荫环抱中有一亭，亭上匾额书《醉石亭》3字，转过一个山坳，一块大石突现眼前，就是名闻天下的陶渊明醉石。

醉石上方山泉汩汩流淌形成小溪，这就是清风溪。溪水在大石旁汇成池塘，就是濯缨池。屈原《渔夫》说："沧浪之水清兮，可以濯我缨。沧浪之水浊兮，可以濯我足。"濯缨当出此处，有高洁之意。

醉石长3米余，宽、高各2米。醉石壁上有1050年欧阳修等3人联名题刻。绕到醉石后面，有碎石可助攀登。醉石平如台，遍布题刻诗文，醉石上面左下方有朱熹手书《归去来馆》4个大字。大字上方有数行小字，为嘉靖进士郭波澄《题醉石》诗：

渊明此醉石，石亦醉渊明。
千载无人会，山高风月清。
石上醉痕在，石下醒泉深。
泉石晋时有，悠悠知我心。
五柳今何在，孤松还独青。
若非当日醉，尘梦几人醒。

陶渊明醉石

陶渊明（约365—427），东晋末期南朝宋初期诗人、文学家、辞赋家、散文家。辞官归里，过着“躬耕自资”的生活。因其居住地门前栽种有5棵柳树，固被人称为五柳先生。夫人翟氏，与他志同道合，安贫乐贱，“夫耕于前，妻锄于后”，共同劳动，维持生活，与劳动人民日益接近，息息相关。

《南史》中甚至记载，陶渊明“醉辄卧石上，其石至今有耳迹及吐酒痕”。

尤其值得一提的是，奇石之称谓也始于那个年代。南齐时，文惠太子在建康造“玄圃”，《南齐书》记载园内“起出土山池阁楼观塔宇，穷奇极力，费以千万。多聚奇石，妙极山水”。奇石一词在这里首次出现。

再如东晋名士、平北将军参军顾辟疆，在苏州西美巷的私家园林中收罗了许多奇峰怪石，成为当地之盛景。此为史载第一例苏州私人园林。

相传书法家王献之自会稽经过苏州，听说了这个名园，直接来访之。王献之与顾辟疆不相识。王献之来时，正遇上顾辟疆召集宾友酣宴。王献之入园游赏奇石及风景，旁若无人。顾辟疆勃然变色，竟然将王献之赶了出去。

辟疆园至唐宋时尚存。唐陆龟蒙《奉和袭美二游诗任诗》：“吴之辟疆园，在昔胜概敌。前闻富修竹，后说纷怪石。”宋计有功《唐诗纪事陆鸿渐》：“吴门有辟彊园，地多怪石。”

梁代时，建康同泰寺，即今南京市鸡鸣寺前，有4块奇丑无比、高达丈余的山石供置，

■黄色雨花石

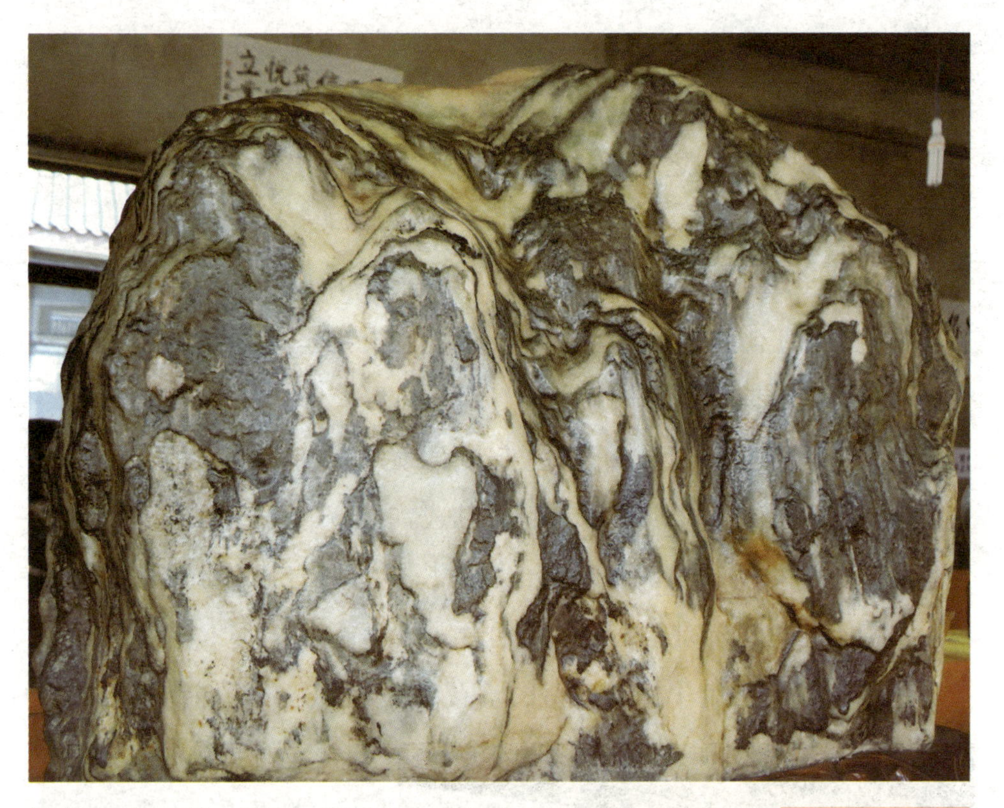

奇峰怪石

被赐封为三品，俗称三品石。千年之后此石辗转落入清代诗人袁枚手中。

山东临朐发现有550年魏威烈将军长史崔芬的墓葬，墓中壁画多幅都有奇峰怪石。其一为描绘古墓主人的生活场面，内以庭中两块相对而立的景石为衬托，其石瘦峭、鼓皱有致，并配以树木，表现了很高的造园、缀石技巧。

六朝的山水文化，从自然山水已经向园林文化迈进。北魏杨炫之《洛阳伽蓝记》，载当朝司农张伦在洛阳的“昭德里”：“伦造景阳山，有若自然。其中重岩复岭，嵚崟相属，深蹊洞壑，逦递连接。”张伦所造石山，已有相当水准。

晋征虏将军石崇在《金谷诗序》中描绘自己的

王献之（344—386），东晋书法家、诗人，以行书和草书闻名后世。王献之幼年随父羲之学书法，兼学张芝。书法众体皆精，尤以行草著名，敢于创新，为魏晋以来的今楷、今草作出了卓越贡献，在书法史上被誉为“小圣”，与其父并称为“二王”。

"金谷园"："有别庐在河南县界金谷涧中，去城七里或高或下。有清泉茂林，众果、竹、柏、药草之属，莫不毕备。又有水碓、鱼池、土窟，其为娱目欢心之物备矣。"清泉、林木、水池、洞窟俱全，已具有园林模样。

东晋书圣王羲之《兰亭集序》："此地有崇山峻岭，茂林修竹，又有清流激湍，映带左右。引以为流觞曲水，列坐其次。""兰亭"为公共园林，自有其特殊价值。

谢灵运在《山居赋》中讲述自己的"始宁别业"："九泉别涧，五谷异巘，群峰参差出其间，连岫复陆成其阪。""路北东西路，因山为鄣。正北狭处，践湖为池。南山相对，皆有崖岩，东北枕壑，下则清川如镜。"这里已是尽山水之美的晋宋风韵了。

南北朝时，也有了非常兴盛的赏石活动。尤其从这时起，雨花石进入了观赏石的行列。

明月山水石

关于雨花石的来历，有一个美丽的传说：

相传在南朝梁代，有位法号叫云光的和尚，他每到一处开讲佛法时，听众都寥寥无几。看到这种情况没有好转，云光有点泄气了。

有一天傍晚，讲解完佛经的云光正坐在路边叹息时，遇到了一个讨饭的老婆婆。老婆婆吃完云光法师给她的干粮后，从破布袋里拿出一双麻鞋来送给云光，叫他穿着去四处传法。并告诉他鞋在哪里烂掉，他就可以在哪里安顿下来长期开坛讲经。老太太说完就不见了。

山水画面石

云光不知走了多少地方，脚上的麻鞋总穿不烂。直到他来到了南京城的石岗子，麻鞋就突然烂了。从此他就听信老婆婆之言在石岗上广结善缘，开讲佛经。一开始听的人还不多，讲了一段时间后，信众就多了。

有一天，云光宣讲佛经的时候，讲得投入，一时感动了天神，天空中飘飘扬扬下起了五颜六色的雨。奇怪的是这些雨滴一落到地上，就变成了一颗颗晶莹圆润的小石子，石子上还有五彩斑斓的花纹，十分好看。

由于这些小石子是天上落下的雨滴所化，人们就称为“雨花石”。而从此云光讲经的石岗子也就被称作“雨花台”。

传说当然只是传说，实际上，雨花石形成于距今250万年至150万年之间，是地球岩浆从地壳喷出，四处流淌，凝固后留下孔洞，涓涓细流沿孔洞渗进岩石内部，将其中的二氧化硅慢慢分离出来，逐渐沉积成

王羲之（303—361，一作321—379），字逸少，号澹斋，琅琊临沂人。东晋书法家，兼善隶、草、楷、行各体，精研体势，广采众长，冶于一炉，摆脱了汉魏笔风，自成一家，影响深远，创造出“天质自然，丰神盖代”的行书，被后人誉为“书圣”。其中，王羲之书写的《兰亭集序》为历代书法家所敬仰，被称作“天下第一行书”。

石英、玉髓和燧石或蛋白石的混合物。

雨花石的颜色和花纹，则是在逐渐分离、不断沉积成无色透明体二氧化硅过程中的夹杂物而已。

雨花石中的名品如“龙衔宝盖承朝日”，该石粉红色，如丹霞映海，妙在石上有二龙飞腾，龙为绿色，且上覆红云，顶端呈白色若玉山，红云之中尚有金阳喷薄欲出状。

再如“平章宅里一阑花”，该石五彩斑斓，石上有太湖石一峰、洞穴玲珑，穴中映出花叶，上缀红牡丹数朵，花叶神形兼备。

而雨花名石“黄石公”则呈椭圆形，黄白相间，石之一端生出一个“公”字，笔画如书，似北魏造像始平公的“公”字，方笔倒行。

南北朝时，桂林称始安郡，颜延之任当地最高行政长官太守，留下了“未若独秀者，峨峨郛邑间”的诗句赞美桂林奇石，后来“独秀峰”因此而得名。

我国古代赏石文化，真的萌芽起于魏晋南北朝时期文人士大夫阶层的山岳情节，是脱俗的、远离金钱利益的精神冥思与寄托。

这一时期赏石文化作为独立的文化分支开始萌芽，赏石文化所需要的文化内涵已初步形成。

阅读链接

“孤寂之赏石，赏石之孤寂”，这是魏晋以来我国古代文人士大夫流传下来的一种精神寄托，这是“魏晋风骨”的一种内在体现。

魏晋南北朝时期的赏石文化萌芽，为我国古代赏石文化的发展准备好了文化方面的充分营养，在此后历代的文人赏石活动中，“魏晋风骨”的人文精神一直是赏石家们所追寻的精神内涵。

隋唐五代时期

隋唐时期是继秦汉之后又一个昌盛时期。思想活跃，百家争鸣，儒、道、佛三教并举，互补互尊，并为赏石文化创造了物质基础和文化条件。

五代是我国历史上又一个大动荡时期，从整体上看，赏石文化资料并不丰富，但也有可观之处。

李煜的砚山具有重要功能，既是小型观赏石的代表，又是赏石承前启后，进入文房案头的开端，开启了北宋以后“文人石”赏玩的先河，其象征意义巨大而深远。

昌盛发展的隋唐赏石文化

隋唐时期是我国历史上继秦汉之后又一社会经济文化比较繁荣昌盛的时期，也是我国赏石文化艺术昌盛发展的时期。

隋朝虽只有短短的37年，但在赏石方面也丝毫没有停步。炀帝杨广沿运河三下江南，收寻民间的奇石异木。

隋朝的洛阳西苑具有很大规模，《隋书》记载：

假山奇石

西苑周二百里，其内为海，周十余里，为蓬莱、瀛州诸山，高百余尺，台殿观阁，罗络山上。海北有渠。萦纡注海，缘作十六院，门皆临渠，穷极华丽。

隋唐时期是赏石艺术，开始有意识地在园林中融糅诗情画意。观赏石已被广泛应用，假山、置石造景在造园实践中得到很大发展。

桂州奇石

当时，众多的文人墨客积极参与搜求、赏玩天然奇石，除以形体较大而奇特者用于造园、点缀之外，又将“小而奇巧者”作为案头清供，复以诗记之，以文颂之，从而使天然奇石的欣赏更具有浓厚的人文色彩。

唐朝的赏石文化非常普遍，唐朝前期，由于太宗李世民、女皇武则天、玄宗李隆基等人的文韬武略，从中更展现出一派大唐盛世的景象。

639年，唐太宗李世民寿诞，得到桂州刺史送给他一块“瑞石”作为寿礼，此石有奇文“圣主大吉，子孙五千岁”字样，唐太宗见了此石，非常高兴，向大臣李靖称赞桂林的奇石说：

碧桂之林，苍梧之野，大舜隐真之地，达人遁责之乡，观此瑞文，如符所兆也，公可亦巡乎？

事后，唐太宗派李靖到桂林，授李靖为岭南抚尉使、检校桂州总管。李靖到桂林后，在桂林七星岩普

李世民（598，一说599—649），唐朝第二位皇帝，不仅是著名的政治家、军事家，还是一位书法家和诗人。登基后，开创了著名的贞观之治，他虚心纳谏，厉行俭约，轻徭薄赋，使百姓休养生息，各民族融洽相处，国泰民安，被各族人民尊称为天可汗，为后来唐朝全盛时期的开元盛世奠定了重要基础，为后世明君之典范。

阎立本（约601—673），唐代画家兼工程学家。其绘画艺术，先承家学，后师张僧繇、郑法士。阎立本具有多方面的才能。他善画道释、人物、山水、鞍马，尤以道释人物画著称，在艺术上继承南北朝的优秀传统，认真切磋并且加以吸收和发展。因而被誉为“丹青神化”，从而为“天下取则”，在绘画史上具有重要地位。

陀山，找到出“瑞石”的地方，并上奏朝廷，李世民敕命建庆林观，并御书“庆林观”匾额。后来庆林观发展为我国南方名刹之一，且高僧云集，游人如织。

唐太宗时大画家阎立本所作《职贡图》中，几名番人将几方修长玲珑的奇石或捎或捧，这是异域贡石的图景。此外，唐章怀太子墓壁画中，也有宫女手捧树石盆景的画面。

唐人嗜石成癖，有的甚至倾家之产网罗奇石。据《李商隐集》载，荥阳望族郑瑶外任象江太守3年，所得官俸60万钱全部用于收购象江奇石，“及还长安，无家居，妇儿寄止人舍下”。

一代女皇武则天即位后迁都洛阳，中宗李显复辟迁回长安，至此大唐两都制贯穿全唐。武则天不仅精于权术，也十分喜欢观赏石艺术，在洛水得一瑞石，刻有“圣母临人，永昌帝业”八个字，封号为“宝图”，并虔诚地供于殿堂之上。

■十分珍贵的瑞石

当时，园林是在城市“中隐”的憩所，文人士大夫甚至亲自参与园林规划设计。在这种社会风尚影响下，士人私家园林兴盛起来。

据史载：“唐贞观开元之间，公卿贵戚开馆列第东都者，号千有余所。”中晚唐东都造园更是难以数计。造园模拟山水，所需奇石甚巨，加以文人吟咏其间，赏石文化空前繁荣起来。

唐朝首都长安的街区称“坊”，东都洛阳的街区称“里”。唐太平公主园林“山池院”在长安兴道坊宅畔。诗人宋之问《太平公主山池赋》，对园中叠石为山的形态以及山水配景，都有细致描写：

微型假山

其为状也，攒怪石而嵚崟。其为异也，含清气而萧瑟。列海岸而争耸，分水亭而对出。其东则峰崖刻画，洞穴萦回。乍若风飘雨洒兮移郁岛，又似波浪息兮见蓬莱。图万里于积石，匿千岭于天台。

这是长安皇族园林的奢华，奇石叠山的规模如此宏大。

东都洛阳有伊、洛二水穿城而过，曾先后在唐文宗李昂、武宗李炎手下担任过宰相的牛僧孺和李德裕，都是当时颇有影响的文人墨客和藏石家。

终为“东都留守”的宰相牛僧孺，于东城引来活

宰相 是辅助帝王掌管国事的最高官员的通称。宰相最早起源于春秋时期。管仲就是我国历史上第一位杰出的宰相。到了战国时期，宰相的职位在各个诸侯国都建立了起来。宰相位高权重，甚至受到皇帝的尊重。“宰”的意思是主宰，“相”本为襄礼之人，字意有辅佐之意。“宰相”联称，始见于《韩非子·显学》中。

圆润的太湖奇石

水为滩景，建造了“归仁里”宅园。当时著名的诗人白居易《题牛相公归仁里新宅成小滩》诗：

平生见流水，见此转留连；
况此朱门内，君家新引泉。
伊流决一带，洛石砌千拳；
与君三伏月，满耳作潺湲。

白居易评说“归仁里”宅园：“嘉木怪石，置之阶廷，馆宇清华，竹木幽邃。”牛僧孺的园林，体现出文人崇尚的清幽风格。牛僧孺经常与白居易、刘禹锡往来唱和。恰逢部属从苏州送来太湖石，奇状绝伦。牛僧孺有诗赞道：

胚浑何时结，嵌空此日成。
掀蹲龙虎斗，挟怪鬼神惊。
带雨新水静，轻敲碎玉鸣。
……
池塘初展见，金玉自凡轻。
侧眩魂犹悚，周观意渐平。
似逢三益友，如对十年兄。

奇石形态美、韵如玉，众人争睹，声名远播。白居易和刘禹锡都曾任苏州刺史，辖区所产精美太湖石，却为牛僧孺所得，皆叹无此缘分。唐代著名诗人李白，不仅是诗仙、酒仙，而且在悟石、爱石、咏石方面也独领风骚。李白对山具有特殊感情，一生好游名胜古迹及山水，以其丰富的想象力和浪漫主义色彩，在名山、名石的审美观赏方面标新立异。如李白在《登高》诗中咏道：“登高壮观天地间，大江茫茫去不返。黄云万里动风色，白波九道流雪山。”

刘禹锡（772—842），字梦得，唐朝文学家，哲学家，他性格刚毅，饶有豪猛之气，在忧患的谪居年月里，始终不曾绝望，有着一个斗士的灵魂；刘禹锡的诗，无论短章长篇，大都简洁明快，风情俊爽，有一种哲人的睿智和诗人的挚情渗透其中，极富艺术张力和雄直气势。

据四川《彰明县志》载：“石牛沟，有石状如牛。”李白曾赋诗一篇《咏石牛》，生动、形象地对石牛加以歌颂：

此石巍巍活像牛，埋藏是地数千秋。
风吹遍体无毛动，雨打浑身有汗流。
芳草齐眉弗入口，牧童扳角不回头。
自来鼻上无绳索，天地为栏夜不收。

宰相裴度为中晚唐四朝重臣，晚年也为“东都留

怪异的太湖石

守”，于洛阳建“集贤里”宅园。《旧唐书·裴度传》记其事：“东都立第于集贤里，筑山穿池，竹木丛萃，有风亭水榭，梯桥架阁，岛屿回环，极都城之胜概。”

白居易曾和裴度集贤林亭诗：“因下张沼沚，依高筑阶基。嵩峰见数片，伊水分一支。……幽泉镜泓澄，怪石山欹危。”

“集贤里”园林里的峰石与怪石，也是各具形态。《旧唐书·裴度传》又载：裴度“又于午桥创别墅，花木万株，中起凉台暑馆，名曰‘绿野堂’。”

文中还记载裴度与白居易、刘禹锡等人，在“午桥别墅”饮酒赋诗，吟咏奇石自乐的场景。

王维是唐代著名山水诗人，官至尚书右丞，热爱自然山水，创造了优美的山水诗，他的山水画、山水诗别具一格，状物抒情，情景交融，体物精细，传真入神，被誉为“诗中有画，画中有诗”。

王维曾亲自动手制作盆景，“以黄瓷斗贮兰蕙，养以奇石，累年弥盛”，对我国山水盆景的创作、观赏石的品赏，产生很大的影响，盆景石也是观赏石的重要一种，被称作“无声的诗，立体的画”，不仅具有外在的形体、质地、纹理之美，而且具有很深的底蕴。

园林中的奇石

唐代宰相李勉藏有两块奇石，放置在书房文案上，朝夕相共，细细品赏，命名为“罗浮山”和“海门山”。这种小中见大，浓缩自然山水的艺术手法，成为供石的鉴赏特色。

■玉山奇石

诗人杜甫曾得石一方，石不大而奇峰突兀，意境深远，以南岳的祝融山而名之，取名为“小祝融”，意蕴深远，具有诗情画意。

唐朝时，是赏石理论开始形成的时期，由白居易提出了奇石是一种缩景艺术，并在优游期间时可达到一种“适意”的境界。

《旧唐书·白居易传》记载：824年，白居易自杭州刺史任满回到洛阳，“于履道里得故散骑常侍杨凭宅，竹木池馆，有林泉之致。”“履道里”宅园位于里之西北隅，洛水流经此处，是城内“风土水木”最胜之地。

白居易为这座宅园写下《池上篇》韵文，序文中描绘此园：宅园共占地17亩，其中“屋室三之一，水五之一，竹九之一，而岛树桥道间之”。

白居易“罢杭州刺史时，得天竺石一……罢苏州刺史时，得太湖石”。早先，杨某赠与他三块方整、平滑、可以坐卧的青石，这些石头全都安置在园内。“又命乐童登中岛亭，合奏《霓裳·散序》……曲未尽而乐天陶然，已醉，睡于石上矣。”

白居易人称“白神仙”，奇石相对，醉卧青石，

刺史 古代官名，汉初时，文帝以御史多失职，命丞相另派人员出刺各地，不常置。公元前106年开始设置。刺史巡行郡县，分全国为13部，各置部刺史一人，后通称刺史。刺史制度在西汉中后期得到进一步发展，对维护皇权，澄清吏治，促使昭宣中兴局面的形成起着积极的作用。

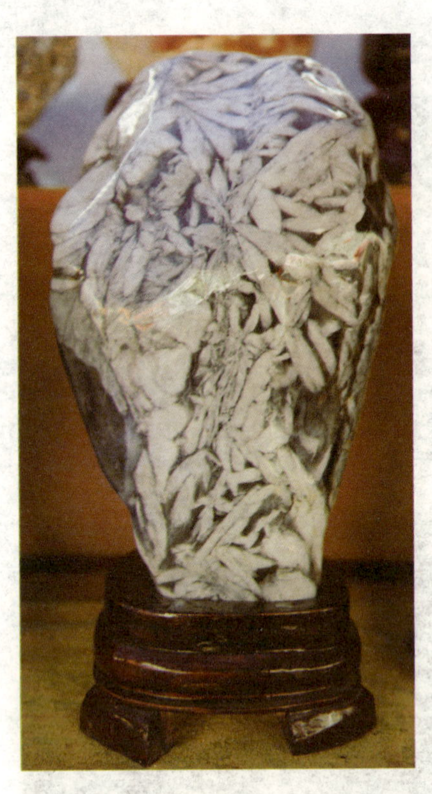
雪纹太湖奇石

仙乐萦绕，确有仙风道骨的神韵。

827年，白居易居洛阳，有《太湖石》诗：

烟翠三秋色，波涛万古痕。
削成青云片，截断碧云根。
风气通岩穴，苔文护洞门。
三峰具体小，应是华山孙。

笔下太湖石色如云雾缭绕的秋景，石肤因万古流水冲刷而圆润，形态挺拔峭峻，孔洞剔透，有如华山奇峰，咫尺千里之势。

白居易另有《太湖石》咏：“远望老嵯峨，近观怪嵚崟。”“形质冠今古，气色通晴阴。”“岂伊造物者，独能知我心。”欣赏着气势高耸，形质冠古今的美石，感念上苍造化与恩典。

白居易还根据多年赏石的心得，归纳出了《爱石十德》：

养性延容颜，助眼除睡眠。澄心无秽恶，草木知春秋。不远有眺望，不行入洞窟。不寻见海埔，迎夏有纳凉。延年无朽损，弄之无恶业。

白居易评石，以太湖石为甲等，罗浮石、天竺石次之；而牛僧孺将其石按石之大小分为甲、乙、丙、

王建（767—830），字仲初，唐代诗人。一生沉沦下僚，生活贫困，因而有机会接触社会现实，了解人民疾苦，写出大量优秀的乐府诗。他的乐府诗和张籍齐名，世称“张王乐府”。著有《王司马集》。其诗反映田家、水夫、织妇等各方面劳动者的生活。

丁四等，每等按其品第之高下分为上、中、下三品，并将品第结果铭刻于石之背面。

还有宰相李德裕，封卫国公，士族世家。在洛阳城南30里，靠近龙门伊阙建“平泉山庄”。他在《平泉山居戒子孙记》中说：“又得名花珍木奇石，列于庭除。平生素怀，于此足矣。……鬻平泉者非吾子孙也，以平泉一树一石与人者非佳士也。”真为爱石之人也。

李德裕还在《平泉山居草木记》中，记录了庄中部分石头的种类和名称：“日观、震泽、巫岭、罗浮、桂水、严湍、庐阜、漏泽之石……台岭、八公之怪石，巫峡之严湍，琅玡台之水石，布于清渠之侧；仙人迹、鹿迹之石，列于佛榻之前。”

据说，李德裕“平泉山庄”藏石何止数千方，从以上所列品种和名称来看，已是琳琅满目、美不胜收了。李德裕“平泉山庄”和诗人王建的“十二池亭”在造园艺术和景石点缀方面，都达到了很高水平。

树形太湖奇石

王建还曾在诗中说：

异花多是非时有，
好竹皆当要处生。
斜竖小桥看岛势，
远移山石作泉声。

可以看出唐时造园水平已非常高，不仅能打破花卉生长的正常物候期，创造人工环境，培育出奇花异卉，

精美的平石

还远距离搬运怪石，巧用山石，山水结合，形成有声有色的优美山水环境。

唐代山水文学发达，促进了文人园林兴起，赏石文化也随之繁盛。

柳宗元贬永州修造园林，有《钴鉧潭西小丘记》说：整修后“嘉木立，美竹露，奇石显”。将园林意境分成两大类：“旷如也，奥如也，如斯而已。”把开阔旷远与清幽深邃的意境展现出来。

柳宗元总结出“逸其人，因其地，全其天”的“天人合一”的造园原理。

柳宗元“以文造园”的思想，对园林及赏石文化的发展，都是宝贵的财富。

中晚唐的白居易、柳宗元、裴度、李德裕、牛僧孺等人，都是一代士子的精英，又是文人官僚的代表。他们在园林的泉壑美石中得到精神慰藉和寄托。

牛僧孺（779—847），唐穆宗、唐文宗时宰相。字思黯。他是甘肃灵台的一位历史人物。他既是政界的贵胄，又是文坛的名士。他为官正派，不受贿赂，在当时很有名。他好学博闻，青年时代就有文名。他和当时著名诗人白居易、刘禹锡等常往来唱和，这在《唐诗纪事》中见到他的一些逸事和诗作。

李德裕和牛僧孺家道败落后，园中奇石散出，凡刻有李、牛两家标记的石头，都是洛阳人的抢手物。从中可见文人赏石的深远影响。

晚唐孙位的《高逸图》，据考证为《竹林七贤图》残卷，此画中作者勾勒出两方不同形态的奇石。右面一石呈斜向肌理，上小下大，皱褶、沟壑、孔洞遍布。左边奇石整体饱满、通体洞穴、婉转变化。两石皆配以植物，如高士般坐置地面，与席地而坐的竹林诸贤相映成趣。

唐代赏石品种主要是太湖石。牛僧孺因藏石曾说道：“石有族聚，太湖为甲。”

时人评说：“唐牛奇章嗜石，石分四品，居甲乙者具太湖石也。”

这些诗句，说明唐代所赏的太湖石，大都指洞庭山附近太湖中生成的水生石。此外，灵璧石、昆石、罗浮石、泰山石、石笋石等观赏石种，常见有赏咏记载，却都不是唐代赏石的主要品种。

我国古典赏石审美中的“瘦”“皱”“怪”“丑”等说法，在这里已经齐备。

唐代赏石除山形外，动物、人物、规整、抽象等形态的奇石也经常出

柳宗元（773—819），字子厚，杰出诗人、哲学家、儒学家乃至成就卓著的政治家，唐宋八大家之一。因为他是河东人，人称柳河东，又因终于柳州刺史任上，又称柳柳州。柳宗元与韩愈同为中唐古文运动的领导人物，并称“韩柳”。在我国文化史上，其诗、文成就均极为杰出。

黑色太湖石

柱形太湖石

现，展现出唐代赏石文化的丰富多彩。

“君子比德于玉”是我国人格取向的标榜。李德裕《题奇石》：“蕴玉抱清辉，闲庭日潇洒。”白居易《太湖石》：“轻敲碎玉鸣。”都是以玉比石，喻君子品德。

文人还经常以石直接比喻高尚的人格。李德裕在《海上石笋》中提道：“忽逢海峤石，稍慰平生意。何以慰我心，亭亭孤且直。”

诵读以石喻德诗文，从中能够感到凛然正气、君子高德、文人风骨，依然是六朝遗风的延续。

阅读链接

隋唐文人学士十分活跃，名山成为文人游赏和宗教活动场所，游览之中“触景生情，借题发挥”，记为诗文以激千古，从而促进了诗歌、音乐、绘画、园林、山石的发展，也涌现出李白、白居易、柳宗元等一批著名诗人、文学家和赏石者。

白居易不仅有许多的赏石诗文，他还曾记述了好友牛僧孺因“嗜石”而“争奇聘怪”，以及“奇章公”家太湖石多不胜数而牛氏对石则“待之如宾友，亲之如贤哲，重之如宝玉，爱之如儿孙”的情形，接着称赞了牛僧孺藏石常具“三山五岳、百洞千整……尽缩其中；百仞一拳，千里一瞬，坐而得之”的妙趣。

在白居易眼里，牛僧孺实为唐代第一藏石、赏石大家。

五代李煜的砚山赏石文化

907年，朱温灭唐称帝建后梁，建都开封汴梁，历经梁、唐、晋、汉、周，史称五代。与此同时，还有其他10个国家分布在大江南北，统称为“五代十国”。

黄膘金蟾荁却砚

■ 歙县龙尾砚

五代是我国历史上一个大动荡时期，我国山水文化中的山水绘画，始创于晋宋时期的代表人物宗炳。

五代是我国山水绘画的成熟期，北方画派以荆浩、关仝为代表，南方画派以董源、巨然为代表。五代的山水绘画，对后世山水绘画以及山水文化影响绵延不绝，也从中感悟到我国特有的园林艺术及景观赏石的审美取向。

尤其是，五代十国时期的南唐后主李煜对奇石有特别钟爱。他不仅以辞章冠绝古今，对我国赏石文化也是贡献至伟。

“文房”即“书房”，这个概念始于李煜。后来李之彦在《砚谱》中说：“李后主留意笔札，所用澄心堂纸、李廷珪墨、龙尾石砚，三者为天下之冠。”

龙尾砚又称歙石砚，其石产地在南唐辖区龙尾山，李煜对歙石砚的开采与制作不遗余力，并任命李少微为砚务官，所制南唐砚为文房珍品。

李煜（937—978），史称李后主，五代十国时南唐国君，字重光，初名从嘉，号钟隐、莲峰居士。李煜虽不通政治，但其艺术才华横溢，工书善画，能诗擅词，通音晓律，被后人千古传诵的一代词人；他精于书画，谙于音律，工于诗文，词尤为五代之冠。李煜在词坛上留下了不朽的篇章，被称为“千古词帝”。

李煜留有“海岳庵”和“宝晋斋”两座砚山石，为灵璧石与青石制成，皆出自李少微之手。

砚山又称“笔格”“笔架”， 依石之天然形状，中凿为砚，刻石为山，砚附于山，故称“砚山”。砚山是架笔的文房用品，制作精巧的砚山，也属文房赏石的范畴。

这座“海岳庵”灵璧石砚山，径长不过咫尺，前面参差错落地耸立着状如手指大小的36峰，两侧倾斜舒缓，其势如丘陵连绵起伏，中间有一平坦处，金星金晕闪烁，自然排列成龙尾状。放眼望去，群峰叠翠，山色空蒙，曲流回环，波光潋滟，既有黄山之雄奇，又具练江之俊俏，可谓巧夺天工。

南唐经李昪、李璟、李煜三帝，论治国平天下，一代不如一代，论文学才华，则一代更胜一代。

精擅翰墨的李煜，对文房四宝的笔、墨、纸、砚大为青睐。南唐建都金陵，所辖歙州等35州，龙尾石产地在辖区之内，李璟、李煜父子雅好文墨，对砚石开采自然不遗余力。

李少微所制南唐御砚，流传甚少。欧阳修曾从王原叔家偶得一方。

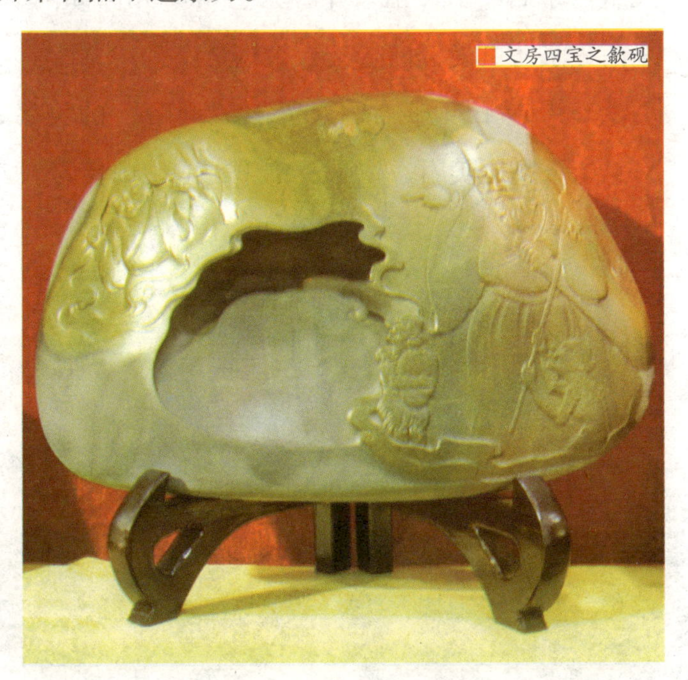
文房四宝之歙砚

李煜收藏的“海岳庵”和“宝晋斋”这两座史上罕见的宝石砚山，宋蔡京幼子蔡绦《铁围山丛谈》中曾做过详细记载：

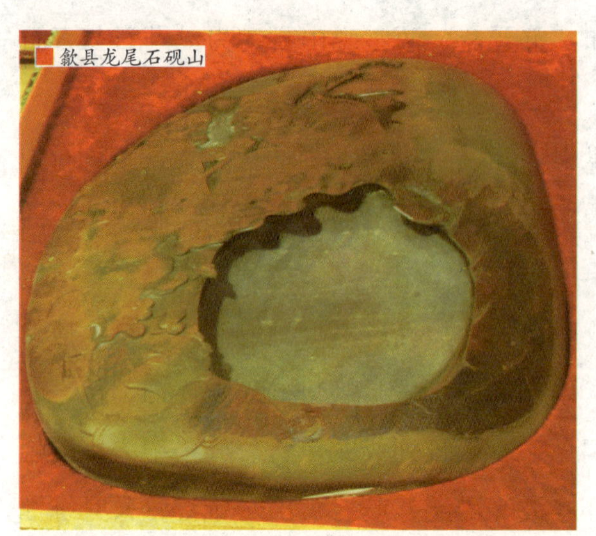
歙县龙尾石砚山

江南后主宝石砚山，径长逾尺咫，前耸三十六峰，皆大如手指，左右引两阜坡，而中凿为研。及江南国破，砚山因流转数十人家，为米元章所得。

米元章，米芾，后来他又用龙尾“海岳庵”宝石砚山与苏仲恭学士之弟苏仲容交换甘露寺下的海岳庵。米元章即失砚山，曾赋诗叹道：“砚山不复见，哦诗徒叹息，唯有玉蟾蜍，向余频滴泪。”这方砚山后来被宋徽宗索入宫内，藏在万岁洞砚阁内。

元代此砚山为台州戴氏所得，戴氏特请名士揭傒斯题诗：“何年灵璧一拳石，五十五峰不盈尺。峰峰相向如削铁，祝融紫盖前后列。东南一泓尤可爱，白昼玄云生霮䨴。”

李煜走了，却给后人留下“词帝”的美名；留下凄婉的爱情故事；留下龙尾美石；留下流传千古的砚山传奇。

阅读链接

欧阳修于1031年得到龙尾“海岳庵”砚后，一直带在身边。1051年，欧阳修作《南唐砚》文，并于砚背刻铭。1792年，乾隆进士、书法家铁保得此砚，在砚边作铭。翌年铁保请书法家翁方纲在砚盒盖上作铭。

清梧州太守永常藏有一方英石砚山。长5寸，高2寸。但峰峦挺拔，岩洞幽深，玲珑剔透，且无反正面之分，至为奇观。

宋元历史时期

宋朝是我国封建社会大发展的时期，赏石文化同其他文化现象一样，达到鼎盛时期，文人雅士提出了观赏石的审美原则，从美学角度审视观赏石；将观赏石以谱的形式记录下来，能使今人深入了解观赏石文化。

元朝时期，南宋遗民隐居在城市、乡村、山林之中，以研究传承文化为乐事，促进了民间文艺及赏石文化蓬勃发展。

元代赏石在民间发展，陈列于文房，具备峰峦沟壑的小型石最受欢迎。

清新精致的宋代赏石文化

巨型奇石

960年，宋太祖赵匡胤建立北宋，建都开封，改名东京。由于宋朝一直是文官掌重权，这是文化大繁荣的重要因素，因此在中华民族数千年文化史中，两宋尤为突出，中唐至北宋，也是我国文化的重要转折点。

这种文化至宋徽宗赵佶时达到顶峰，文风更加清新、精致、小巧、空灵、婉约。影响到诗歌、绘画、园林等各个方面，赏石文化自然也在其中。

灵璧石玉兔望月

宋代传承了中唐的园林赏石而更精致，传承南唐的文房而形成文房清玩门类。佛教衍生出完全汉化的禅宗，它的“梵我合一”与老庄的“崇尚自然”，使士大夫心中的自然之境与禅境融合一体，更加重视形外之神、境外之意。

宋郭熙《林泉高致》论远景、中景、近景之说，近景中的高远、深远、平远之分，更加丰富了景观石欣赏的内涵。五代、北宋的山水画在崇山峻岭、溪涧茂林中，常有茅舍高隐其间，反映出士子的理想境界。

宋徽宗赵佶是我国历代帝王中艺术素养最高的皇帝，也是我国历史上最大的赏石大家，他主持建造的“艮岳”，是古今最具规模的奇石集大成者。

赵佶即位天子，一位道士上奏称，汴梁城东北方位是八卦艮位，垫高此地，皇家子嗣就会人丁兴旺。赵佶立即命人垫地，果然不久王皇后生下皇子。

得了皇子的赵佶相信，若在此地建一座园林，国家必将更加兴盛，于是1111年，“艮岳”工程开始。1117年，赵佶又命户部侍郎孟揆，于上清宝箓宫之东筑山，号称“万岁山”，因其在宫城东北，据“艮”位，即成更名为“艮岳”。

假山遗石

1122年完工，因园门匾额题名“华阳”，故又名“华阳宫”。

赵佶还亲笔绘制《祥龙石图》，卷后《题祥龙石图》诗序道：“祥龙石，立于环碧池之南，芳州桥之西，相对则胜瀛也。其势腾湧，若虬龙出为瑞应之状，奇容巧态，莫能具绝妙而言之也。”

“艮岳”甫成，赵佶亲自撰写了《艮岳记》，以颂盛景。万岁山以太湖石、灵璧石为主，均按图样精选：“石皆激怒抵触，若踶若啮，牙角口鼻，首尾爪距，千恣万状，殚奇尽怪。……雄拔峭峙，巧夺天工。”

御道“左右大石皆林立，仅百余株，以‘神运’‘敷文’‘万寿’峰而名之。独‘神运峰’广百围，高六仞，锡爵‘盘固侯’，居道之中，束石为亭以庇之，高五十尺。……其余石，或若群臣入侍帷幄，正容凛若不可犯，或战栗若敬天威，或奋然而趋，又若伛偻趋进，其怪状余态，娱人者多矣。”

祖秀《华阳宫记》记载了赵佶赐名刻于石者百余方。综合各种资料，“艮岳”的叠山、置石、立峰实难数计，类别用途各有所司，而形态也是千奇百怪。

《癸辛杂识》说：“前世叠石为山，未见显著者，至宣和，艮岳始兴大役。……其大峰特秀者，不特封侯，且各图为谱。”

帝王对奇石造园如此重视，使“艮岳”成为当时规模最大、水平最高的石园，对宋代以及后世的赏石和园林艺术的发展，都有很大的启发和影响。

寿山艮岳是我国山水园林中运用假山的最典型例子之一。假山仿造自然界景观，以土为主、以石为辅相堆而成。

首先堆筑假山主体，主峰高达150米，成为全园制高点，山分东西两岭，引景龙江水注流山水其间，水声潺潺，如歌如诉。

山上建介亭以综观全园景色，沿湖、河、山峦运用以太湖石为主的自然山石进行堆叠，山的南坡以叠石为主，形成独特自然山石景观。其中更有亭台楼阁、小桥曲径、奇石异木、珍禽瑞兽，集我国古典园林于天成。

同时，巧妙利用山石叠成瀑布，“得紫石滑净如削，面径数仞，因而为山，贴山卓立。山阴置木柜，绝顶开深池。车驾临幸，则驱水工登其顶，开闸注水而为瀑布，曰紫石壁，又名瀑布屏”。不但有峭壁假山，还形成瀑布景观，具有很高的

《癸辛杂识》为“唐宋史料笔记丛刊”的一种，是宋末元初词人、学者周密的史料笔记。周密寓居杭州癸辛街，本书因而得名。本书是宋代同类笔记中卷帙较多的一种。书中记载了许多不见正史的逸闻逸事、典章制度、都城胜迹、艺文书图、医药历法、风土人情和自然现象等。

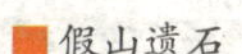
■假山遗石

储昱 字丽中，是储泳的六世孙。其父储璇，祖父储敬，曾祖储德富。皆世代居住三林庄三林浦南侧三池滩。寓所东侧有一三林浦支流芋艻泾，为此储昱别号为芋西。在县学期间，其文笔雄奇豪赡，宗法韩苏，而精严峻洁，又自有独特之妙焉。

叠石艺术水平。

而且，还在寿山艮岳内大兴土木，收集天下名花奇石，仿造自然山水，以达“放怀适情，游下赏玩”之需求。为此还下令设“应奉局”于平江，凡被选中的奇峰怪石、名花异卉，不惜工本精心搬运，“皆越海、渡江、凿城郭而至”。

运奇石的船，曾以十成一“纲”，这就是历史上有名的“花石纲”。

艮岳最大的一块太湖石，高约16.7米，玲珑剔透，徽宗极爱，加封“盘固侯”，赐金带。另外一些次之的太湖石，分列其两旁，如同群臣恭候君主。徽宗依次为它们起名、刻字。

奇石蛋白石

宋徽宗为石题名十分注重其内涵，尤其突出诗情画意，如题“灵璧小峰”“山高有小”“水落石出”等。

太湖石的特置手法在宋代宫苑内广泛应用。《宅京记》记述大内仁智殿的庭园中列两巨石，“高三丈，广半之”，东边赐名“昭庆神运万岁峰”，西为“独秀太平岩”，皆由徽宗御书并刻石填金，而较大峰石特别奇秀者，不但封侯赐金带，还绘图为谱，广为传播。

太湖石莲花峰

“艮岳”历时6年才得以完成。赵佶以帝王之尊和深厚的艺术根基，投注于赏石艺术之中，对宋及以后我国赏石和园林艺术的发展推动甚巨。

“花石纲”中有的奇峰因故未被运走而留在江南，称作“艮岳遗石”，其中有3方著名的假山峰被誉为“江南三大名石”，即为瑞云峰、玉玲珑和绉云峰。

瑞云峰石形若半月，多孔，玲珑多姿，峰高5.12米，宽3.25米，厚1.3米，涡洞相套，褶皱相叠，剔透玲珑，被誉为“妍巧甲于江南”。瑞云峰出自洞庭湖，为朱勔所采，上有“臣朱勔所进”四字。

玉玲珑高约3米，宽约1.5米，厚约80厘米，重量3吨左右，姿态婀娜，具有太湖石的皱、漏、瘦、透之美。该石四面八方洞洞通窍，一孔注水，孔孔出水，自下焚香于一孔，孔孔冒烟，可见其奇巧无比。

据说，石上原镌刻有“玉华”两字，意为是石中精华。石前一泓清池，倒映出石峰的倩影。石峰后有一面照墙，背面有“寰中大快”四个篆字。

明代，“玉玲珑”到了上海浦东三林塘人、太仆寺少卿官至江西参议储昱的私人花园中。万历年间，储昱的女儿嫁给尚书潘允端的弟弟潘允亮。后来潘家建造豫园时，便把“玉玲珑”移来。潘允亮，字

太湖石

寅叔，别号樗庵，是明嘉靖南京刑部尚书、左部御史潘恩的第三子。潘家是上海的望族，有“潘半城”之称，收藏书画古玩甚多。

相传，船过黄浦江时，江面突然起风，舟石俱沉。潘家认为这不是个好兆头，一定要设法补救，重金请善水者打捞上岸，而且同时又捞起了另一块石头。

说也奇怪，两块石头竟然珠联璧合，那块同时捞起的石头就成为“玉玲珑”石的底座。

还有传说，船从董家渡泊岸后，索性就近在城墙上开了个洞，把“玉玲珑”搬进城内，开洞处成为小南门。

绉云峰高有2.3米，消瘦，却不寒碜，正得风骨毕现。整座石峰气势直起，但姿态曲折，“一波三折”，在刚健中又透出了妩媚。绉云峰虽高，但中腰最窄处只有0.4米宽，融挺拔与灵秀于一身。

绉云峰的表面布满了皱裥，如同刀劈斧削。有的人喜欢抚摸凸凹光滑的太湖石，但在这里就会被刺痛了手指。

如果站远些，就会更清楚地看见这些石皱的纹理，它们是平行的，斜斜地上倾，在曲折而上的石峰表面，宛如波光水影，层层而起，一脉至顶。

在皇帝的带动下，私人园林纷纷出现。独乐园是司马光在洛阳修建的一座园林，以小巧简朴而著称。苏东坡有一诗称赞道：

青山在屋上，流水在屋下。
中有五亩园，花竹秀而野。

同时，文人园林更如雨后春笋般相继建成。李格非于1095年写成《洛阳名园记》，他在文中明确提出园林的兴废是经济盛衰的象征，“园圃之兴废，洛阳盛衰之候也”。

北宋以洛阳为西京，为历代公卿贵族云集、园林荟萃之地，许多名园都是在唐代旧园的基础上重新修建的。李格非亲自游览、考证、仔细品赏，并且以十分精辟的鉴赏力对众多园中的20多个名园作了较详尽的介绍、评价。

李格非写道：“洛人云，园圃之胜者，不能相兼者六，务宏大者少幽邃，人力胜者少苍古，多水泉者难眺望。兼此者唯湖园而已。”

湖园以湖水为主，湖中有洲，洲上建堂，名四并堂。四并堂者，取谢灵运“天下良辰，美景，赏心，乐事，四者难并”之意。私家园林引水凿

李格非（约1045—约1105），字文叔，著名女词人李清照之父。北宋文章名流，《宋史》中有传。他专心著述，文名渐显，再转博士，为苏门“后四学士”之一。撰成传世名文《洛阳名园记》，记洛阳名园19处，在对这些名园盛况的详尽描述中，寄托了自己对国家安危的忧思。

■ 太湖石独乐峰

池，堆石掇山，对赏石文化具有很大的推动作用。

两宋承袭了南唐文化，文房清玩成为文人珍藏必备之物，鉴赏之风臻于极盛，苏轼、米芾等文人均精于此道，发展成专门学问。

与此同时，我国汉唐以来席地而坐的习俗，逐渐被垂足而坐所代替，两宋几、架、桌、案升高而制式成型。这些都为赏石登堂入室创造条件。

这一时期，不仅出现了如米芾、苏轼等赏石大家，司马光、欧阳修、王安石、苏舜钦等文坛、政界名流都成了当时颇有影响的收藏、品评、欣赏奇石的积极参与者。

苏轼是北宋文坛的一代宗师，兼有唐人之豪放、宋人之睿智，展现出幽默诙谐的个性、洒脱飘逸的风节、笑对人世沧桑的旷达，是我国士人的极致。

苏轼阅石无数、藏石甚丰，留下众多赏石抒怀的诗文，对宋代以及后世赏石文化的发展启示良多。

1080年，苏轼到达黄州。1081年春，经友人四处奔走，终于批给

竹纹奇石

明月图案奇石

苏轼一块废弃的营地。于是他带领全家早出晚归开荒种田，吃饭总算有了着落。

苏轼这块荒地在黄州东门之外，于是将其取名“东坡”，自号“东坡居士”。第二年，苏轼在东坡这块地方修筑了一座5房的农舍，因正值春雪，遂取名“雪堂”。

黄州城西北长江之畔，有座红褐色石崖，称为赤壁。赤壁之下多细巧卵石，有红黄白等各种颜色，湿润如玉，石上纹理如人指螺纹，精明可爱。

苏轼《怪石供》中说：“齐安小儿浴于江，时有得之者。戏以饼饵易之，即久，得二百九十有八枚，大者兼寸，小者如枣、栗、菱、芡。其一如虎豹，首有口鼻眼处，以群石之长。又得古铜盆一枚，以盛石，挹水注之璨然。”

正好庐山归宗寺佛印禅师派人来问候，苏轼就将这些怪石送给了佛印禅师。但随后他又收集了250方

欧阳修（1007—1072），字永叔，号醉翁，晚号“六一居士”，汉族，吉州永丰人，以“庐陵欧阳修”自居。北宋卓越的政治家、文学家、史学家，唐宋八大家之一。一生著作繁富，曾参与纂写《新唐书》《五代史》等，代表作有《醉翁亭记》《秋声赋》等。

怪石。诗僧参廖是“雪堂”的常客。谈及怪石一事，苏轼笑道：“你是不是也想得到我的怪石啊？”

于是苏轼将剩余的怪石分为两份赠予参廖一份，也就有了《后怪石供》美文。

不离不弃的好友、赤壁的绝古，还有那美丽的石头，都给予苦难中的苏轼莫大的慰藉。

1082年，米芾赴黄州雪堂拜谒苏轼，米芾在《画史》中详细记叙了这次会面的情景：“子瞻作枯木，枝干虬曲无端，石皴硬亦怪怪奇奇无端，如其胸中盘郁也。”

苏轼的《古木怪石图》是极为珍贵的北宋赏石形象资料，其中蕴藏着多种内涵。

苏轼曾言：“石文而丑”，怪丑之石有其独特的赏石审美取向，《古木怪石图》引领文人独特的审美情趣。

46岁的苏轼遭诬陷贬到了黄州，那已是第三个年

苏轼（1037—1101），北宋文学家、书画家。字子瞻，号“东坡居士”。他学识渊博，天资极高，诗文书画皆精。与欧阳修并称欧苏，为“唐宋八大家”之一；艺术表现独具风格，与黄庭坚并称苏黄；词开豪放一派，对后世有巨大影响，与辛弃疾并称苏辛；书法擅长行书、楷书，与黄庭坚、米芾、蔡襄并称“宋代四大家”。

虎纹形奇石

头了，借“怪怪奇奇”之石抒“胸中盘郁”，以石抒怀是苏轼经常用来解闷的好方法。

山峡纹奇石

《怪石供》中多有赏石心得：“凡物之丑好，生于相形，吾未知其果安在也。使世间石皆君此，则今之凡石复为怪。”

美丑怪奇之石皆有其形。色，红黄白色丰富多彩。质，与玉无辨晶莹剔透。纹，如指纹多变精明可爱。以古盆挹水养石，以净水注石为佛供，清净与佛理相通，应为苏东坡首创。

1084年，苏轼离黄州北上，1085年正月来到宿州灵璧。6年前，苏轼在这里写下《灵璧张氏园亭记》，故地重游不胜唏嘘。

园中有一块奇美之石号为“小蓬莱”，苏轼喜爱有加，有感而发：“古之君子，不必仕，不必不仕。必仕则忘其身，必不仕则忘其君。……使其子孙开门而出仕，则跬步市朝之上，闭门而归隐，则俯仰山林之下。予以养生活性，行义求志，无适而不可。”

他想起唐代李德裕平泉山庄里的醉醒石，于是题文：“东坡居士醉中观此，洒然而醒。”这块风韵雅

李德裕（787—849），字文饶，唐代赵郡赞皇人，唐朝中期著名政治家、诗人。他幼有壮志，苦心力学，尤精《汉书》《左氏春秋》。穆宗即位之初，禁中书诏典册，多出其手。他主政期间，重视边防，力主削弱藩镇，巩固中央集权，使晚唐内忧外患的局面得到暂时的安定。

逸的奇石后来被皇家收藏。

1092年苏轼至扬州，得两美石，作《双石》并序，“至扬州获二石，其一绿色，有穴达于背；忽忆在颍州日，梦人请住一官府，榜曰“仇池”，觉而诵杜子美诗曰：‘万古仇池穴，潜通小有天’”。

仇池，山名，在甘肃成县西汉水北岸。一名瞿堆，山有平地百顷，又名百顷山。其上有池，故名仇池。山形如复壶，四面陡绝，山上可引泉灌田，煮土为盐。

因为仇池地处偏远，历来典籍都将它描写成人间福地，据说那里有99泉，万山环绕，可以避世隐居，如同陶渊明的桃花源。

苏轼神游千里，眼前的绿石已化为“仇池”，“一点空明是何处，老人真欲住仇池”。“仇池石”寄托了苏轼对世外桃源的向往。

1093年，苏轼知定州，得“雪浪石”，这块“雪浪石”高76厘米，宽80厘米，底围196厘米，全石晶莹黑亮，黑中显缕缕白浪，仿佛浪涌雪沫，颇具动感。于是苏东坡以大盆盛之欣赏，并将其居室名为“雪浪斋”。

苏轼曾做《雪浪斋铭》并引：“予于中山后圃得黑石，白脉，如蜀孙立、孙知所画石间奔浪，尽水之变。名其室曰‘雪浪斋’云。”

雪浪奇石

诗道：

尽水之变蜀两孙，
与不传者归九原。
异哉驳石雪浪翻，
石中及有此理存。

明月长江石

苏东坡还为此作有《雪浪石》诗：

画师争摹雪浪势，天工不见雷斧痕。
离堆四面绕江水，坐无蜀士谁与论？
老翁儿戏作飞雨，把酒坐看珠跳盆。
此身自幻孰非梦，故园山水聊心存。

雪浪石使苏轼深感天工造化，也勾起诗人思乡情结，唤起诗人归隐故里、纵情山水的情愫。

苏轼45年宦海沉浮，几与祸患相始终，却始终展现出洒脱飘逸的风节，笑对人世沧桑的旷达。

苏轼被世人誉为苏海，虽然不能掌控自己的命运，他却能徜徉书海，纵情山水，憧憬在自创的桃花源境界“仇池石”中。

宋代赏石大、中、小型俱备。小型赏石不但脱离了山林，也脱离

杜绾 生卒年不详，京兆万年人，724年甲子科状元及第，735又登王霸科，官至京兆府司录参军，不显而终。杜家世代为官，入相者达十一人。其子杜黄裳，于宪宗朝为相，封邠国公。杜绾所撰写的《云林石谱》，是我国古代最完整、最丰富的一部石谱。

了园林，成为独立的欣赏对象。小型赏石已经有了底座，可以置于几架之上，欣赏情趣也有了很大变化。

苏轼《文登蓬莱阁下》说："我持此石归，袖中有东海。"袖中可以藏石，其小可知。

宋孔传《云林石谱·序》中说："虽擅一拳之多，而能蕴千岩之秀。大可列于园馆，小或置于几案。"拳头大的赏石，也为可观至极。

南宋赵希鹄《洞天清录集》说："怪石小而起峰，多有岩岫耸秀嵚嵌峰岭之状，可登几案观玩，亦奇物也。"表明几案赏石要求更高。

宋李弥逊《五石》序："舟行宿泗间，有持小石售于市，取而视之，其大可置掌握。"说明掌中小石的兴盛，有力地促进了赏石市场的交易。

宋代赏石品种主要是太湖、灵璧和英石，其他石种不占重要地位。

■人物纹奇石

杜绾《云林石谱》说：太湖石"鲜有小巧可置几案者"。大型的灵璧石比较常见，不过也有置于几案之上的小石。

刘才邵《灵璧石》诗："问君付从得坚质，数尺嵚嵌心赏足。"

英石一般体量不大，《云林石谱》说：英石"高尺余或大或小各有可观"。因此英石应该是文房中的主要石种。

雪纹奇石

宋代商人吴某家几上有一块英石，高0.5米，长1米多，千峰万嶂，长亘连绵。其上坡陀，若临水际，宛然衡岳排空，湘江九曲环回于下。右边石壁刻隶书“南岳真形”4字。

宋代的石屏也是赏石的一种，择其平面纹理有若自然山水画境，以木镶边制座而成，用材多为大理石。

石屏小而置于几案之上、笔研之间，称为研屏。

苏轼《欧阳少师令赋所蓄石屏》：“何人遗公石屏风，上有水墨希微踪。”

苏辙《欧阳公所蓄石屏》：

石中枯木双扶疏，粲然脉理通肌肤。
剖开左右两相属，细看不见毫发殊。

赵希鹄《洞天清录集·研屏辨》说：“古无研屏。或铭研，多镌于研之底与侧。自东坡、山谷始作研屏，即勒铭于研，又刻于屏，以表而出之。”这就说明，研屏这种赏石以苏轼、黄庭坚为创始人。

黄庭坚在北宋诗坛上与苏轼并称“苏黄”，是苏门四学士之首、青年学子的导师、江西诗派的缔造

苏辙（1039—1112），字子由，自号“颍滨遗老”，汉族，眉州眉山人。唐宋八大家之一，与父苏洵、兄苏轼齐名，合称为三苏。他擅长政论和史论，在政论中纵谈天下大事，如《新论》。著有《栾城集》《诗集传》《龙川略志》《论语拾遗》等。

双鹅黄石砚

者。其书法被誉为宋四家之一。

黄庭坚对文房石尤为青睐。他曾在好友刘昱处得到一方洮河绿石砚，感慨之余即兴赋诗：

久闻岷石鸭头绿，可磨桂溪龙文刀。
莫嫌文吏不知武，要试饱霜秋兔毫。

好友王仲至曾送给黄庭坚一方洮河黄石砚，他就写诗谢答：

洮砺发剑虹贯日，印章不琢色蒸栗。
磨砻顽顿印此心，佳人诗赠意坚密。

黄庭坚还将一方洮河石砚赠给同为苏门四学士之

黄庭坚（1045—1105），字鲁直。北宋诗人、词人、书法家，为盛极一时的江西诗派开山之祖，而且，他跟杜甫、陈师道和陈与义素有“一祖三宗”之称。诗歌方面，他与苏轼并称为“苏黄”；书法方面，他则与苏轼、米芾、蔡襄并称为“宋代四大家”。

一的张耒。张耒有诗称颂：“谁持此砚参几案，风澜近乎寒秋生。”

1086年，黄庭坚赠予苏轼一方洮砚，苏轼作《鲁直所惠洮河石砚铭》以答谢。

1094年，黄庭坚赐知宣州，即今安徽宣城。当时他正在老家分宁居母丧，后在赴任途中过婺源进龙尾山考察歙砚，留下著名诗篇《砚山行》。

《砚山行》说：“其间有时产螺纹，眉子金星相间起。”螺纹、眉子、金星都是龙尾石妙美的纹理，也是文人雅士的挚爱。

接着黄庭坚又描述道：

居民上下百余家，鲍戴与王相邻里。
凿砺砻形为日生，刻骨镂金寻石髓。
选堪去杂用精奇，往往百中三四耳。
不轻不燥禀天然，重实湿润如君子。
日辉灿灿飞金星，碧云色夺端州紫。

松树怪石砚

砚 也称砚台。以笔蘸墨写字，笔、墨、砚三者密不可分。砚在"笔墨纸砚"四宝中为首，这是由于它质地坚实，能传之百代的缘故。我国四大名砚之称始于唐代，它们是端砚、歙砚、洮砚、红丝砚。我国古砚品种繁多，如松花石砚、玉砚、漆砂砚等，在砚史上均占有一席之地。

《砚山行》以白描手法，生动全面地将龙尾山砚石坑的地理环境、砚石品种、居民状况、砚石开采以及砚石品质等方面都做了详细论述，对歙砚的传播、研究与发展都是居功至伟。

砚山自南唐李煜起始。南唐遗物尽入宋，其中那两方有名的"海岳庵"和"宝晋斋"为米芾所得，其辗转传承为古今奇闻。

砚山奇石在我国赏石历史上具有承前启后的重要地位，它是取其自然平底、峰峦起伏而又有天然砚池的天然奇石，作为砚台的别支，一般大不盈尺，而灵璧石、英石一类质地大都下墨而并不发墨，所以砚山纯粹是作为一种案头清供。

"海岳庵"和"宝晋斋"到了米芾手里后，《志林》记载他"抱眠三日"，狂喜至极，即兴挥毫，留

奇石砚山

下了传世珍品《砚山铭》。

“瘦、皱、漏、透”4字相石法则为米芾结合画理而创，各种文献有不同表述。瘦为风骨，透表通灵，皱显苍古，都是中华文化意境的精粹，也是天人合一的诠释，对赏石、鉴石影响至今不衰。

奇石摆件

米芾是一个绝世的奇才，以书画两绝而闻名于世。他的特立独行，在我国文化史上留下“米颠”的盛名。米芾的好书画、好石、好研、好洁、好异服、好搞怪，都是他“颠”名的发端，以至900余年来，被人们津津乐道，成为历久弥新的传世经典。

米芾也是11世纪中叶我国最有名的藏石、赏石大家。他不仅因爱石成癖，对石下拜而被国人称为“米癫”，而且在相石方面，还创立了一套理论原则，即长期为后世所沿用的“瘦、透、漏、皱”4字诀。

1074年，米芾任临桂县尉。同年5月，游桂林龙隐岩、阳朔山，画有《阳朔山图》并题字：“官于桂，见阳朔山，始知有笔力不能到者……”桂林清秀瑰奇的山水，给了好异尚奇的米芾不小的震撼，为他日后笃好奇石埋下种子。

1082年，32岁的米芾赴黄州雪堂拜谒苏轼。苏轼对米芾的书法也是青睐有加，苏轼对米芾书艺师晋的指点，影响其终生。

1089年，39岁的米芾出任润州教授，也就在这时，米芾以所藏李

笏 我国古代大臣上朝时手里拿着的手板，用玉、象牙或竹片制成，文武大臣朝见君王时，双手执笏以记录君命或旨意，亦可以将要对君王上奏的话记在笏板上，以防止遗忘。大唐武则天以后，五品官以上执象牙笏，六品以下官员执竹木做的笏。

后主砚山，换取海岳庵宅基地，并定居下来。米芾好砚山闻名，在《山林集》中称砚山为“吾首”。

《海岳志林》记载：“僧周有端州石，屹起成山，其麓受水可磨。米后得之，抱之眠三日，嘱子瞻为之铭。”

1104年，米芾知无为军。刚到官衙上任时，看见立在州府的奇石独特，一时欣喜若狂，便让随从给他拿来袍笏，穿好官服，执着笏板，如对至尊，向奇石行叩拜之礼，还称其为“石丈”。

后人在他搭棚拜石处修建了一座“拜石亭”，还在奇石与亭子之间修建了“绕石桥”。

米芾还为拜石之事自画《拜石图》。元代倪瓒为此作《题米南宫拜石图》诗：

■奇石摆件

元章爱研复爱石，
探瑰抉奇久为癖。
石兄足拜自写图，
乃知颠名不虚得。

米芾在江苏涟水为官时，因为当地毗邻盛产美石的安徽灵璧县，便常去收集上乘奇石，回来后终日把玩闭门不出。他的衣袖中总是藏奇石，随时拿出来观赏，名曰为“握游”。

米芾对奇石的热爱达到疯狂

的程度，终日把玩，以至于不出府门一步，结果就影响了政务。久而久之，便引起了上司的关注。

环形灵璧石

有一次，督察使杨杰到米芾任所视察，得知此事，严肃地对米芾说："朝廷把千里郡邑交给你管辖，你怎么能够整天玩石头而不管郡邑大事呢？"

米芾不正面回答，却从袖中取出一枚清润玲珑的灵璧石，一边拿在手中反复把玩，一边对杨杰说："如此美石，怎么能不令人喜爱？"

杨杰未予理睬。

米芾见此情形，又从袖中取出一枚更加奇巧的灵璧石，又对杨杰说："如此美石，怎么能不令人喜爱？"

杨杰暗暗称奇，但仍不动声色。

一而再，再而三，米芾从袖中取出最后一枚更加奇特的灵璧石，还对杨杰说："如此美石，怎么能不令人喜爱？"

杨杰实在无法抵挡诱惑，终于开口说道："难道只有你喜欢？我也非常喜爱奇石。"说着他一把将那枚灵璧石夺了过去，竟然忘记了此行巡察的目的，心花怒放地回去了。

这个故事在一定程度上反映了米家奇石多小巧玲珑、富于山水画意的天然特色，和当时上层社会爱石、藏石的浓厚风气。

随着小型赏石的流行，另有一种欣赏把玩的"山子"，在宋代也开始出现。

石雕山子

山子是石、玉雕摆件工艺中的一种，这种工艺多表现山水人物题材，要求制作者有较高的造型能力、富有创造性的构思能力和较高的文学艺术修养。制作时先按玉石料的形状、特征等进行构思，顺其色泽，务使料质、颜色、造型浑然一体，然后按“丈山尺树、寸马分人”的法则，在玉石料上或浮雕，或深雕。使山水树木、飞禽、楼台、人物等形象构成远、近景的交替变化，以取得材料、题材、工艺的统一。“山子雕”技艺是扬州玉石雕的传统技艺。

山子雕的工艺技术，继承了浮雕、圆雕、镂空雕等传统技法，并得以发展，如浮雕技术中则将浅浮雕、深浮雕、阴刻、阳刻、线刻等多种技艺相结合，在构图设计上运用国画的写意、线描的写实以及建筑透视技巧，使作品层次清楚，章法合理。

宋代赏石文化的最大特点是出现了许多赏石专著，如杜绾的《云林石谱》、范成大的《太湖石志》、常懋的《宣和石谱》、渔阳公的《渔阳石谱》等。

杜绾的《云林石谱》，是我国最早、最全、最有价值的石谱，其中涉及各种名石116种，并各具生产之地、采取之法，又详其形状、色泽而品评优劣，对各种石头的形、质、色、音、硬度等方面，都有详细的表述。这部奇石学巨著，是宋人对我国赏石文化的贡献，对后世影响巨大而深远。

杜绾字季阳，号云林居士，出身于世家，祖父杜衍北宋庆历年间为相，封祁国公，父亲也为朝中重臣，姑父是著名文学家苏舜钦。

由于家学渊源，杜绾自幼博览群书，游历山川，对奇石瑰宝尤为喜爱。将收集的奇石，按品位、产地、润燥、质地等各项分类编辑，成为足以传世的《云林石谱》。

《云林石谱》分上、中、下3卷，《灵璧石》列于上卷首篇：“宿州灵璧县，地名磬石山。石产土中，采取岁久。穴深数丈，其质为赤泥渍满。……扣之，铿然有声。”

范成大（1126—1193），字致能，号石湖居士。南宋诗人。从江西派入手，后学习中、晚唐诗，继承了白居易、王建、张籍等诗人和新乐府的现实主义精神，终于自成一家。风格平易浅显、清新妩媚。他的诗题材广泛，以反映农村社会生活内容的作品成就最高。与杨万里、陆游、尤袤合称南宋“中兴四大诗人”。

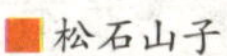
松石山子

花园太湖石

磬石山距灵璧县渔沟镇东2千米，海拔114米。磬石山南侧尚存摩崖石刻，不同造型佛像100多座，雕刻在长16米，宽2米的巨石上，为1056年所作。

磬石山北坡下，百米宽千米长的平畴地带，即是灵璧磬石的产地。

宋王明清《挥尘录》记载："政和年间建艮岳。奇花异石来自东南，不可名状。灵璧贡一巨石，高二十余尺。"

宋《宣和别记》也记载，"大内有灵璧石一座，长二尺许，色清润，声亦泠然，背有黄金文，皆镌刻填金。字云：宣和元年三月朔日御制"。

《西湖游览志余》又记载，"杭省广济库出售官物，有灵璧小峰，长仅六寸，玲珑秀润，卧沙、水道、裙折、胡桃纹皆具。徽宗御题八小字于石背曰：山高月小，水落石出"。

1113年，杜绾升苏州为平江府，洞庭在其辖区内。自唐以来，历代都将太湖石视为造园、赏玩的珍品。

《云林石谱·太湖石》："平江府太湖石产洞庭水中，性坚而润，有嵌空穿眼宛转崄怪势。一种白色，一种色青而黑，一种微青。其质纹理纵横，笼络隐起，于石面遍多坳坎，盖因风浪冲激而成，谓之'弹子窝'。扣之微有声。"

以上大、中、小三磬石，皆为宋徽宗"花石纲"贡石。

而《昆山石》中则说："平江府昆山县石产土中。多为赤土，积渍，即出土，倍费挑剔洗涤。其质磊魄，巉岩透空，无耸拔峰峦势，扣之无声。"昆石产于江苏昆山市马鞍山，自古以来为四大名石之一，甚为名贵。

《云林石谱》中涉及石种范围广达当时的82个州、府、军、县和地区。其中有景观石、把玩石、砚石、印石、化石、宝玉石、雕刻石等众多门类。对各种石头的形、质、色、纹、音、硬度等方面，都有详细的表述。

"形"，主要以古人瘦、漏、透、皱的赏石理念，对奇石评判。

"质"，杜绾将石质分为粗糙、颇粗、微粗、稍粗、光润、清润、温润、坚润、稍润、细润等级别。

"色"，有白、青、灰、黑、紫、褐、黄、绿、碧、红等单色。还列出了过渡色、深浅色和多色的石头。

"纹"，列出核桃纹、刷丝纹、横纹、圈纹、山形纹、图案纹、松脉纹等奇石品种。

"音"，杜绾常敲击石头，得到无声、有声、微有声、声清越、铿然有声等不同效果。

"硬度"，杜绾对石头硬度的描述有，甚软、稍软、不甚坚、颇坚、甚坚、不容斧凿等级别。

可以看出，杜绾不但是奇石专家，还是矿物岩石学家。清代《四库全书》入选的论石著作，只有《云林石谱》。《四库提要》

美丽的奇石

说：此书“即益于承前，更泽于启后”。

诗人范成大也非常喜爱玩英石、灵璧石和太湖石，并题“大柱峰”“峨眉石”等。如《小峨眉》诗：“三峨参横大峨高，奔崖侧势倚半霄。龙跧虎卧起且伏，旁睨沫水沱江潮。”

以文同、米芾、苏东坡等人为代表的文人画派，提倡天人合一，主张审美者应深入山水之中，“栖丘饮谷”，对山石吟诗作画，以领略自然山水之内在美，体验大自然之真谛。

南宋平远景致，简练的画面偏于一角，留出大片空白，使人在那水天辽阔的空虚中，发无限幽思之想。文化的交融与内敛，使赏石文化的意境更加旷远，给后世赏石以更多滋养。

阅读链接

在蒲松龄《聊斋志异》的《大力将军》篇和金庸的《鹿鼎记》中都写到了，浙江名士查伊璜和当时的广东提督吴六一的一段交往。吴将军早年贫寒，得查资助得以投军。后来吴欲厚报，查不受。在广东吴将军府花园内，查看到了这块奇石，十分赞赏，题名为“绉云峰”。

查回乡后，吴令人将此石运至海宁查家，“涉江越岭，费逾千缗”。此石一到浙江，立即为浓厚的文化氛围笼罩，文人们为之赋诗作词，画家为之描摹，金石家为之铭石，朴学大师俞樾的一篇《护石记》更是写尽了传统文化中的“石情”“石缘”。

如今300年过去了，绉云峰已不能再吸引文化人关注的目光。俞樾的曾孙俞平伯因善读《石头记》成为红学大师，但物转星移，此石已非彼石。

至于查伊璜的后代查良镛，则以“金庸”为笔名，在更新的文化空间里长袖善舞。只有绉云峰，还是一块石头，静静地站在西湖边，展示着大自然的鬼斧神工和它最原始的魅力。

疏简清远的元代赏石文化

1161年，金世宗定都大都，即北京，开始修建大宁宫，役使兵丁百姓拆汴梁“艮岳”奇石运往大都，安置于大宁宫。

狮子林中的奇石

元定都大都后，还在广寒殿后建万岁山。皇家《御制广寒殿记》载：万岁山“皆奇石积叠以成……此宋之艮岳也。宋之不振以是，金不戒而徙于兹，元又不戒而加侈焉”。

从万岁山赏石可以看出，元代皇家园林，是在金人取艮岳石有所增添而成。

元代大学士张养浩官拜礼部尚书等职，他在济南建造“云庄”。园内有云锦池、稻香村、挂月峰、待凤石以及绰然、乐全、九皋、半仙诸亭。

张养浩热爱自然山川，厌弃官场生活，作诗说：“五斗折腰惭为县，一生开口爱谈山。”据《历城县志》记述：“公置奇石十，每欲呼为石友。”其中4块尤为珍惜，命名为“龙”“凤”“龟”“麟”，4块灵石均为太湖石。

元代修琼华岛，自寿山艮岳运石。张养浩收藏了部分精品置于云庄，4块名石饱经沧桑，唯有龟石幸免于难。龟石亭亭玉立，卓越多姿，又称为瑞石。

龟石挺拔露骨，筋络明显，姿态优美，纹理自然，玲珑剔透，其高4米，重8吨，具有“皱、瘦、透、秀”的特点，被誉为“济南第一名石”。

狮子林中的太湖石

1342年，元代僧人维则叠石，成为后来的苏州狮子林。《画禅寺碑记》：“邯城东狮子林古刹，元高僧所建。则性嗜奇，蓄湖石多作狻猊状，寺有卧云室、立雪堂。前列奇峰怪石，突兀嵌空，俯仰多变。”

狮子林盘环曲

狮子林的奇石

折，错落多变，叠石自成一格。园内假山遍布，长廊环绕，楼台隐现，曲径通幽，有迷阵一般的感觉。

长廊的墙壁中嵌有宋代四大名家苏轼、米芾、黄庭坚、蔡襄的书法碑及南宋文天祥《梅花诗》的碑刻作品。

狮子林既有苏州古典园林亭、台、楼、阁、厅、堂、轩、廊之人文景观，更以湖山奇石，洞壑深邃而盛名于世，素有“假山王国”之美誉。

狮子林原为菩提正宗寺的后花园，1341年，高僧天如禅师来到苏州讲经，受到弟子们拥戴。第二年，弟子们买地置屋为天如禅师建禅林。

园始建于1342年，由天如禅师维则的弟子为奉其师所造，初名“狮子林寺”，后易名“普提正宗寺”“圣恩寺”。

因园内“林有竹万，竹下多怪石，状如狻猊

文天祥（1236—1283），字履善，又字宋瑞，自号文山，浮休道人。汉族，南宋末期吉州庐陵人，南宋末期大臣，文学家。1278年兵败被俘虏，在狱中坚持斗争三年多，后在柴市从容就义。著有《过零丁洋》《文山诗集》《指南录》《指南后录》《正气歌》等作品。

狮子林中的假山

者”，狻猊即狮子。又因天如禅师维则得法于浙江天目山狮子岩普应国师中峰，为纪念佛徒衣钵、师承关系，取佛经中狮子座之意，故名“师子林”“狮子林”。亦因佛书上有“狮子吼”一语，指禅师传授经文，且众多假山酷似狮形而命名。

衣钵 是指僧尼的袈裟和食器。原指佛教中师父传授给徒弟的袈裟和钵，后泛指传授下来的思想、学问、技能等。我国禅宗师徒间道法的授受，常付衣钵为信证，称为衣钵相传。唐宋时应试人员与主司名第相同，也称之为传衣钵。

维则曾作诗《狮子林即景十四首》，描述当时园景和生活情景。园建成后，当时许多诗人画家来此参禅，所作诗画列入“狮子林纪胜集”。

狮子林假山群峰起伏，气势雄浑，奇峰怪石，玲珑剔透。假山群共有九条路线，21个洞口。横向极尽迂回曲折，竖向力求回环起伏。游人穿洞，左右盘旋，时而登峰巅，时而沉落谷底，仰观满目叠嶂，俯视四面坡差，如入深山峻岭。

洞穴诡谲，忽而开朗，忽而幽深，蹬道参差，或平缓，或险隘，给人带来一种恍惚迷离的神秘趣味。

“对面石势阴，回头路忽通。如穿九曲珠，旋绕势嵌空。如逢八阵图，变化形无穷。故路忘出入，新术迷西东。同游偶分散，音闻人不逢。变幻开地脉，神妙夺天工”，“人道我居城市里，我疑身在万山中”，就是狮子林的真实写照。

狮子林的假山，通过模拟与佛教故事有关的人体、狮形、兽像等，喻佛理于其中，以达到渲染佛教气氛之目的。但是它的山洞做法也不完全是以自然山洞为蓝本，而是采用迷宫式做法，通过蜿蜒曲折，错综复杂的洞穴相连，以增加游趣，所以其山用“情”“趣”两字概括更宜。

园东部叠山以“趣”为胜，全部用湖石堆砌，并以佛经狮子座为拟态造型，进行夸张，构成石峰林立，出入奇巧的“假山王国”。

山体分上、中、下3层，有山洞21个，曲径9条。崖壑曲折，峰回路转，游人行至其间，如入迷宫，妙趣横生。山顶石峰有“含晖”“吐丹”“玉立”“昂霄”“狮子”诸峰，各具神态，千奇百怪，令人联想翩翩。山上古柏、古松枝干苍劲，更添山林野趣。

小径中的怪石

此假山西侧设狭长水涧，将山体分成两部分。跨涧而造修竹阁，阁处模仿天然石壁溶洞形状，把假山连成一体，手法别具匠心。

园林西部和南部山体则有瀑布、旱涧道、石磴道等，与建筑、墙体和水面自然结合，配以广玉兰、银杏、香樟和竹子等植物，构成一幅天然图画，使游人在游览园林、欣赏景色的同时，领悟“要适林中趣，应存物外情”的禅理。

元代我国经济、文化的发展均处低潮，赏石雅事当然也不例外。造成元代在盆景观石赏玩上日趋小型化，出现了许多小盆景，称“些子景”。

大书画家赵孟頫是当时赏石名家之一，曾与道士张秋泉真人交往过密，对张所藏“小岱砚山”一石十分倾倒。面对“千岩万壑来几上，中有绝涧横天河”的一拳奇石，他感叹：

人间奇物不易得，一见大呼争摩挲。
米公平生好奇者，大书深刻无差讹。

张道士所藏“小岱岳”，小巧玲珑、气势雄伟、峰峦起伏、沟壑纵横，天然生成并无雕琢。赵孟頫一见惊呼奇物，爱不释手。

赵孟頫，字子昂，是元代最杰出的书画家和文学家，本是宋太祖

庭院中的太湖石

赵匡胤之子秦王赵德芳的第十二世孙。按理说，赵孟頫既为大宋皇家后裔，又为南宋遗臣，且为大家士子，本应隐遁世外，却被元世祖搜访遗逸，终拜翰林学士承旨。其心中矛盾之撞激，可以想见。赵孟頫专注诗赋文辞，尤以书画盛名享誉，亦赏石寄情，影响颇为深远。

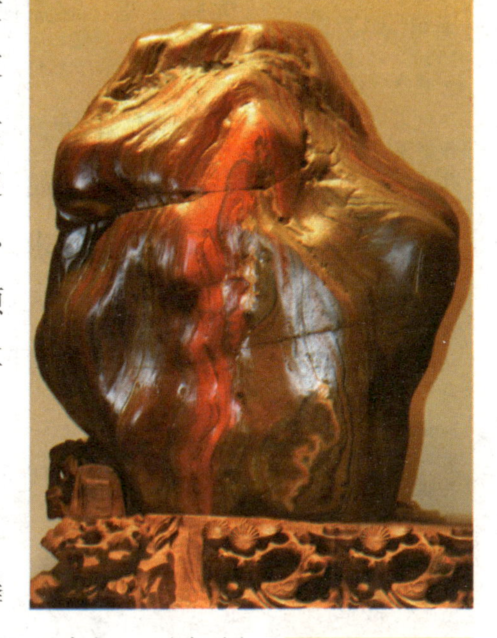

流水奇石

明林有麟《素园石谱》记载，赵孟頫藏有“太秀华”山形石：“赵子昂有峰一株，顶足背面苍鳞隐隐，浑然天成，无微窦可隙。植立几案间，殆与顽顽君子相对，殊可玩也，因为之铭。”

并有诗道：

片石何状，天然自若。
鳞鳞苍窝，背潜蛟鳄。
一气浑沦，略无岩壑。
太湖凝精，示我以朴。
我思古人，真风渺邈。

从以上记载可以得知，赵孟頫所藏为太湖景观峰石，置于几案之间，有君子风骨，让人生思古之情。

《素园石谱》还绘有“苍剑石”图谱，有“钻云螭虎，子昂珍藏”刻字。赵孟頫同时代道士张雨记载：“子昂得灵璧石笔格，状如钻云螭虎。”螭虎是

几案 长桌子，也泛指桌子。人们常把几和案并称，是因为二者在形式和用途上难以划出截然不同的界限，“几”是古代人们坐时依凭的家具，“案”是人们进食、读书写字时使用的家具，其形式早已具备，而几案的名称则是后来才有的。

无脚之龙。赵孟𫖯灵璧石笔格，有穿云腾雾之状，气势非凡。

清代举子、青田印学家韩锡胙在《滑凝集》中记载："赵子昂始取吾乡灯光石作印，至明代而石印盛行。"我国古来治印，或以金属铸造，或以硬质材料琢磨。所谓文人治印，以软质美石为纸，以刀为笔，尽显文人笔意情趣。

文人治印，初选青田灯光冻石，始于元代赵孟𫖯、王冕，至明代文彭而兴盛。文房印石兴起，赵孟𫖯功不可没。

青田石主要产于我国浙江省青田县内，其历史可以追溯到1700多年前，六朝时墓葬中曾发现青田石雕小猪四只，在浙江新昌南齐墓中，也发现了永明元年的青田石雕小猪两只。

王冕（1287—1359），元代著名画家、诗人，画坛上以画墨梅开创写意新风的花鸟画家，号竹斋、煮石山农、放牛翁、梅花屋主等。自幼嗜学，白天放牛，窃入学舍听诸生读书，晚上返回，竟忘其牛，因往依僧寺，每晚坐佛膝上，映长明灯读书。王冕诗多同情人民苦难、轻视功名利禄、描写田园隐逸生活之作。

青田石展品

后来，青田石成为我国传统的"四大印章石之一"。在我国一并与巴林石、寿山石和昌化石被称为"中国四大名石"。

青田石名品有灯光冻、鱼脑冻、酱油冻、风门青、不景冻、薄荷冻、田墨、田白等。

青田奇石最大特点是一块石头有多种颜色，甚至多达十几种颜色，天然色彩十分丰富。

细青田奇石具有"六相"：纯，是指石质分子结构细密，具有温润之感；净，指无杂质，具有清静之感；正，指不邪气，具有正雅之感；鲜，指光泽鲜艳，具有恒丽之感；透，指照透明，具有冰质之感；灵，指有生命，气脉内蕴，光彩四射之感。

青田石雕竹林七贤

青田石以“封门”为上品，微透明而淡青略带黄者称封门青，原称“风门青”，因其产于风门山而得名。

由于封门青脉细且扭盘曲折，游延于岩石之中，量之奇少，色之高雅，质之温润，性之“中庸”，是所有印石中最宜受刀之石，大为篆刻家所青睐。

另外，晶莹如玉，照之璨如灯辉，半透明者称灯光冻，石色微黄，有一定油润感，由于生成好，因此“结”字方面很好。

而色如幽兰、明润纯净、通灵微透者，则被称为兰花青。

鸡血、田青以色浓质艳见长，象征富贵；封门青则以清新见长，象征隐逸淡泊，因此，前者可说是“物”的，而后者则是“灵”的，封门青被称为“石中之君子”，十分贴切。

青田石等印石，也更促进了元代书画印钤的发展，如元代倪瓒，号云林子，出身江南富豪。筑有“云林堂”“清閟阁”，收藏图书文玩，并为吟诗作画之所。擅画山水、竹石、枯木等，画法疏简，格调幽淡，与黄公望、吴镇、王蒙合称“元四家”。

元代佚名有《画倪瓒像张雨题》，画面右角方几所置文房器物中，有横排小山一座，主峰有左右两小峰相配，峰前尚有小峰衬托出层次。

倪瓒曾参与狮子林的规划，以其写意山水和园林经营的理念，将奇石叠山造景方法融于园林之中，世人多有仿效而蔚然成风。

他还为该名园作《狮子林图卷》。后人于狮子林题楹联："云林画本旧无双，吴会名园此第一。"

元人画理中，最具声名的为倪瓒《论画》，云林绘画，不同于以形写神的"神"，而是不求形似的"逸"。古意、士风、逸气，是元人画理的发展，画石、赏石，亦同此理。

晚明文震享《长物志》在论及大朴倪瓒时说："云林清秘，高梧古石中，仅一几一榻，令人想见其风致，真令神骨俱冷。"这是元代高士的生活写照，也是元代隐士的赏石法理。

倪瓒（1301年—1374年），元代画家、诗人。字泰宇，后字元镇，号云林。作品多画太湖一带山水，构图平远，景物极简，多作疏林坡岸，浅水遥岑。论画主张抒发主观感情，认为绘画应表现作者"胸中逸气"，不求形似，说"仆之所谓画者，不过逸笔草草，不求形似，聊以自娱耳"。

青田石雕猫头鹰

元代魏初《湖山石铭》序说："峰峦洞壑之秀，人知萃于千万仞之高，而不知拳石突兀，呈露天巧，亦自结混茫而轶埃氛者，君子不敢以大小论也。"

石有君子之德，何以大小论之？

元代砚山兴盛，最为文人赏石推崇。《素

园石谱》记林有麟藏“玉恩堂砚山”，“余上祖直斋公宝爱一石，作八分书，镌之座底，题云：此石出自句曲外史。高可径寸，广不盈握。以其峰峦起伏，岩壑晦明，东山之麓，白云叆叇，浑沦无凿，凝结是天，有君子含德之容。当留几席谓之介友云”。

林有麟题有诗句：

奇云润壁，是石非石。
蓄自我祖，宝滋世泽。

金玉满堂石雕

以上论及的林有麟先祖、张雨、赵孟頫、倪瓒都珍藏砚山，元代文人置砚山于文房也蔚然成风。

根据考证，在形象资料中，元代时，赏石底座已经得到普遍应用。如山西芮城县永乐宫三清殿，元代《白玉龟台九灵太真金母元君像》，元君手托平口沿方盘中，置小型峰石。

在其他资料中，不仅有须弥座，还有圆盆、葵口束腰莲瓣盆底座，而且有上圆盆下方台式复合底座。

宋代的赏石底座主要以盆式为主，一盆可以多用。元代赏石底座与石已有咬合，赏石专属底座产生于元代。

“孤根立雪依琴荐，小朵生云润笔床”，这是元朝诗人张雨在《得昆山石》诗中对昆石的赞美。

君子 特指有学问有修养的人。“君子”一词出自《易经》，被全面引用最后上升到士大夫及读书人的道德品质始自孔子，并被以后的儒家学派不断完善，成为中国人的道德典范。“君子”是孔子的人格理想。君子以行仁、行义为己任。《论语》一书，所论最多的，均是关于君子的话题。

昆石，因产于江苏昆山而得名，昆石看来是以雪白晶莹，窍孔遍体，玲珑剔透为主要特征。它出自苏州城外玉峰山，古称马鞍山。

它与灵璧石、太湖石、英石同被誉为“中国四大名石”，又与太湖石、雨花石一起被称为“江苏三大名石”，在奇石中占据着重要的地位。

大约在几亿年以前，由于地壳运动的挤压，昆山地下深处岩浆侵入了岩石裂缝，冷却后形成矿脉。在这矿脉晶洞中生成石英结晶的晶簇体便是昆石。

由于其晶簇、脉片形象结构的多样化，人们发现它有“鸡骨”“胡桃”等10多个品种，分产于玉峰山之东山、西山、前山。

鸡骨石由薄如鸡骨的石片纵横交错组成，给人以坚韧刚劲的感觉，它在昆石中最为名贵；胡桃石表皱纹遍布，块状突兀，晶莹可爱。此外，昆石还有“雪花”“荷叶皴”等品种，多以形象命名。

阅读链接

元代，发现了另一种精美的观赏石，那就是齐安石，产于湖北省，黄州城西有小山，山上多卵石，黄州古时名为齐安。故名齐安石，亦称黄州石。

黄州石质地坚而柔韧，光滑圆润，温莹如玉；呈红黄之深浅色，有的纹理细如丝，既鲜丽，又宛然；形状多为椭圆、扁圆，也有奇形怪状的，以奇形为佳；大者如西瓜，最小者亦似黄豆粒。

黄州石是一种五彩玛瑙石，宋苏东坡首藏，至元代大量应用于观赏。其赏玩最好是水浸法，水浸石长年润泽不枯，生机盎然，石子色泽、纹理、图案尽显，有极高观赏价值。

明清历史时期

明朝，文人士大夫思想的个性解放，与魏晋南北朝时期颇有契合之处。仕途的闭塞，使士子不复他想，王阳明的心学使士人更加关注生活的情趣和生命的体认。明代精致小巧的理念，深刻地影响到造园选石与文房赏石，成为士人赏石的经典传承。

进入清代，随着近代科学文化的发展，自然山水的审美也进入了新的阶段，人们逐渐摆脱了山石自然崇拜的束缚，开始与自然科学研究结合起来。

重新兴盛的明代赏石文化

明代的江南园林，变得更加小巧而不失内倾的志趣和写意的境界，追求“壶中天地”“芥子纳须弥”式的园林空间美。明末清初《闲情偶寄》作者李渔的“芥子园”也取此意。

晚明文震亨《长物志·水石》中说：“一峰则太华千寻，一勺则江湖万里。”是以小见大的意境。

晚明祁彪家的“寓山园”中，有“袖海”“瓶隐”两处景点，便有袖里乾坤、瓶中天地之意趣。

荷花与怪石

而计成在《园冶·掇山》中说：“多方胜景，咫尺山林……深意画图，余情丘壑”，也表明了当时赏石文化的特色。

明朝晚期，扬州有望族郑氏兄弟的4座园林，被誉为江南名园之四。其中诗画士大夫郑元勋的“影园”，就是以小见大的典范。

明代赏石

郑氏在《影园自记》中说：“媚幽阁三面临水，一面石壁，壁上植剔牙松。壁下为石涧，涧引池水入，畦畦有声。涧边皆大石，石隙俱五色梅，绕阁三面至水而止。一石孤立水中，梅亦就之。”

赏石与幽雅小园谐就致趣，所谓“略成小筑，足征大观”是也。

于敏中《日下旧闻考》说：“淀水滥觞一勺，明时米仲诏浚之，筑为勺园。”米万钟在北京清华园东侧建“勺园”，取“海淀一勺”之意，自然以水取胜。明王思任《米仲诏勺园》诗：“勺园一勺五湖波，湿尽山云滴露多。”

米万钟曾绘《勺园修禊图》长卷，尽展园中美景。《日下旧闻考》记：“勺园径曰风烟里。入径乱石磊砢，高柳荫之……下桥为屏墙，墙上石曰雀浜……逾梁而北为勺海堂，堂前怪石蹲焉。”园中赏石亦为奇景。

《帝京景物略》称勺园中“乱石数垛”，后来颐和园中蕴含“峰虚五老”之意的五方太湖石，就是勺园的遗石，象征一年四季之“春华、秋实、冬枯、夏荣”的四季石与老寿星并称为“峰虚五老”，象征长寿之意。

米万钟（1570—1628），明代书画家。字仲诏，陕西安化人，徙居燕京，米芾后裔。官太仆寺少卿，江西按察使等职。有好石之癖，善山水，花竹，书法行、草俱佳，既有南宫篆法，也有章草遗迹。与董其昌齐名。称“南董北米”。

雨花石千枝蜡梅

米万钟建“勺园”应在万历晚年。他在京城还有“湛园”“漫园”两处园林，但都不及“勺园”名满京城，明朝万历至天启年间，京都的达官显贵、文人墨客皆到米氏三园游览，米万钟也因园名噪，京都名流皆赞：米家有四奇，即园、灯、石、童。

米万钟对五彩缤纷的雨花石叹为奇观，于是悬高价索取精妙。当地百姓投其所好争相献石，一时间多有奇石汇于米万钟之手。

米万钟收藏的雨花石贮满大小各种容器。常于“衙斋孤赏，自品题，终日不倦”。其中绝佳奇石有“庐山瀑布”“藻荇纵横”“万斛珠玑”“三山半落青天外”“门对寒流雪满山”等美名。并请吴文仲画作《灵岩石图》，胥子勉写序成文《灵山石子图说》。米万钟对雨花石鉴赏与宣传，贡献良多。

米万钟爱石，有“石痴”之称。他一生走过许多地方，向来以收藏精致小巧奇石著称。明代闽人陈衎《米氏奇石记》说：“米氏万钟，心清欲澹，独嗜奇石成癖。宦游四方，袍袖所积，唯石而已。其最奇者有五，因条而记之。”他在后面文中所记五枚奇石：两枚高四寸许、一枚高八寸许、两枚大如拳，皆精巧小石也。

其后，林有麟藏雨花石也很有成就，所著《素圆石谱》精选35品悉心绘制成图，一一题以佳名。

再后，姜二酉也是热心收藏雨花石的大家。姜二酉本名姜绍书，明末清初藏书家、学者，字二酉，号晏如居士。

随着中外交流日益频繁，明代已能经常见到西洋的人了，于是姜二酉所藏雨花石也有起名如“西方美人”，此石长约4.9厘米，宽约2.7厘米，色草黄椭圆形而扁。上有西洋美女首形，头戴帽一顶，两肩如削，下束修裙，细腰美颊，丰胸凹腹，体态轻盈，人形全为黑色。

再如雨花石精品“暗香疏影”，石为径约3.3厘米的圆形，质地嫩黄，温润淡雅，上有绿色枝条斜生石面，枝上粉红花纹绕之，鲜润艳丽，如同一树梅花，颇具诗意。

还有神秘色彩的雨花“太极图”，该石为球状，黑白分明，界为曲形，成为一幅极规范的太极图。

姜绍书之祖养讷公，是孙石云之馆甥，曾与石云到古旧物市场，他得到一圆石莹润精彩，摇一下听声好似空心，石云以为是璞玉，买回后请人剖开。一看里面是一天成太极图，黑白分明，阴阳互位，边缘还环绕着如霞般的红线。

此石经转手到了严嵩手中，后来严嵩被抄家，此石落入明代皇宫内府。

而取名“云翔白鹤”的雨花石，则石质淡灰如云，云端中跃然一只白鹤，其翱翔神态栩栩如生。

太极图 据说是我国宋朝道士陈抟传出，原叫《无极图》。陈抟是五代至宋初的一位道士，相传对内丹术和易学都有很深造诣。据史书记载，陈抟曾将《先天图》《太极图》以及《洛书》传给其学生种放，种放以之分别传穆修、李溉等人，后来穆修将《太极图》传给周敦颐。周敦颐写了《太极图说》加以解释。

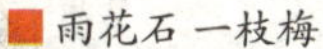

雨花石 一枝梅

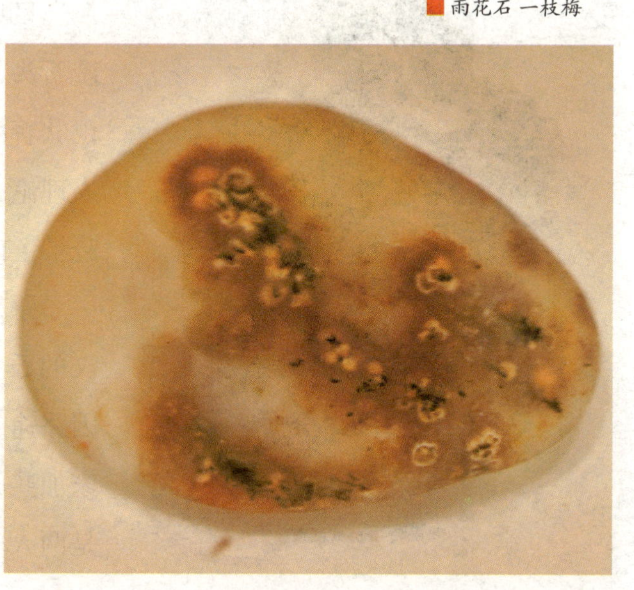

文徵明（1470—1559），明代中期最著名的画家、大书法家，号"衡山居士"，世称"文衡山"，官至翰林待诏。"吴门画派"创始人之一。与唐伯虎、祝枝山、徐祯卿并称"江南四大才子"。与沈周共创"吴派"，与沈周、唐伯虎、仇英合称"明四家"。

"梅兰竹菊"为4块雨花石，梅石疏影横斜；兰石幽芳吐馥；竹石抱虚传翠；菊石傲霜迎风。四石各具其妙。

另外，神奇孤品"老龟雏鹅"，此石黑质白章，大近6.6厘米，一面为伸颈老龟之大像，一面是一只天真的小鹅雏。

明代南方文气极盛，如有名的"江南四大才子"，四才子之一文徵明长子文彭，字寿承，号三桥，明朝两京国子监博士，人称文国博。幼承家学，诗、文、书、画均有建树。尤精篆刻，开一代印论之先河。

明中叶的六朝古都南京，王气不再，经济文化却很繁荣。

1557年的一天，一位读书人肩舆青童，逍遥过市，来到珠宝廊边的西虹桥时，听到阵阵争吵声，于是下轿观看。

■ 青田石观音菩萨塑像

只见一位外地老汉，身负两筐石头，身边一只羸瘦的毛驴，也驮着两筐石头，正与一位本地人理论。见有读书人到来，老汉赶忙上前请求主持公道。

原来那个本地人约定要买老汉的石头，老汉带来4筐石头，因路途遥远，很是辛苦，恳求买家加些路费，买家坚决不肯，于是两人争执不下。

读书人仔细打量了一番说，两位不必争吵，我出两倍价钱外加运费，收下这4筐石头，于是这桩公案圆满了结。谁也没有料到，这4筐石头的出场，竟然石破天惊，引发了一场我国印学史上的重大革命。

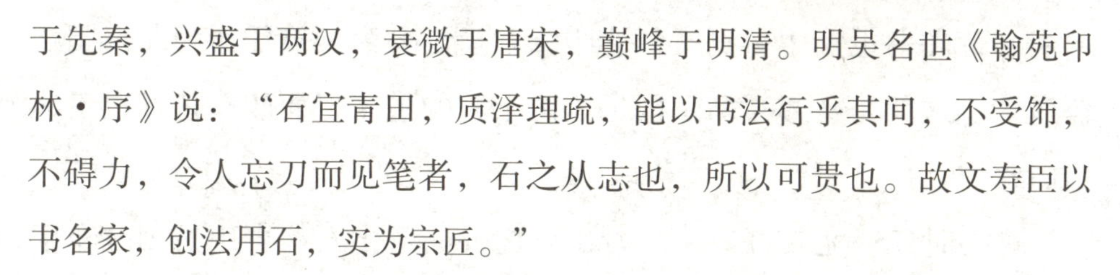
青田石雕龙蛋石

明代，国家最高学府是国子监。朱棣迁都北京，重设国子监，而留都南京的国子监依然保留，于是有了“南监”“北监”之分。而买下那4筐石头的读书人，就是南京国子监博士文彭，而那4筐石头即为著名的青田“灯光冻”。

玺印为执信之物，艺术滥觞于先秦，兴盛于两汉，衰微于唐宋，巅峰于明清。明吴名世《翰苑印林·序》说：“石宜青田，质泽理疏，能以书法行乎其间，不受饰，不碍力，令人忘刀而见笔者，石之从志也，所以可贵也。故文寿臣以书名家，创法用石，实为宗匠。”

青田石硬度小，文彭以此石为材，运用双钩刀法，奏刀有声，如笔意游走，实为开山宗师。

文彭也是边款艺术的缔造者，除了印文，他在印章的其他五面，以他深厚的书法功底和文化学养，师法汉印，锐意进取，篆刻出诗词美文、警句短语、史事掌故等，使印章成为完美的艺术品。

明代周应愿在《印说》中写道：“文也、诗也、书也，与印一

青田石雕岁寒三友

也。”这种“印与文诗书画一体说”，将印提升到最高的审美境界。文彭正是这种艺术的集大成者。

《琴罢倚松玩鹤》印章，为文彭50岁时力作，四面、顶部皆有款识，共刻有70余字。松荫鹤舞，鼓琴其间，啸傲风雅。印款笔势灵动，用刀苍拙，直是汉魏遗风。印文边缘多有残损，颇有金石古韵。印石彰显出文人宽怀从容、淡雅有格的自信神态。

为印石艺术传播推波助澜的人，还有一位文彭的挚友，以诗文名世，官至兵部左侍郎的汪道昆。他在文彭家里看到4筐石头，随即出资买下100方印石，请文彭、何震师徒镌刻。

不久，汪道昆到北京特意拜访吏部尚书，尚书也渴望得到文彭的印章。于是文彭又被任命为北京国子监博士，这就是文彭“两京国子监博士”的由来。而印石艺术也迅速传向北方。

这一时期，尤其开发了除青田石之外的寿山石。寿山石因分布于福州市郊的寿山而得名，又可分为田坑石、山坑石、水坑石三大类。

关于寿山石的来历，当地流传着几种不同版本的故事：

相传，在天帝御前凤凰女神奉旨出巡到福州北峰郊区寿山，在寿山秀丽景色的吸引下，途中降下云端，在寿山的幽林山野中憩息片刻，喝了金山顶的天泉水，又食了猴潭的灵芝果，在寿山溪的清泉沐浴戏水，嗣后，更枕着高山的山峰酣然而睡。

当凤凰女神一觉醒来的时候，百鸟正朝她歌唱，此时山花也为她怒放，而自己身上的羽毛也变得更鲜艳，更加溢彩，体态越加雍容华贵，令她对寿山生起来了思恋之情。

凤凰女神离别之际，依依不舍，离愁无限，她希望自己的后代能在这秀丽无比的山间阔地繁衍生息，后来凤凰女神留下彩卵变成了晶莹璀璨、五颜六色的寿山石。

此外，还有“仙人遗棋子陈长寿捡石发大财”的传说：

传说过去北峰的寿山不叫“寿山”。山下住着个樵夫叫“陈长寿”，十分喜欢下棋，而且棋艺很高。有一天，陈长寿上山，看见两位老人在一块大岩石上下棋，心里发了痒，就站在旁边看得入了迷。

两位老人觉得有趣，便说：“先生，难道你也懂得下棋？”

陈长寿点点头笑着说：“颇懂得一些。”

两位老人都高兴起来：“那好，我们同先生下几盘棋。”

想不到，下了几盘棋，陈长寿都赢。老人说：“想不到人间有这么高的棋艺。今天我们都输给了你，没有什么好送，就这一盘棋子给你吧！今后你不必去砍柴了，自有好日子过。”说罢化作一阵风走了。

陈长寿知道两位老人必是神仙，忙收拾了残棋，跪在大岩石上朝着苍天叩谢仙人的送棋之恩。

寿山石雕刻品

陈长寿得了一盘棋子，依然没有忘记砍柴回家。他一边砍着柴，一边还想着下棋的事。谁知不小心，袋子里的棋子都掉到地上。正想捡起来，一颗颗棋子忽然间都变成了五颜六色的小石头。

小石头长成大石头，大石头又生下小石头。陈长寿捡着捡着，一时也捡不完。陈长寿并不贪心。他捡了一些小石头，便挑一担柴火回家，对妻子说了神仙赠棋的事。

妻子说："你真傻，这些石头说不定都是宝贝，可以卖许多钱。明天你也不用去砍柴。我们一起到山上去捡石头。"

自此陈长寿夫妇天天上山捡石头。每天天色将暗，石头差不多也将捡尽了，可是第二天又会生出许多的石头。

陈长寿捡了石头后挑到福州，果然卖了许多的钱。自此陈长寿发大财，出了名。以后这座山就用他的名字称"寿山"。那些小石头也称为"寿山石"……

由于寿山石"温润光泽，易于奏刀"的特性，很早就被用于作雕刻的材料。寿山上的僧侣，闲时就地取材，用寿山石雕香炉、佛像等，还被广泛作为殉葬的石俑。

在福州市区北郊五凤山的一座南朝墓中，就发现两件寿山石猪

田黄石摆件

俑，这说明，寿山石在1500多年前的南朝，便已被作为雕刻的材料。

环绕着寿山村的是一条涓涓的流水溪泉，就在这涓涓绕村行的寿山溪两旁的水田底层，出产着“石中之王”之称的寿山石。因为产于田底，又多现黄色，故称为田坑石或田黄。

田石以色泽分类，一般可主要分为田黄、红田、白田、灰田、黑田和花田等。

田黄石雕作品太白醉酒

田黄石是寿山田石中最常见的品种，也是最具代表性的石种。田黄的共同特点是石皮多呈微透明，肌理玲珑剔透，且有细密清晰的萝卜纹，尤其黄金黄、橘皮黄为上佳，枇杷黄、桂花黄等稍次，桐油黄是田黄中的下品。

田黄石中有称田黄冻者，是一种极为通灵澄澈的灵石，色如碎蛋黄，产于中坂，十分稀罕，自明代以前即列为贡品。

而田黄石的由来，更有传说与明朝开国皇帝朱元璋有着密切的关系：

相传在元朝末年，天下大乱，安徽凤阳的穷小子朱元璋，为了躲避灾荒逃到了福州寿山。他饥寒交迫，又偏偏碰到大雨，走投无路之下，就躲进了一个

贡品 贡品多为全国各地或品质优秀，或稀缺珍罕，或享有盛誉，或寓意吉祥的极品和精华。在历史演进的过程中逐步形成了贡品文化，包括制度、礼仪、生产技艺、传承方式、民间传说故事等。贡品文化是集物质和非物质文化于一体的我国特有的文化遗产。

寿山石农采掘寿山石的山洞。

这场雨一连下了几天，他也就在山洞里睡了几天，幸好没有饿死，否则就没有后来的明太祖了。

等到雨止天晴，朱元璋一骨碌爬了起来，这时奇迹发生了，他原先满身的疥疮，突然不治而愈。原来他睡在田黄石的石粉上面，是田黄石治好了他的病。到后来，他当了明朝的开国皇帝，还专门派太监来开采田黄石……

朱元璋（1328—1398），明朝开国皇帝。25岁时参加郭子兴领导的红巾军，1361年受封吴国公，自称吴王。1368年，于南京称帝，国号大明，年号洪武，建立了全国统一的封建政权。在位期间努力恢复生产、整治贪官。统治时期被称为“洪武之治”。

白田石是指田石中白色者，质地细腻如凝脂，微透明，其色有的纯白，有的白中带嫩黄或淡青。石皮如羊脂玉一般温润，越往里层，色地越淡，而萝卜纹、红筋、格纹却越加明显，似鲜血储于白绫缎间。石品以通灵、纹细、少格者为佳，质地不逊于优质田黄石。

田石中色红者称为红田石。生为红田有两种原因，一为自然生成一身原红色；一为人工煅烧而成后天红，天生的红田石称为橘皮红，是稀有石种。

红田石雕野鸭

寿山村外原有一座“广应寺”，建于884年。寺中僧人时常采集田黄石，研磨成粉末给周围百姓治病，未用的石头储存于寺内，积攒田黄无数。

元末战乱，广应寺因

收留过朱元璋而被元兵付之一炬，连同僧人辛辛苦苦积攒起来的田黄石也沉没于火中，田黄石经火炙后又埋入土中。

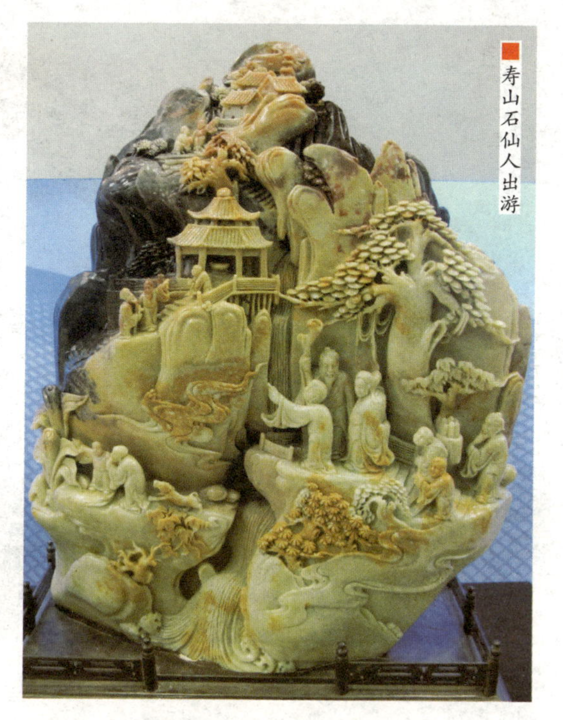
寿山石仙人出游

造化弄人，数百年的日晒雨淋、水分侵蚀不但没有让这些深埋于废墟之下的田黄石黯然失色，特殊土壤的滋养反而赋予了它们更为绚丽的生命，既保留了田黄石原有的优良品质，更进一步成就了其温润如古玉的厚重质朴的独特魅力。

此时的“寺坪田”寿山石不再仅仅是简单的石头，更像是历经风云变幻后的智者，它们静静地守护着广应寺这片饱经沧桑的土地，记录了历史，见证了岁月的变迁。

广应寺在明洪武和崇祯年间，两次焚毁、重建，明时寺坪石的数量颇多，到广应寺附近采集寺坪石也成为文人雅士的风尚，寺坪田的身价逐年上涨，在当时就已经是“易金十倍”了。

寿山村东南有山名坑头山，是寿山溪的发源地，依山傍水有坑头洞和水晶洞，是出产水坑石的地方。因为洞在溪旁，石浸水下，故又称“溪中洞石”。

水坑石出石量少，佳质尤罕，是寿山石中各种径冻石的荟萃，主要品种有水晶冻、黄冻、天蓝冻、鱼脑冻、牛角冻、鳝鱼冻、环冻、坑头冻及掘性坑头等，色泽多黄、白、灰、蓝诸色。

山坑石，是寿山石中的大宗，是高中档寿山石印章和石雕艺术品的主要原料来源。高山系是山坑石的总代表。

寿山石苍鹰

高山石通灵莹丽，唯石品多达上百种，石质优劣各异，命名多不规范，以色、以相、以产地、以始掘者命名现象都有。以色分类的有红高山、白高山、黄高山、虾背青、巧色高山。

高山石以相分类的有高山冻、高山环冻、高山晶、掘性高山、高山桃花冻、高山牛角冻、高山鱼脑冻、高山鱼鳞冻。以产洞命名的有和尚洞高山、大洞高山、玛瑙洞高山、油白洞高山、大健洞高山等。

在高山东北2千米处的杜陵山中，出产一族相对独立的石材，统称杜陵坑石。杜陵坑石品种繁多，亦有以石色、开采人名和开采方式来区别命名石种的习惯，如白杜陵、红杜陵、黄杜陵、杜陵晶、棋源洞杜陵等。

源于杜陵坑山临溪处的善伯洞，从质地来讲，此石温腻脂润、半透明、性微坚，肌理多含金砂点和粉白点，杜陵坑石则无。从颜色上看，色多鲜艳，屡出佳石，其石分为红善伯洞、黄善伯洞、白善伯洞、善伯晶、银裹金善伯洞、善伯尾等。

在寿山村东南8000米处有月洋村，有座山称月洋山，其周遭所产寿山石统称月洋系石。月洋山产石仅十余种，其中最佳丽的神品，要称芙蓉石，芙蓉石被称为我国“印石三宝”之一。

芙蓉石洞在月洋山顶峰，石质极为温润，凝脂，细腻，虽不甚透明，然雍雅尽在其中。

同时，芙蓉石亦是寿山石中一大石族，以色划类，分为红芙蓉、白芙蓉、黄芙蓉、芙蓉青、红花冻芙蓉；又有以洞分类者，称将军洞芙蓉、上洞芙蓉等。

旗降石质地细腻脂润，微透明或不透明，富有光泽，年久不变，在寿山石中韧性最强。色泽很丰富，以黄色为基调，有黄、红、白、紫、灰等色，或单色，或二三色相间，色泽深浅变化，或浓或淡，相互辉映。

旗降石石质结实，温润，坚细，凝腻，微透明或不透明，实有光泽，色彩丰富，以红、黄、紫、白等两色及多色相间者常见，是寿山石中一大家族，如黄旗降、红旗降等。

杜陵坑山各洞均有剥离于石脉的独石，埋藏于坑洞周围的砂土中，由掘取而得。掘性杜陵坑石石质脂润，微透明，唯不及洞产石通灵，有网状或环状纹，但纹理紊乱。黄色掘性杜陵坑石，有桂花黄、枇杷黄、橘皮黄，有时亦出现萝卜纹。石皮红筋，易与田黄石相混。

晚明时期，文房清玩达到鼎盛，形制更加追求古朴典雅。晚明屠隆所著《考槃余事》记载有45种古人常用的文房用品。

寿山石雕荔枝

文彭之孙文震亨在《长物志》中列出49项精致的文房用具。精巧的奇石自然是案头不可或缺的清玩。

如《长物志》中说道：“石小者可置几案间，色如漆、声如玉者最佳，横

寿山石雕海霸王

石以蜡地而峰峦峭拔者为上。”

因几案陈设需要精小平稳，明代底平横列的赏石和拳石更多地出现，体量越趋小巧。晚明张应文《清秘藏》记载：灵璧石“余向蓄一枚，大仅拳许……乃米颠故物。复一枚长有三寸二分，高三寸六分……为一好事客易去，令人念之耿耿”。

晚明高濂《燕闲清赏笺》说：“书室中香几，……用以阁蒲石或单玩美石，或置三二寸高，天生秀巧山石小盆，以供清玩，甚快心目。”晚明时候，精致赏石在文房中已占有重要地位。

明代精致文化的繁荣发展，促进了园林、文房、赏石精致理念的普遍认知。这种认知，又促使文人著书立说，创造了更加精深的典籍，成为精致文化的传承宝库。

晚明计成，字无否，苏州人。计成游历山川胜景，又是山水绘画高手，因造园技艺超群而闻名遐迩。他曾为郑元勋造“影园”，为吴又予建“吴园”，为汪士衡筑“吴园”，都是技艺精湛、以小见大的典范。

计成《园冶·掇山》中说：“岩、峦、洞、穴之莫穷，涧、壑、坡、矶之俨是。信足疑无别境，举头自有深情。蹊径盘且长，峰峦秀而古。多方景胜，咫尺山林。”

奇石在造园中是不可替代的景观，能创造出以小见大的自然胜景。《掇山》对造园的景观石有很深的见解。释“峰”为：“峰石一块者，相形何状，造合峰纹石，令匠凿笋眼座，理宜上大下小，立之可观。”释“峦”说：“峦，山头高峻也，不可齐，亦不可笔架式，或高或低，随至乱掇，不排比为好。”释“岩”说：“如理悬岩，起脚宜小，渐理渐大，及高，使其后坚能悬。”

计成释石之说，既是造园之谈，又是鉴石之道。他的《园冶》是世界上最早的园林专著，对我国乃至世界造园艺术都产生了重大影响。

文震亨所著《长物志》是晚明士大夫生活的百科全书，其中论及案头奇石，尤有深意。

《长物志·水石》卷说：“石令人古，水令人远，园林水石不可无。要须回环峭拔，安置得宜。一峰则太华千寻，一勺则江湖万里。”

前句言石令人返璞之思，水引人做清隐之想。后句示于细微处览山水大观，意境深洞成玩家圭臬。

《长物志》是文房的经典、赏石的精致、生活的精细，是晚明士子的百科全书。雅趣深至，广播于四海。

江苏江阴人徐霞客，名弘祖，霞客是友人为他取的号，徐霞客走遍我国的名山大川，历尽千难万险，直至生命的最后一刻。后人根据他的日记，整理成一部宏大的著作《徐霞客

文震亨（1585—1645），字启美，江苏苏州人，祖籍长州。文徵明曾孙，文彭孙，文震孟之弟元发仲子。1625年，为中书舍人，给事武英殿。他长于诗文绘画，善园林设计，著有《长物志》十二卷，为传世之作。他的小楷清劲挺秀，刚健质朴，一如其人。

灵璧石美猴王

游记》。

徐霞客于1630年，自福建华封绝顶而下，考察九龙江北溪，留有闽游日记，其中描述一块巨石：“余计不得前，乃即从涧水中，攀石践流，逐抵溪石上。其石大如百间房，侧立溪南，溪北复有崩崖壅水。水即南避巨石，北激崩块，冲捣莫容，跌隙而下，下即升降悬绝，倒涌逆卷，崖为倾，舟安得通也？”后来华安，即取华封、安溪两字头为名。

北溪落差极大，水流湍急，古来自华封绝顶至新圩古渡，舟楫不行，只能徒步攀缘。霞客当年考察北溪的这段奇险之地，徐霞客两赴北溪考察，应当是九龙壁美石的最早的发现者。

徐霞客（1587—1641），名弘祖，字振之，号霞客，明南直隶江阴人。伟大的地理学家、旅行家和探险家。中国地理名著《徐霞客游记》的作者。被称为“千古奇人”。把科学和文学融合在一起，探索自然奥秘，调查火山，寻觅长江源头，更是世界上第一位石灰岩地貌考察学者，其见解与现代地质学基本一致。

九龙江畔青山绿水、落差大、水流急、水质好，江水长年累月清澈见底，两岸四季常青，九龙璧观赏石历经漫长岁月，受急流的冲刷、拍击、磨洗、滚动，自然造就千姿百态，斑驳、离奇，集柔美、秀美、壮美、雄美于一身。

美丽的奇石

九龙璧质地细腻坚硬，色彩斑斓，纹理清晰，形态各异，自古有“绿云”“红玛瑙”之称，自唐宋年间即被列为贡品，主要成分多是长条状颗粒平行层理分布，因而呈现出紫红色、淡黄色、翠绿色及墨绿色条带状弯曲

结构纹理，每件产品表面都是一幅天然的抽象画。

美丽的奇石

九龙璧蕴含丰富的文化内涵，意韵丰富，蕴含深刻，其质美，美在坚贞雄浑；色美，美在五彩斑斓；纹美，美在构图逼真；形美，美在造型奇巧；意美，美在意味深长。其中蕴含的天地灵气、日月精华，无比奥妙神奇，只可意会，不可言传。

九龙璧观赏石因硬度、密度高，吸水率几乎为零，故遇水后不变色、不易附着污物，使用中不易产生划痕，这是一般花岗岩不能比拟的。九龙璧石，似石非石，犹如硅质碧玉，五彩彩斓，嵯峨万象，其自然美和沧桑感是其他岩石类无法比拟的，是石中一绝。

在流水喷泉之中，九龙璧会幻化出多种色彩；在阳光下，干燥无水的九龙璧颜色内敛，不刺目，显得沉静；在阴天里，九龙璧那或碧绿，或紫红，或青紫，或脂白，或古铜，或金黄的多姿色彩，让人一扫沉闷，心情为之开朗；在洒水下，九龙璧的色彩，会从无到有、从浅到深，不断变化，令人觉得九龙璧精灵之神奇。

精美的九龙璧，用它的色彩在歌唱。这种因时、因水而变幻色彩的特性，是其他石种所难以企及的，让人赏心悦目、心旷神怡。

徐霞客在考察路上，收集了各种光怪陆离的石头。据《徐霞客游记》记载，1639年，徐霞客在云南大理以百钱购得大理石一小方。

同年，徐霞客在云南得翠生石，并制作器皿：“二十六日，崔、顾同碾玉者来，以翠生石畀之。二印池、一杯子，碾价一两五钱。此石乃潘生所送者。先一石白多而间有翠点，而翠色鲜艳，逾于常石。……余反喜其翠，以白质而显，故取之。又取一纯翠者送余，以为妙品，余反见其黯而无光也。今令工以白质者为二印池，以纯翠者为杯子。”

徐霞客在云南考察玛瑙山：“凿崖迸石，则玛瑙嵌其中焉。其色有白有红，皆不甚大，仅如拳，此其蔓也。随之深入，间得结瓜之处，大如升，圆如球，中悬为宕，而不粘于石。宕中有水养之，其精莹坚致，异于常蔓，此玛瑙之上品，不可猝遇；其常积而市于人者，皆凿蔓所得也。”

徐霞客游水帘洞，在旱洞取走两枝完整的钟乳石，并将所得怪石都集中到玛瑙山，以便返乡时带回。

钟乳石又被称为石灰华，多产于石灰岩溶洞中。钟乳石有多种颜色，乳白、浅红、淡黄、红褐，有的多种颜色间杂，形成奇彩纷呈的图案，常常因含矿物质成分不同，而色彩各异。

扇形钟乳石

它的形状千奇百怪，笋状、柱状、帘状、葡萄状，还有的似各种各样的花朵、动物、人物，清晰逼真，栩栩如生。此石表面滑润，取其根部可磨出鲜艳精美的图案。

比如有一块著名的叫“嫦娥奔月”的钟乳石，呈现出一片红褐色天空，流淌着一条蜿蜒的银河，就在河之半圆中，嫦娥拖着白色长裙，势欲飞奔，真是活灵活现，妙趣横生。

钟乳状蓝文石

所以，钟乳石用途广泛，给它配上底座，放置于客厅茶几上，十分美观；将它植于陶盆中，因石上有细孔累累绕之，可栽花种草，组成山水盆景，也显得高雅清秀。

1640年，云南丽江木增太守派出一支人马，抬着双足俱废的霞客，连同他的书籍、手稿、怪石、古木等物品，历时半年，万里迢迢送回故乡。

据友人陈函辉《徐霞客墓志铭》记载：霞客回到家乡江阴后卧病在床，“不能肃客，惟置怪石于榻前，摩挲相对，不问家事”。翌年正月病逝。

明末松江府华亭人林有麟，字仁甫，号衷斋，累官至龙安知府。画工山水，爱好奇石。中年撰写《素园石谱》，以所居“素园”而得名。林有麟是奇石收藏家，他在《素园石谱自序》中说：“而家有先人‘敝庐’‘玄池’石二拳，在逸堂左个。”林有麟祖上就喜爱奇石，除以上两石，尚有“玉恩堂砚山”传至林有麟手中。

林家还藏有“青莲舫砚山”，其大小只有掌握，却沟壑峰峦孔洞俱全。他在素园建有“玄池馆”专供藏石，将江南三吴各种地貌的奇石都收集到，置于馆中，时常赏玩。朋友何士抑送给林有麟雨花石若千枚，他将其置于“青莲舫”中，反复品赏把玩，还逐一绘画图形、品铭题咏，附在《素园石谱》之末，以“青莲绮石”命名之。

《素园石谱》全书分为4卷，共收录奇石102种类，249幅绘图。景观石为最大类别，其中又有山峦石、峰石、段台石、河塘石、遮雨石等形态。另外还有人物、动物、植物等各种形态的奇石。化石、文房石、以图见长的画面石等也收录在谱，可谓洋洋大观。

明代是我国传统文化的鼎盛时期，各类艺术渐臻完备，明式家具几成中国经典家具艺术的代名词。赏石底座也随势而上，得到充分发展。明代赏石底座专属性已经成熟，底座有圆形、方形、矩形、梯形、随形、树桩形、须弥座等门类的诸多形状。圭脚主要有垛形和卷云形两种。

明代制作石底座的高手，集中在经济发达的苏州、扬州、南通、松江一带，通称苏派。苏派用料讲究、做工精细，风格素洁文雅、圆润流畅，后世技艺传承不衰。

阅读链接

“奇峰乍骈罗，森然瘦而雅”，这是明人江桓在获得三峰英石之后发出的赞叹。英石亦是四大名石之一，因产于广东省英德县英德山一带而得名。

它开发较早，在北宋人赵希鹄的《洞天清禄》、杜绾《云林石谱》即有著录。陆游在《老学庵笔记》中也写道：“英州石山，自城中入钟山，涉锦溪，至灵泉，乃出石处，有数家专以取石为生。其佳者质温润苍翠，叩之声如金玉，然匠者颇秘之。常时官司所得，色枯槁，声如击朽木，皆下材也。”

英石分为水石、旱石两种，水石从倒生于溪河之中的巉岩穴壁上用锯取之，旱石从石山上凿購一般为中小型块，但多具峰峦壁立、层峦叠嶂、纹皱奇崛之态，古人有“英石无坡”之说。英石色泽有淡青、灰黑、浅绿、黝黑、白色等。

再达极盛的清代赏石文化

进入清代，享受自然山水美的同时，不少人对自然山水进行了详细考察、探索，揭示名山大川的自然奥秘，使山水审美和山水科学相结合，促进了山水审美的不断深化。

明末清初，园林发展迅速，一些著名的文人画家也积极参与造园，园林中置石、叠石以奇特取胜，把绘画、诗文、书法三者融为一体，使园林意境深远，更具诗情画意。

扬州个园假山

如建于清代嘉庆年间的扬州个园中有四季假山，采用以石斗奇、分峰用石的手法，表现春、夏、秋、冬等意境。

园的正前方为“宜雨轩”，四面虚窗，可一览园中全景，园的后方为抱山楼，楼上下各有七楹，西连夏山，东接秋山，春景，在竹丛中选用石绿斑驳的石笋插于其间，取雨后春笋之意。以“寸石生情”之态，状出“雨后春笋”之情，看着竹叶让人会意“月映竹成千个字”，这也是个园得名缘由之一。

这幅别开生面的竹石图，运用惜墨如金的手法，点破“春山”主题，告诉人们“一段好春不忍藏，最是含情带雨竹”。同时还传达了传统文化中“惜春”理念。

如果说园门外是初春之景，那么过园门则是仲春的繁荣，这里用象形石点缀出十二生肖忙忙碌碌争相报春，还有花坛里间植的牡丹芍药也热热闹闹竞吐芳华，好一派渐深渐浓的大好春光。

令人惊奇的是，这种春色的变化是在不知不觉间自然而然完成的。个园春山宜游，原不在游程长短，而在游有所得，游有所乐。

夏景，是在浓荫环抱的荷花池畔叠以太湖石，使人感到仲夏的气息。造园者利用太湖石的凹凸不平和瘦、透、漏、皱的特性，叠石多而不乱，远观舒卷流畅，叠石似云翻雾卷之态巧如云、如奇峰；近视

个园内的亭榭与奇石

扬州个园夏山

则玲珑剔透，似峰峦、似洞穴。

山上古柏，枝叶葱郁，颇具苍翠之感；山的北面有一池塘，在睡莲之间不停地有游鱼穿梭，静中有动，趣味盎然。池塘的右侧附有一座小桥可直达夏山的洞穴。在炎热的夏天，清爽的洞穴不失为一个避暑的好去处。

拾阶向上，一株紫藤立于山顶，让游人忘却烦恼，流连忘返。夏山宜看，远看高低都是景，让人左顾右盼，目不暇接。表现了初夏至盛夏时节大自然的细腻精致，园主仕途和商场的风发之情溢于言表。

抱山楼之后，通过“一”字长廊，便是园之秋景，相传如此气势雄伟的景色出自清代画家石涛之手。如果说个园以太湖石的清新柔美曲线表现夏天的秀雅怡静，那么黄山石则凸显秋天雄伟阔大的壮观。

石涛（1642年—约1707年），清初四僧之一。法名原济，一作元济、道济。本姓朱，名若极。字石涛，广西全州人，晚年定居扬州。明靖江王之后，出家为僧。半世云游，饱览名山大川，是以所画山水，笔法恣肆，离奇苍古而又能细秀妥帖，为清初山水画大家，画花卉也别有生趣。并著有《画语录》。

黄山石既有北方山岭之雄，又兼南方山水之秀；黄山石有的颜色显储黄，有的赤红如染，假山主面向西，夕阳西照，色彩炫目，使秋山成为个园最富诗情画意的假山。整座山山势较高，面积也较大。整个山体分中、西、南3座，有“江南园林之最”的美誉。

最后用产于安徽的宣石来表现个园的冬，宣石因其洁白如雪的外貌又被称为雪石。

假山被置于背阴的南墙之下，终年不见阳光，又因宣石内含有石英，无论是上午背阳时，还是下午夕阳西照时，犹如积雪未消，都会营造出一幅积雪未融的感观。

造园家在西墙上有规律的开了些圆洞，组成一幅特殊的漏窗图景，使冬味更胜。

每当阵风吹过，这些洞口会随风的强弱发出不同的声音，像是冬天西北风的呼叫，通过几排透风漏月的圆孔，看到的是春景的翠清竹、春石笋，使人产生“冬天来了，春天还会远吗”的感受，同时也使冬春季节转换更为流畅自然。

扬州个园假山

个园的四季假山堆叠精巧，精心创造了象征四季景色的假山，技术精湛，构思奇妙。假山在亭台楼阁的映衬下，更显得古朴典雅，纲邃雄奇。

扬州个园的怪石

石涛是我国清初杰出的大画家，他在艺术上的造诣是多方面的，不论书画、诗文以及画论，都达到高度境界，在当时起了革新的作用。在园林建筑的叠山方面，也很精通。

《扬州画舫录》《扬州府志》及《履园丛话》等书，都说到他兼工叠石，并且在流寓扬州的时候，留下了若干假山作品。

如扬州“片石小筑”即为石涛之杰作，气度非凡。峭岩深壑幽洞石矶，石峰凸起，妙极自然，宛如天成，充满诗情画意。假山位于何宅的后墙前，南向，从平面看来是一座横长的依墙假山。

西首为主峰，迎风耸翠，奇峭迫人，俯临水池。度飞梁经石磴，曲折沿石壁而达峰巅。峰下筑方正的石屋两间，别具广格，即所谓“片石小筑”。

向东山石蜿蜒，下构洞曲，幽邃深杳，运石浑成。此种布局手法，主峰与山洞都更为显著，全局主次格外分明，虽地形不大，而挥洒自如，疏密有度，片石峥嵘，更合山房命意。

石涛所叠的万石园，是以小石拼凑而成山。片石小筑的假山，在选石上用很大的功夫，然后将石之大小按纹理组合成山，运用了他自己画论《苦瓜和尚画语录》上“峰与皴合，皴自峰生”的道理，叠成“一峰突起，连冈断堑，变幻顷刻，似续不续”的章法。

因此虽高峰深洞，了无斧凿之痕，而皴法的统一，虚实的对比，全局的紧凑，非深通画理又能与实践相结合者不能臻此。

因为石料取之不易，一般水池少用石驳岸，在叠山上复运用了岩壁的做法，不但增加了园林景物的深度，且可节约土地与用石，至其做法，则比苏州诸园来得玲珑精巧。

戈裕良比石涛稍后，为乾隆时著名叠山家。他的作品有很多就运用了这些手法。从他的作品苏州环秀山庄、常熟燕园等，可看出戈氏能在继承中再提高。

苏州环秀山庄多用小块太湖石拼合而成，依自然纹理就势而筑，整体感很强，悬崖、峭壁、山洞、洞壑浑然一体，并在咫尺之内形成活泼自然、景致丰富的园林景观。

个园的巨型奇石

环秀山庄假山主峰突兀于东南，次峰拱揖于西北，池水缭绕于两山之间，其湖石大部分有涡洞，少数有皱纹，杂以小洞，和自然真山接近。主峰高7.2米，涧谷约12米，山径长60余米，盘旋上下，所见皆危岩峭壁，峡谷栈道，石室飞梁，溪涧洞穴，如高路入云，气象万千。

正面山形颇似苏州西郊

苏州狮子林的奇石

的狮子山，主峰突起于前，次山相衬在后，雄奇峻峭，相互呼应。主山以东北方的平冈短阜作起势，呈连绵不断之状，使主山不仅有高耸感，又有奔腾跃动之势。

至西南角，山形成崖峦，动势延续向外斜出，面临水池。山体以大块竖石为骨架，叠成垂直状石壁，收顶峰端，形成平地拔起的秀峰，峰姿倾劈有直插江边之势，好似画中之斧劈法。

山脚与池水相接，岸脚上实下虚，宛如天然水窟，又似一个个泉水之源头，与雄健的山石相对照，生动自然。

主山之前山与后山间有两条幽谷：一是从西北流向东南的山涧，一是东西方向的山谷。涧谷汇合于山之中央，成丁字形，把主山分割成三部分，外观峰壑林立，内部洞穴空灵。

前后山之间形成宽约1.5米、高约6米的涧谷。山虽有分隔，而气势仍趋一致，由东向西。山后的尾部似延伸不尽，被墙所截。这是清代“处大山之麓，截溪断谷”之叠山手法。

山涧之上，用平板石梁连接，前后左右互相衬托，有主、有宾、有层次、有深度。更由于山是实的，谷是虚的，所以又形成虚实对比。山上植花木，春开牡丹，夏有紫薇，秋有菊花，冬有松柏，使山石景观生机盎然。

假山后面有小亭，依山傍水，旁侧有小崖石潭，借“素湍绿潭，四清倒影”之意，故取名“半潭秋水一房山”。

假山逼真地模拟自然山水，在660多平方米左右的有限空间，山体仅占半亩，然而咫尺之间，却构出了谷溪、石梁、悬崖、绝壁、洞室、幽径，建有补秋舫、问泉亭等园林建筑。

由于戈裕良掌握了石涛的“峰与皴合，皴自峰生”的道理，因而环秀山庄深幽多变，以湖石叠成；而燕园则平淡天真，以黄石掇成。

前者繁而有序，深幽处见功力，如王蒙横幅；后者简而不薄，平淡处见蕴藉，似倪瓒小品。盖两者基于用石之不同，因材而运技，形成了不同的丘壑与意境。

苏州留园奇石冠云峰

留园则以特置山石著称，江南名石之冠“冠云峰”就矗立在留园东部，林泉耆硕之馆以北，因其形又名观音峰，是苏州园林中著名庭院置石之一，充分体现了太湖石“瘦、漏、透、皱”的特点。

冠云峰相传为宋代花石纲遗物，因石巅高耸，四展如冠，所以取名“冠

苏州留园奇石

云”，另外认为冠云之名出自郦道元《水经注》中“燕王仙台有三峰，甚为崇峻，腾云冠峰，高霞云岭”。此地原有名石瑞云峰，也有说法认为园主以冠云表达超过原石之意。

冠云峰高5.7米，底高0.8米，总高为6.5米，重约5吨，其高大为江南园林中湖石之最，与位于苏州的瑞云峰、上海豫园中的玉玲珑、杭州江南名石苑中的绉云峰并称为江南四大奇石。

江南园林发展迅猛，以宅园为多，它与住宅建筑紧密相连，实际上是住宅空间的延续，掇山、理水、布石、种花、点缀亭榭，成为自然山林之缩影。

清代在北方建造规模宏大的皇家园林，如圆明园、清漪园、静明园、避暑山庄等，都借鉴江南园林景色，因地制宜，寄情山水，状貌山川形神之美。

如在避暑山庄的建设中，就是因地制宜，顺应

圆明园 位于北京市海淀区，是一组清代的大型皇家园林，由圆明园及其附园长春园和绮春园组成，统称为“圆明三园”。圆明园规模宏伟，运用了各种造园技巧，融汇了各式园林风格，是我国园林艺术史上的顶峰作品。圆明园不仅汇集了江南若干名园胜景，还创造性地移植了西方园林建筑，集当时古今中外造园艺术之大成。

自然而以各类奇石构成一代名园。山庄内假山的修造，是由1703年开始，从无到有，由少增多，于1792年结束，几乎人为造景的地方，都有假山的存在。共有纯土堆山23处，叠石造山91处，土包石和石包土山3处，真山峭刻成假山和假山混渗于真山之中17处，很难计算数量。

宫殿区的假山，修造得简略而扼要，其原因一方面，是不失避暑山庄的尊严、古朴、幽雅、自然，以体现中国古典园林的艺术风格；另一方面，又体现皇家玩赏和实用意义。

凡是举行大典和处理政务的地方，如“淡泊敬诚”“四知书屋”“勤政殿”以及对外有影响的“清音阁”“福寿堂”，只做“踏跺”“抱角”，以显示山庄野趣之味。

而皇帝与皇后、妃子居住的地方，均有假山点缀，以使其庭院别致，景色宜人。例如，“云山胜地”是皇后居住的地方，除假山石“踏跺”“抱角”外，还筑“庭院山”及楼前东部的“云梯山”。该处景色不仅有“黄云近陇复遐阡，想象丰年入颂笺”的画意诗情，而且还能巧妙地由“云梯山”内“蹬道”跨入二层楼内的实用意义。

避暑山庄内的假山

避暑山庄内的假山

平原区内假山虽然配置不多，可是为了整理地形地貌和造景，亦做了巧妙处理。

如“春好轩”东山花外，使用混湖石叠砌一组山石小景，从而改变了那里建筑物因距宫墙较近而显得死板的气氛。

在“巢翠亭”后部，利用青石与混湖石的特点，布置多处“散点石”，不仅美化了环境，而且石花、石笋更增秀气，使平原区院落，生机盎然。

湖区的堆土与叠石造山，最为佳美，无不利用假山做岛、造岸、修堤、筑台、叠山，造成驰名天下的“芝径云堤”“月色江声”“如意洲”“清舒山馆”“香远益清”“石矶观鱼”“曲水荷香”“远近泉声”“金山”岛屿、“烟雨楼”“文津阁”“环碧”“戒得堂”“船坞”“文园狮子林”等秀丽景色与各有千秋的风貌。

山区假山，修造得更有特色。每座建筑组群，无不在原有条件的基础上利用假山处理、点缀、配置，而成其绝妙景物的。

如“山近轩”，修造在松云峡“林下戏题”东北沟里东山坡上，

康熙 清圣祖爱新觉罗·玄烨的年号，玄烨是清朝第四位皇帝、清定都北京后第二位皇帝。他8岁登基，14岁亲政。在位61年，是我国历史上在位时间最长的皇帝。是我国统一的多民族国家的捍卫者，奠定了清朝兴盛的根基，开创出康乾盛世的大局面。

又有西对面山巅“广元宫”作“借景”，地利环境，美不胜收。再加上山石护坡，沟壑叠桥，逢树作陪，构成沿路景色，深幽雅美，崎岖易行的效果。

尤为甚者，在第一重院至二重里院中间，增添了一组混湖石大假山，如同两条巨龙游浮于院中，又似两朵山花开放在庭内，确有“白沙绮石涧漫漫，坡院掩映径曲蟠。山中昨夜遇山雨，瀑帘垂下百尺湍”的情趣。

康熙帝和乾隆帝在避暑山庄营建的假山，不仅继承了我国古典园林的章法，而且创造出了承德为尊、塞北称冠的假山艺术珍品。它与江南假山并驾齐驱，驰名中外。

避暑山庄的假山，有多、全、异、绝、古、浑、野、妙、仿等特点。假山的种类齐全，形体无所不有。而且还有真山“刻峭”成假山和假山混渗于真山

■避暑山庄的奇石

避暑山庄“沧浪屿”假山

之中的造山。

山庄中的假山布局各异，手法不同。如“金山”岛屿、“沧浪屿”“文园狮子林”“环碧”“烟雨楼”“文津阁”等处，它们都位于湖区地带，然而由于各自环境不同，内容要求有别。

因此，每处修造假山，布局各异，形体不同，景物和意境亦不一样。青石山做得多转折、多棱角、多平面，面面有情，混湖石山又叠成云朵形、苑艳姿、纹理通，浑厚嶙峋，从而体现出因石而宜、因景而别、形体各异、手法不同的特点与艺术成就。

避暑山庄的假山，既有绝妙造法，又有绝色景物可观，诸如由“如意洲牌坊”至“无暑清凉”那段假山，不仅山形体态堆造得优美，而且道路放在交复山谷与湖边山涧，蜿蜒起伏，曲折迂回，颇有“路随山转，山尽得屋”的佳趣。

“芝径云堤”“文园狮子林”“戒得堂”之假山，堆造成“水曲因岸，水隔因堤，因势利导，自成佳趣”的形体，具有“何须江南罗绮月，请看塞北水云乡”的特色与艺术成就。

其中的“芝径云堤”兼备“径分三枝，列大小洲三，形若芝英，若云朵，复若如意”的绝妙造型。

“玉琴轩”和“宁静斋”的庭院水池，进出水由走廊基础底部通过，并用山石隐护，使人难以发现池中之水从何而来，流向哪里。做法绝伦，景物罕见。

还有该轩前院的四方亭基础，启用山石叠造，亭中路面留有三湾六转水渠，既充实坚固了基础，又美化了孤亭景色，使之显示在凹处山崖之间，还能做“曲水流觞”乐趣，呈现着“醉翁之意不在酒，在乎山水之间”的绝妙境界。

再如，“文津阁”的池南大假山，不仅造型绝妙，寓意深邃，而且利用山体遮挡光线，由洞孔透光射入池中，水面里出现月亮，形象逼真，实属天下“绝景”。

避暑山庄的假山修造得巧妙、奇妙、绝妙。如“广元宫”育仁殿的“庭院山”，利用原有真山峦岩，“刻峭成峰雅”，自然得体，秀丽

避暑山庄“无暑清凉”假山

避暑山庄“崖山”

多姿，面面有情，造法绝妙。

该处正山门里曲路中之“屏壁山”，除了利用原有山崖刻峭成假山体态，中间缺少体形部分，又加上假山石块，构成完整的山形体态，更为绝妙的造法。

再如，“旃檀林”西院外，利用原有山岩，刻峭成卧石假山，并配补上原有山岩缺少部分，构成完美山体，造法亦很绝妙。还有“仙苑昭灵”的前“崖山”，“长虹饮练”东南侧“驳岸”等，均有“刻峭”真山成假山和假山混渗于真山之中的造法。

这种奇形异景的出现，不仅说明了“假山如真方妙，真山似假为奇”的造山理法的高度运用，而且也充分体现出了避暑山庄景物与景色的巧妙、奇妙、绝妙之所在。

在使用山石材料上，康熙用热河本地的青石、黑石、黄石，既减少了远方运石的许多困难，又避免了时间上的等待，而且还体现了避暑山庄造园上的四大优点。正因为使用当地之山石，所以才能修造出避暑山庄这样特色与艺术成就的假山。

以少胜多，耐人寻思品味。如“烟波致爽”院内，仅以少量青石、黄石点配殿前12处“点山”小品，起到“画龙点睛”的效果。

“松鹤青樾”前后，用青石略点几处山石小品，非常简练、蕴藉，但能陪衬得该处景物十分优美，耐人寻味。再如，“梨花伴月”算是叠石造山最多，布局较大，形体较重的地方，然而，也没有一座假山超过2米，但能把那里点缀得有理有致，颇有“云窗倚石壁”之美，“千岩士气嘉”之妙。

金山 位于镇江西北，古代金山是屹立于长江中流的一个岛屿，与瓜洲、西津渡呈犄角之势，为南北来往要道，被称为“江心一朵芙蓉”。直至清代道光年间，才开始与南岸陆地相连，于是“骑驴上金山”曾盛行一时。

个别部位，依据造园和造景的需要，亦修造了像“金山”岛屿之假山，由水面算起，拔高13.5米，南北长45米，东西宽35米。

并且叠有“云朵山”“峭壁山”“悬崖山”“狮径路”“屏风洞”“护基岩”“溪涧”等，还在山巅和山岚上建“上帝阁”“天宇咸畅”，在山中间建“镜水

■叠石水景假山

■ 叠石假山造型

云岭”，依法点植松柳花草，以示“海门风月”和“北固烟云”景象。

乾隆时期的造园能力又有提高，假山技术进步，构山功力加深，因此，乾隆时期所增修的假山，更有发挥和创新。

这时，开始选用本地所产青石、黑石、黄石和混湖石、浆石、血石、鸡骨石。其中，大量使用的为混湖石，其次为浆石，较少者为血石和鸡骨石。它在昆石中最为名贵。

后种用材是与康熙时期所造假山区别的标志。并且均选块大形好的使用，所构筑的叠石山，形体大、腹空，中有涧谷峡壁，雄健硕秀，奇丽多姿。不仅具有强烈的地方风格，而且还有“园以景胜，景因园异”和“因景而异，因石有别”的特点和艺术成就。

在假山布局上，十分注重配合主题命名和主体建

鹤 寓意延年益寿。在古代是一鸟之下，万鸟之上，仅次于凤凰，明清一品官吏的官服编织的图案就是“仙鹤”。同时鹤因为仙风道骨，为羽族之长，自古就被称为是“一品鸟”，寓意第一。鹤代表长寿、富贵，据传说它享有几千年的寿命。鹤独立，翘首远望，姿态优美，色彩不艳不娇，高雅大方。

血石 最著名的是鸡血石，因其中的辰砂色泽艳丽，红色如鸡血，故得此名。鸡血石中红色部分称为“血”，红色以外的部分称为“地”“地子”或“底子”，可呈多种颜色。因产量少而价值高，主要被用作印章及工艺雕刻品材料，也为收藏品。

筑，强调“因地制宜”“灵活多变”，因此，乾隆时期所增修的假山，格局上无一处雷同，真正达到了锦上添花的艺术成就。

在假山选景上，除了承前启后统一和谐外，更加层出新意，巧构无穷。诸如，增修的“沧浪屿”“戒得堂”“采菱渡”“烟雨楼”“文津阁”“文园狮子林”之假山，均以有限的面积，造出无限的天地风光，呈现出“山以深幽取胜，水以湾环见长”“无一笔不曲，无一笔不藏，设想布景，层出新意”的造园境界。

再如，“山近轩”“广元宫”“水月庵”“旃檀林”“碧静堂”“敞清斋”“食蔗居”“秀起堂”“宜照斋”“玉琴精舍”，又是山区造山、造景的珍品，有的小巧多姿，真假难辨；有的古拙自然，景色幽美；有的雄伟浑厚，硕秀奇特。真是景意并存，堪称佳作。

■秋景中的太湖石

还有“松林峪”的中上部，峭土叠石，修造成“左溪右则山，石沟左必涧，峰回水流处，率有板桥贯”的奇丽景象。

在叠石山的做法上，除了加倍做好基础外，更加重视选石和相石，更加熟练地运用勾连法、挑压法、拱券法、劈峭法、等分法、平衡法，总结出塞北叠石造山“安、连、接、斗、跨、悬、拼、竖、卡、垂、镌、渗、堆”13字诀。

■北方园林太湖石

多以大石块叠砌为主，小石块垫补，碎石镶嵌和塞缝。力求做到形体自然，纹理通顺，比例匀称，上下得体，苍嶙挺拔，完整无缺的地步。

有些假山，体态重要部分，加上各种“铁活”，使险峭之石牢固耐久，不易变形和走闪。造山技术层出新意，巧构无穷。

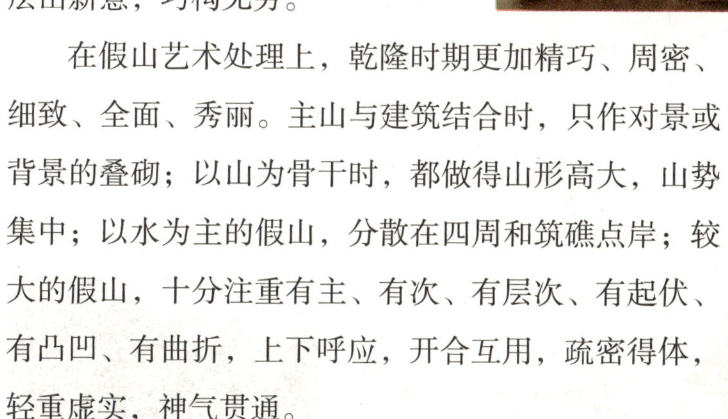

在假山艺术处理上，乾隆时期更加精巧、周密、细致、全面、秀丽。主山与建筑结合时，只作对景或背景的叠砌；以山为骨干时，都做得山形高大，山势集中；以水为主的假山，分散在四周和筑礁点岸；较大的假山，十分注重有主、有次、有层次、有起伏、有凸凹、有曲折，上下呼应，开合互用，疏密得体，轻重虚实，神气贯通。

正如清代造园家所说：“从来叠山名手，俱非能诗善绘之人，见其一石，颠倒置之，无不苍古成文，迂回如画，此正造物之巧，尽示奇也。”

乾隆时期所修的避暑山庄假山，不仅注重整体布局和整体美，而且每个部位、每个单项，都达到了完美的程度。譬如说，注重选用块大形好的山石材料，主要将秀丽石面放在山体外部，使其单项美与配合美充分得到发挥。

避暑山庄 我国古代帝王宫苑，清代皇帝避暑和处理政务的场所。位于河北省承德市市区北部。始建于1703年，历经清康熙、雍正、乾隆三朝，耗时89年建成。其拥有殿、堂、楼、馆、亭、榭、阁、轩、斋、寺等建筑一百余处。是我国三大古建筑群之一，它的最大特色是山中有园，园中有山。

紫禁城 是指我国明清两代24个皇帝的皇宫。明朝第三位皇帝朱棣在取得帝位后，决定迁都北京，即开始营造紫禁城宫殿，至1420年落成。依照我国古代星象学说，紫微垣即北极星位于中天，乃天帝所居，天人对应，是以皇帝的居所又称紫禁城。

竖峰做到浑厚坚实，高低适度，形体优美，例如，“烟雨楼”大假山的“青莲岛”石，还有文津阁“熊石爬树”、鸥鸟碑“松树碣石”、烟雨楼“树陪洞口”等，均以形美貌秀，各成佳趣，合成景物，立在风景点上，可以说是单项美与配合美的典型。

乾隆更讲究假山选石，他曾经对南方和北方的石头作过比较，认为“南方石玲珑，北方石雄壮。玲珑类巧士，雄壮似强将。风气使之然，人有择所尚”。南方石有“玲珑”的长处，北方石有“雄壮”的特点，所造出来的假山，各具风格，各有气魄。

紫禁城御花园内，有著名的“三大奇石”，位于天一门路旁左侧的称“海参石”，石长近0.8米，高约0.6米，石表面的形状犹如许多海参互相拥挤在一处，每根海参的大小和表面形状都与真海参酷似，令人感到自然造化的神奇。

雄壮的北方奇石

御花园海参石

盆景下部配有一方形汉白石须弥座。在天一门路旁右侧，与海参石相对而设的是“诸葛拜斗石”，该石的奇妙之处是石面上有两块天然石斑纹：一处石斑纹是在黝黑的岩石上呈现点点的白斑痕，很像北斗七星；另一处石斑纹酷似一穿长袖袍的人正在躬身参拜北斗七星。

因天然石斑纹正与三国蜀国名相诸葛亮参拜北斗七星的故事相合，故名“诸葛拜斗石”。此石下面配有一方形汉白玉石雕须弥座。

在御花园东南角绛雪轩前方，为紫禁城御花园三奇石之一的“木变石”，石高1.3米，宽0.2米，厚0.1米，形高直修长，因外表似一块朽木而得名。上刻有乾隆御题诗句一首。

清代在园林用石方面，虽然北方叠石堆山受南方影响，但自成一格。清代张南垣、张然父子为造园名家，中南海、北海、中山公园等处假山都是他们的代表作。号称万园之园的圆明园，平地造园，因地制宜形成岗阜连接、起伏自然的山系。

北京皇宫御花园绛雪轩前砌方形五色琉璃花池，种牡丹、太平花，当中还特置了太湖石，形成一个大型盆景。

> **琉璃** 亦作“瑠璃”，是指用各种颜色的人造水晶为原料，采用我国古代青铜脱蜡铸造法高温脱蜡而成的水晶作品。其色彩流云漓彩、精美绝伦，其品质晶莹剔透、光彩夺目。琉璃是佛教“七宝”之一，“我国五大名器”之首。

萃锦园在恭王府花园内，有垂青樾、翠云峰两座青石假山，有“飞来石”耸立，还有姿态奇特的太湖石、滴翠岩。山的堆叠奇巧天成，有洞壑，有瀑布。据《日下旧闻考》：“池东百步置石，石纹五色，狭者尺许，修者百丈。”

北京半亩园建于清康熙年间，“叠石成山，引水作沼，平台曲室，奥如旷如”。叠山系出自李渔之手，以青石叠石，石呈片块状，形象刚健，适宜横行叠砌，犹如画中斧劈皴，显示出阳刚之美，为“京城之冠”。

另外，中山公园的青云片、青莲朵、绘月等名石，均为圆明园遗物。

■ 御花园里的诸葛拜斗石

青云片石原放置于秀清村，即别有洞天河北岸西端时赏斋前。石高3米，长3.2米，周围7米。色青奇特，玲珑剔透，姿态优美。上刻有乾隆题“青云片”3字，又诗8首。

青云片石与万寿山的青芝岫石系姊妹石，原来在北京远郊房山

清代文物绘月石

县的深山里，明朝米万钟爱石成癖，在他的海淀勺园里，陈列着许多怪石。他发现这块大青石后，非常喜欢，决心运回勺园。

可是石头太大太重了，人们抬不起，马匹拉不动。于是就雇了很多民工，先修起一条大路，又在路旁每隔三里打一眼小井，五里打一眼大井。到了冬天，就提水泼路，冻成了一条冰水道。大道一直修到了房山大石窝。

米万钟为运这块大青石，花了不知多少钱，石头运到良乡，他的财力也耗尽了，只好丢弃路边。所以，当时人们就把这块大青石叫作“败家石”。

到了清朝，乾隆皇帝到西陵祭祖回来，走到良乡看到了这块奇异的大青石，就问大臣刘墉：“这块大青石，为何弃置路旁？”

张南垣（1587—1671），字南垣，名涟。他善绘人像，兼通山水，为叠石造园打下基础。筑园叠石崇尚自然，主张因地取材，追求“墙外奇峰、断谷数石”的意境，根据地形地貌、古树名木的位置巧作构思，随机应变地设计出图纸，在江南一带声名大振，并成为江南名师。

刘墉很会揣度皇帝的心思，见他看上了这块山石，就说：“这是明朝米万钟在房山大石窝发现的一块灵石，他想运回海淀，但是这块灵石嫌到米家去是大材小用，就蹲在良乡不走了。”

刘墉（1719—1804），字崇如，号石庵，另有青原、香岩、东武、穆庵、溟华、日观峰道人等字号，清代书画家、政治家。官至内阁大学士，为官清廉，做过吏部尚书，工书法，尤长小楷，传世书法作品以行书为多。

乾隆听说山石有灵，只有皇家才配享用，就传下圣旨，叫文官下轿，武将下马，点着香火，参拜灵石，还限期把“败家石”运到清漪园。

那时候，乐寿堂的院墙已经修好，“败家石”太大，只好拆门运进院里。皇太后听说了，以为败家石本来就是不祥之物，要是再“破门”而入，那更不吉利了，她就出面劝阻。乾隆也不敢违拗，但是看着这块灵石扔在门外，也不甘心。

后来，还是刘墉给他出了主意，说这块大青石形似灵芝，会给皇家增添瑞气，象征着人寿年丰，皇基永固！只有放置在乐寿堂前，才最为适宜。如果弃置

御名扬天下的奇石青芝岫

青莲朵石

荒野，那倒是很不吉利的。乾隆把这番道理向皇太后一讲，太后转忧为喜，让快点把大青石运进乐寿堂来。

乾隆称心如意，就赐名“青芝岫”，又挥笔题写了“神瑛”“玉秀”4个大字，还命大臣们题字写诗，都刻在大青石上。从此，这块“青芝岫”就名扬天下了。

青莲朵原是圆明园内长春园茜园之旧物，后放于中山公园社稷坛西门外小土山前，该石是一块800多年历史的太湖石，高1.7米，周围3米，石上沟壑遍布，质地细密，上刻乾隆御笔“青莲朵”3字。

据考证，这座太湖石原系南宋临安德寿宫中故物，原名“芙蓉”。宫苑中有古梅，南宋高宗赵构退位当太上皇，淳熙五年二月初一，皇帝到德寿宫朝拜以后，太上皇特地留皇帝在石桥亭子上看古梅，太上皇介绍说：“苔梅有两种：一种宜兴张公洞者，苔藓甚厚，花极香；另一种出越上，苔如绿丝，长尺余。今岁同时著花，不可不少留一观。”

■清代巨型太湖石

与此同时，赵构还对儿子孝宗说："这里有很多奇石是太湖石之王，其中透、漏、丑都具备，样子极像一朵含苞欲放的莲花，应该为芙蓉石"。

德寿宫后因无人居住，逐渐荒废，至乾隆时已不及原规模十之二三，但某些遗迹尚存。明时又有镌梅石碑，以传德寿宫旧迹。明代画家孙扶和兰瑛合作，画了一梅一石成《梅石画》，刻于石碑上，名曰"梅石碑"，置于"芙蓉石"旁。

1751年，乾隆第一次南巡至杭州游玩德寿宫，一见"芙蓉石"就十分喜爱，以衣袖拂拭"抚摩良久"，并吟诗道：

临安半壁苟支撑，遗迹披寻感慨生；
梅石尚能传德寿，苔华又见说兰瑛；
一拳雨后犹余润，老干春来不再荣；
五国内沙埋二帝，议和喜乐独何情。

赵构（1107—1187），字德基。南宋开国皇帝，即宋高宗。宋徽宗第九子，宋钦宗之弟，曾被封为"康王"。1162年禅位于宋孝宗，自称太上皇。精于书法，善真、行、草书，笔法洒脱婉丽，自然流畅，颇得晋人神韵。著有《翰墨志》，传世墨迹有《草书洛神赋》等。

浙江地方官领悟“圣意”，转年就将此石运至京师。乾隆降圣旨置于长春园的茜园太虚空院中，并亲自命名为“青莲朵”。

1765年，乾隆第四次南巡时，得知梅石碑当初镌碑情况，便命人摹刻梅石碑一通，与杭州旧碑并立。

1767年，乾隆又重摹一刻碑，置于圆明园茜园“青莲朵”石侧旁。乾隆念念不忘这段逸事，到他最后一次南巡时还兴致盎然为此事吟诗。

清代赏石之风比明代更盛，赏石极为普遍，所藏石种更加丰富，几架等也更加讲究。太湖石、灵璧石、大理石、雨花石、矿石等均在收藏之列。

而且，一些文人积极参加造园活动，广泛收藏观赏石，涌现出一批造园和赏石的著作、专论、石谱，赏石已成为相互赠送的贵重礼品，有的把奇石视作聚财增值的雅玩，广为收藏。

清代诸九鼎《石谱》中说，“今人蜀，因忆杜子美诗云：‘蜀道多草花，江间饶奇石。’逐命童子向江上觅之，得石子十余，皆奇怪精巧。后于中江县真武潭，又得数奇石，乃合之为石谱，各记其形状作一赞”。

清代周棠也著有《石谱》。周棠，字少白，浙江兰西人，善画，尤爱好徐青藤、陈白阳的疏

圣旨 是我国古代皇帝下的命令或发表的言论。圣旨是我国古代帝王权力的展示和象征，圣旨两端则有翻飞的银色巨龙作为标志。圣作为历代帝王下达的文书命令及封赠有功官员或赐给爵位名号颁发的诰命或敕命，圣旨颜色越丰富，说明接受封赠的官员官衔越高。

清代观赏石

清代刻字观赏石

放、超脱的绘画风格，爱石并善画石，有“清代画石第一”之赞誉。

他纵览石谱，“唯画石未见有谱”，遂选择姿态奇特的石头，仔细端详认真摹写，待胸有成竹，一挥而就，姿态、色泽、品种千奇百怪，绝不雷同，可谓集赏石、画石之大成。

先秦时期，孔子的“山水比德说”将山水人格化，显示了当时的山水审美意识。明清以来在山水“比德学”的基础上又有了新的发展，把赏石从以缩写自然景观和直观形象美为主，提高到追求人生哲理，使其内涵更为丰富，更具哲理。

著名书画家石涛提出“山有是任”“山之受天之任而任”，将主观之情移寓于客观之物，使自然被人格化了。“吾人之任山水也”，“至人无法，无法而法，乃为至法”。

晚清赵尔丰以石为师、以石为友，更是高人一筹，在《灵石记》中说：

> 石体坚贞，不以柔媚悦人，孤高介节，君子也，吾将以为师；石性沉静，不随波逐流，然叩之温润纯粹，良士也，吾乐与为友。

赵尔丰藏有一块“多字石”，得之于川边，温润缜密，色深绿，白纹密布其上，放在水中细看，纵横颠倒，都是天生文字，而且篆籀行草楷各体都有，还有满文。

后来，赵尔丰与其下属共同研究，竟找出各体汉字189个、满文5个、梵文8个，共计202字。

此外，其上还有人物十余个，个个眉目具备，赵尔丰非常高兴，请来高手绘成图画，遍征名流题咏。

郑板桥酷爱竹石，云：“石可破，不可夺其坚。”并以玩石自喻。

他在《竹石》中写道：“十笏茅斋，一方天井，修竹数竿，石笋数尺，其地无多，其费亦无多也。而风中雨中有声，日中月中有影，诗中酒中有情，闲中闷中有伴，非唯我爱竹石，彼竹石亦爱我也。彼千金万金造园亭，或宦游四方，终其身不能归享。而吾辈欲游名山大川，又一时不得即往，何如一室小景，有情有味，历久弥新乎！”提出一个重清新、别致，追求意境的造园、赏石概念。

郑板桥喜画兰而不画蕙，画石而不点苔，奥妙是：“不画蕙者，愚意欲香远而长，花少而贵。不点苔于石，是恐污浊洁净之石也。”

他主张淡雅、疏朗、以少胜多的审美观念，而“室雅何须大，花香不在多”是其观点

郑板桥（1693—1765），清代官吏、书画家、文学家。名燮，字克柔，一生主要客居扬州，以卖画为生。“扬州八怪”之一。其诗、书、画均旷世独立，世称“三绝”，擅画兰、竹、石、菊等植物，其中画竹50余年，成就最为突出。

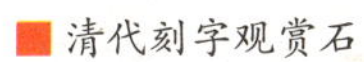
清代刻字观赏石

曹雪芹（约1715—1763），名沾，字梦阮，号雪芹，又号芹溪、芹圃。清代著名文学家，小说家，爱好研究广泛：金石、诗书、绘画、园林、中医、工艺、饮食等。他出身于一个“百年望族”的大官僚地主家庭，因家庭的衰败饱尝人世辛酸，后以坚韧不拔之毅力，历经多年艰辛创作出极具思想性、艺术性的伟大作品《红楼梦》。

的集中体现和高度概括。

郑板桥在赏石理论方面继承了苏东坡的观点，并又进一步发扬完善，使之系统化、完整化，在《板桥题画兰竹》中道：

> 东坡曰，石文而丑，一丑字则石之千态万状，皆从此出，彼元章但知好之为好，而不知陋劣之中有至妙也，东坡胸次，其造化之炉冶乎，燮画此石，丑石也，丑而雄，丑而秀。

因此，郑板桥在米芾赏石四字诀中又增加一个“丑”字，为“瘦、漏、透、皱、丑”。赏石以奇取

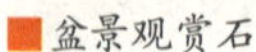
盆景观赏石

胜，最忌平淡无奇，郑板桥以其奇才、怪才，提出“丑而雄，丑而秀”，对于赏石理论的深化做出了重要贡献，拓宽了赏石的视野，提高了赏石的品位。

画面纹观赏石

清代，曹雪芹写成一部历史名著《红楼梦》，又称《石头记》，是运用浪漫主义手法对石头进行艺术想象加工创造的不朽之作。

传说女娲炼五彩石补天，遗留一块在大荒山青梗峰下，此石自叹无力补天，有一僧一道决心让石头到人间走一遭，从而演出一场红楼梦。

这补天遗石也就变成了贾宝玉的通灵宝玉，它也决定着宝玉的命运。奇石在作者的笔下，被赋予了伟大生命，于是变成了灵石，《石头记》也成为写石的伟大篇章。

曹雪芹不但写石，而且集石、画石。其友敦敏在《题芹圃画石》中既描述了画面，也写出了曹雪芹的傲骨：

傲骨如君世已奇，嶙峋更见此支离。
醉余奋扫如椽笔，写出胸中磈礧时。

蒲松龄《聊斋志异》寄托了他的孤愤，他栖居石

米芾（1051—1107），又名米黻，字元章，号襄阳漫士、海岳外史、鹿门居士，世号“米颠”。祖籍山西省太原。北宋书法家、画家，书画理论家。“宋四家”之一。擅长作诗，工书法，精鉴别。精研隶、楷、行、草等书体，长于临摹古人书法，达到乱真程度。代表作品有《草书九帖》《多景楼诗帖》《珊瑚帖》《蜀素帖》等。

隐园，收藏众多名石，如三星石、海岳石、蛙鸣石等，写出了很多有关赏石的文章，同时写出了一部石谱，对近100种奇石的出处、形状、色泽、质地及用途都做了详细描述。他对石隐园的一石一木倍加爱惜，倾注感情。

谭嗣同（1865—1898），我国近代资产阶级著名的政治家、思想家，维新志士。他主张中国要强盛，只有发展民族工商业，学习西方资产阶级的政治制度。公开提出废科举、兴学校、开矿藏、修铁路、办工厂、改官制等变法维新的主张。

《石隐园》记载：

老藤绕屋龙蛇出，怪石当门虎豹眠。
我以蛙鸣间鱼跃，俨然鼓吹小山边。

自注：“有类蛙鸣，余移置鱼跃石侧。”石隐园内怪石名花繁多，供后人欣赏追忆。

清代的菊花石

蒲松龄在《石清虚》中惟妙惟肖地描绘了一个爱石如命的邢氏老人从河中捞取一块奇石，视为珍宝，历经磨难，几经坎坷，矢志不渝的故事，既写出石之玲珑剔透、奇特，又写惜石之痴情，宁可折寿而不愿离石，可谓石痴，而绝非叶公好龙之徒。

清末名士谭嗣同在赏石鉴赏方面提出了独特的评价标准，他认为石如人，其外形与人一样，具有首、腹、貌、气、肤、年龄，并对每个部位提出了相应的鉴定要点。有

清代的彩石

《怪石歌七古》："其首秀而瘦，其腹漏而透，其貌陋而皱，其气厚而茂，其中秀而籀，其纪归而寿。"

清代文献中，也记载了很多奇石珍宝：

姜绍书藏有一块兰州石，青色大如柿，一天石头坠落地上，碎成三四块，发现该石中空；更奇怪的是，里面竟有一尾小鱼，落地时鱼竟然还跳了两下才死掉。

清代《西游记》小说与京剧开始流传，所以有的雨花石就命名为"悟空庞"，色如豇豆，上有一元宝形曲线且凸显石表现，在曲线正中偏上处恰又生出两个平列的小白圈，圈内仍是豇豆红色，极似京剧舞台上的孙悟空脸谱。

清代藏石家宋荦在香溪发现了五色鸳鸯石。他在《筠廊偶笔》中说：归州香溪中多五色石。康熙时从溪中得一石，大如斗，里面好像有物，剖开后，竟得雌鸳鸯石一枚。后又过该溪，又得一石，剖开后，竟然得到雄鸳鸯石一枚，真是奇中又奇。

清代风景纹观赏石

清代乾隆年间，有人收藏一石，上面有山树，下有7个字："石出倒听枫叶下。"后人在黔州又得一石，花纹与前者大不一样，但也有一词句："橹摇背指菊花开。"于是将这两块石称为"对仗石"。

清代十七宝斋中藏有十七块宝石，均为河南禹州所产。其中有一石绿色，上有红牡丹一枚，背面有"富贵"二字。另一块石洁白，长约6.7厘米，宽约3.3厘米。细看上有两个小人，手指远方。旁边还有8个小字："红了樱桃，绿了芭蕉。"

阅读链接

清代康熙年间，内蒙古阿拉善左旗供入内府一块肉形石，是一块天然的石头，高5.73厘米，宽6.6厘米，厚5.3厘米。

此件肉形石乍看之下，极像是一块令人垂涎三尺、肥瘦相间的"东坡肉"，"肉"的肥瘦层次分明、肌理清晰、毛孔宛然，无论是色彩还是纹理，都可以乱真。

人们似乎都能闻到红烧肉的香味，真正是人间极品。

天然珍宝

珍珠宝石与艺术特色

天然宝石

我国是世界上最早饰用宝石的古老国家之一，可追溯到新石器时代的早期。育玉品石是中华文化的重要组成部分，也是世界文化的重要组成部分。

我国也是世界上重要的宝石产地之一，宝石资源较为丰富，宝石种类繁多，并且有几千年的开采和利用的历史。在众多宝石中，最为贵重的是钻石。

除此之外，我国其他天然宝石也较丰富，主要有红宝石、蓝宝石、祖母绿、绿松石、碧玺、雨花石、翡翠、孔雀石、水晶、青金石、玛瑙、猫眼石等品种，各自不仅具有珍贵的价值，还蕴含有深刻的文化内涵。

宝石之王——钻石

远古时代的黄金开采主要靠淘洗沙金，人们在淘金过程中偶尔发现了其中杂有一些闪光的石子，这些石子无论怎样淘洗都不磨损，这就是金刚石，也就是人们所说的钻石。

天然金刚石

金刚之名，初见佛经，取义与金有关。《大藏法数》称：“跋折罗，华言金刚，此宝出于金中。”金刚的含义是坚固、锐利，能摧毁一切。

各种形状的钻石

文化是人类独特的标志，钻石具有独特的标志意义。自古以来，钻石一直被人类视为权力、威严、地位和富贵的象征。其坚不可摧、攻无不克、坚贞永恒和坚毅阳刚的品质，是人类永远追求的目标。它具有潜在的、巨大的文化价值。

在古老的传说中，钻石被人认为是天神降临时洒下的天水形成的，而钻石在梵文里是雷电的意思，所以人们又觉得钻石是由雷电所产生的，古时大多数人觉得钻石陨落的是星星的碎片，更有一部分人觉得那是天神的泪滴。

传说钻石的前世是一位勇猛无比的国王，他不仅出身纯洁，其平生所作所为光明磊落。当他在上帝的祭坛上焚身后，他的骨头便变成了一颗颗钻石的种子。

众神均前来劫夺，他们在匆忙逃走时从天上撒落下一些种子，这些种子就是蕴藏在高山、森林、江河中的坚硬、透明的金刚石。

我国的钻石文化历史悠久，如4件良渚文化和三星村文化发现的高度抛光得可以照出人影来的刚玉石斧，表明4000年前的古人很可能已经使用了金刚石粉末来加工这些刚玉斧头。而其中最早的记载见于公元前1005年，在古代为我国玉雕文化的发展起到过重要作用。

黄色钻石

据说，早在公元前300年前，在皇帝的御座上就有钻石镶嵌。钻石晶莹剔透、高雅脱俗象征着纯洁真实、忠诚勇敢、沉着冷静、安静自如、稳如泰山。从那时起，人们把钻石看成是高尚品质的标志。

早在春秋时期老子所著《道德经》中，就有了关于钻石的文字记载，称“金刚”，文中说：“金刚者不可损也……”

我国最早关于钻石的器物，如《列子·汤问》提到一种镶嵌有金刚石的锟铬之剑，和汉代《十洲记》提到的切玉刀也都镶有钻石。

切玉刀据说是天下最锋利的宝刃，也称“昆吾刀”。晋张华《博物志》记载，“《周书》曰：西域献火浣布，昆吾氏献切玉刀。火浣布污则烧之则洁，刀切玉如臈”。

《道德经》 又称《道德真经》《老子》《五千言》《老子五千文》，是我国古代先秦诸子分家前的一部著作，为其时诸子所共仰，传说是春秋时期的老子即李耳所撰写，是道家哲学思想的重要来源。

自汉以后，我国古书多有钻石的记载。《南史·西夷传》中说，“诃罗单国于南北朝宋文帝无嘉七年，遣使献金刚指环。”

南朝学者刘道荟著的《晋起居注》第一次阐述了金刚石与黄金的关系，该书记载：

咸宁三年，敦煌上送金刚石，生金中，百淘不消，可以切玉。

就是说，金刚石出自黄金，来自印度，可以切玉，怎么淘洗都不会消减，或者说怎么使用都不会磨损。这段记载不仅表明金刚石在古代为我国玉雕文化发展起到过重要作用，而且还包含了关于古代人类是如何发现金刚石的科学思想。

钻石作为首饰是唐玄奘取经后，通过丝绸之路传入我国的。

宋代陆游《忆山南》诗之二：“打球骏马千金买，切玉名刀万里来。”

元金代好问《赠嵩山侍者学诗》诗：“诗为禅客

陆游（1125—1210），南宋时期诗人。少时受家庭爱国思想熏陶，孝宗时赐进士出身。中年入蜀，投身军旅生活，晚年退居家乡。创作诗歌很多，今存九千多首，内容极为丰富。抒发政治抱负，反映人民疾苦，风格雄浑豪放；抒写日常生活，也多清新之作。

■ 黑色钻石

添花锦，禅为诗家切玉刀。”

《本草纲目》 明代李时珍所著药学著作，是作者在继承和总结以前本草学成就的基础上，结合作者长期学习、采访所积累的大量药学知识，经过实践和钻研，历时数十年而编成的一部巨著。

钻石还有一名字叫“金刚钻”，最早出现在唐玄宗李隆基撰《唐六典》记载：

> 赤麋皮、瑟瑟、赤畦、琥珀、白玉、金刚钻……大鹏砂出波斯及凉州。

明代包括李时珍在内的一些学者在研究金刚石时发现，金刚石不但可切割玉石，还能在玉器或瓷器上钻眼。如据《本草纲目》记载：“金刚石砂可钻玉补瓷，故谓之钻。”

约在清代末年，金刚石就逐渐称为钻石了，其词义显然来自上述的“金刚钻”，两者在内涵和外延方面是相等的，即“金刚石”与“钻石”在含义上是一样的。

清朝道光年间，湖南西部农民在沅水流域淘金时先后在桃源、常德、黔阳一带发现了钻石。

与钻石相关的，有一个流传很久的蛇谷的故事。传说在一个山谷中，满地都是钻石，但是凡人是不可能轻易取到钻石的，因为有很多的巨蟒在守护着，就连看到巨蟒的目光都会死掉，更别说是取钻了。

钻石戒指

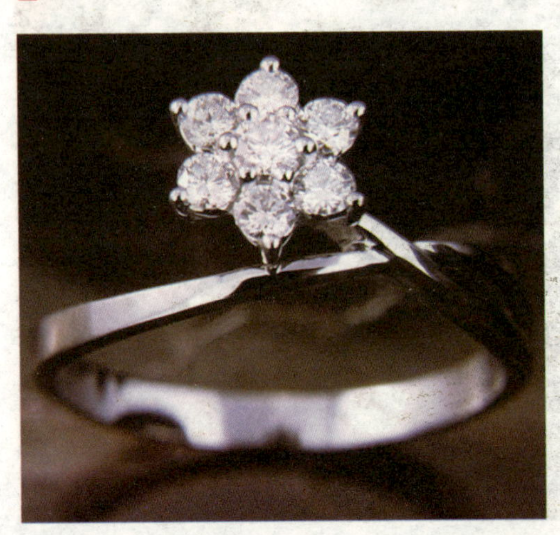

有一个很有智慧的国王成功地取得了钻石，他利用镜子反光的原理让巨蟒都死在了自己的

目光里。又把一些带着血腥的羊肉丢向山谷的钻石上，利用秃鹰捕食的时候抓住钻石飞向山顶的机会将秃鹰杀死，取得钻石。

翡翠镶钻石珠链

与此类似的，在我国信仰伊斯兰教的民族中，流传着一个辛巴达以肉喂鸟，借鸟取钻的故事：

辛巴达本来过着神仙生活，但是他突然想去凡间走走，想体会一下凡人的世界，乘船任随风浪把他漂到了一个美丽的岛上。

当他走向溪谷的时候，看见了满地都是钻石，但是要想安全路过甚至拿钻石没有那么容易，因为有很多巨蟒守候着。

这时候他学着曾经听过的“蛇谷”故事中的办法，把自己裹在肉块里面，在正午时分秃鹰就会抓起这个肉，也就等于带领辛巴达离开了安全的地带。

他就是借用了采钻者的方法，他们会把一些牲畜的肉撕烂从山顶撒在钻石上，那样秃鹰就会抓起沾满血腥的钻石飞回山顶，那样，采钻者这时候就可以吓走秃鹰得到钻石。

在古代，金刚石的磨工只有极少数工匠才能掌握。不同地区的各个工匠磨出的钻石各式各样，差别很大。所以磨好的很多成品并不完全理想。

至清代，钻石多被应用于王宫贵族的首饰中。钻石首饰基本分为耳饰、颈饰、首饰、足饰和服饰5个大类。

耳饰包括耳钉、耳环、耳线、耳坠。颈饰包括项链、吊坠、项圈。首饰包括戒指、手镯、手链。足饰包括脚链、脚环。服饰专指服

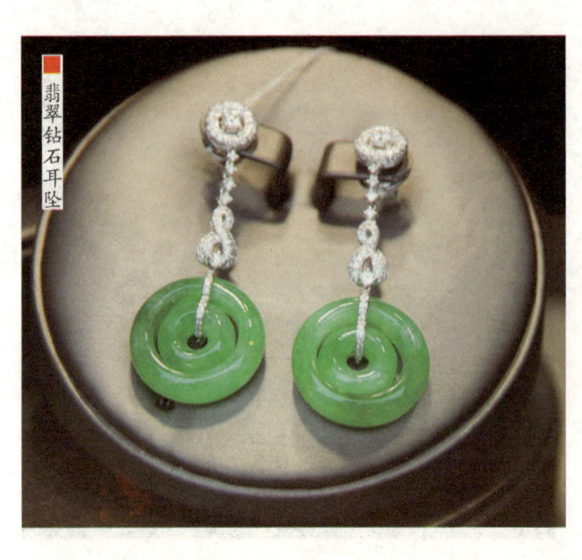
翡翠钻石耳坠

装上的饰物，包括领花、领带夹、胸饰、袖扣。

如翡翠钻石珠链及耳坠一对，白色金属镶嵌，配镶钻石，粒径0.13厘米，链长43.1厘米，钻石与翡翠、白金交相辉映，殊为华贵。

再如翡翠镶钻石珠链，共用钻石3.8克拉，翡翠珠径仅0.35厘米至0.58厘米，翠色浓艳，钻色星光闪烁，精美异常。

而比较流行的戒指款式有翡翠卜方钻石戒指、翡翠蛋面钻石戒指、翡翠蟾蜍钻石戒指、翡翠卜方钻石及彩色钻石戒指等。

阅读链接

我国利用金刚石的历史非常悠久，但我国使用现代探矿手段和方法真正开始大规模寻找和开采金刚石的历史只有100年左右。

我国的金刚石探明储量和产量均居世界第十名左右，年产量20万克拉。我国于1965年先后在贵州省和山东省找到了金伯利岩和钻石原生矿床。

1971年在辽宁省瓦房店找到了钻石原生矿床。目前仍在开采的两个钻石原生矿床分布于辽宁省瓦房店和山东省蒙阴地区。钻石砂矿则见于湖南省沅江流域，西藏、广西以及跨苏皖两省的郯庐断裂等地。

辽宁省瓦房店、山东省蒙阴、湖南省沅江流域钻石都是金伯利岩型，但湖南省尚未找到原生矿。其中辽宁省的质量好，山东省的个头较大。

玫瑰石王——红宝石

红宝石是一种名副其实的贵宝石，是指颜色呈红色、粉红色的刚玉，它是刚玉的一种，又被称为玫瑰紫宝石，可见这种宝石的红色和玫瑰的红色有很大关系。

红宝石质地坚硬，硬度仅在钻石之下。而且这种血红色的红宝石最受人们珍爱，俗称“鸽血红”，这种几乎可称为深红色的、鲜艳的强烈色彩，更把红宝石的真面目表露得一览无余。它象征着高尚、爱情和仁爱。

红宝石

相传，古代的武士在作战之前，有时会在身上割开一个小口，将一粒红宝石嵌入口内，他们认为这样可以达到刀枪不入的目的。

同时，由于红宝石弥

红宝石金牛

漫着一股强烈的生气和浓艳的色彩，以前的人们认为它是不死鸟的化身，对其产生了热烈的幻想。而且传说左手戴一枚红宝石戒指或左胸戴一枚红宝石胸针就有化敌为友的魔力。

我国《后汉书·西南夷传》就有对红宝石的记载："永昌郡博南县有光珠穴，出光珠。珠有黄珠、白珠、青珠、碧珠。"当时称其为"光珠"，表明在东汉时期就已识辨红、蓝宝石了。

而《后汉书·东夷列传》中称红宝石为"赤玉"，据记载，东汉时期，"扶余国，在玄菟北千里。南与高句丽、东与挹娄、西与鲜卑接，北有弱水。地方两千里，本秽地也……出名马、赤玉、貂豽，大珠如酸枣"。

扶余的起源地位于松花江流域中心，辽宁昌图县、吉林省洮南市以北直至黑龙江省双城县以南，都

鲜卑族 我国北方阿尔泰语系游牧民族，其族源属东胡部落，兴起于大兴安岭山脉。先世是商代东胡族的一支，秦汉时从大兴安岭一带南迁至西拉木伦河流域，曾归附东汉。匈奴西迁后仅有其故地，留在漠北的匈奴10多万户均并入鲜卑，势力逐渐强盛。

是其国土，国运长达800年之久。

《后汉书·东夷列传》还记载：“挹娄，古肃慎之国也。在夫余东北千余里，东濒大海，南与北沃沮接，不知其北所极。地多山险，人形似夫余，而言语各异。有五谷、麻布，出赤玉、好貂。”

这里的“挹娄”是肃慎族系继“肃慎”称号后使用的第二个族称，从西汉至晋前后延续600余年，至5世纪后，改号“勿吉”。

在秦汉时期，“挹娄”的活动区域在辽宁东北部和吉林、黑龙江两省东半部及黑龙江以北、乌苏里江以东的广大地区内。南北朝时，“挹娄”势力开始衰落。

《汉武帝内传》中描述红宝石称“火玉”：“戴九云夜光之冠，曳六出火玉之佩。”

唐人苏鹗在《杜阳杂编》中对“火玉”有着详尽的描述，而且这段描述颇具文学性：

武宗皇帝会昌元年，夫余国贡火玉三斗及松风石。火玉色赤，长半寸，上尖下圆。光照数十步，积之可以燃鼎，置之室内则不复挟纩，才人常用煎澄明酒。

红宝石饰品

石榴石 我国古时称为“紫鸦乌”或“子牙乌”，是一组在青铜时代已经使用为宝石及研磨料的矿物。常见的石榴石主要为红色，但其颜色的种类十分广阔，包括红、橙、黄、绿、蓝、紫、棕、黑、粉红及透明。其中最罕见的是蓝石榴石。

“半寸”约是所贡火玉宝物的最大尺寸，这样的尺寸，带红皮的软玉、红玛瑙、红色石榴石或是黑曜石可以轻易超过。

形状为“上尖下圆”，表明具备良好的结晶形态，所以不可能是没有单晶形态的带红皮的软玉、红玛瑙或黑曜石，也不可能是圆珠或近似圆珠形状的红色石榴石，只能是红宝石。

“火玉三斗”表示至少有好几百枚，说明当时该种宝石的开采量不小。

“光照数十步”说明该宝物具备比较突出的反光能力，但也不排除有夸张的成分。“积之可以燃鼎，置之室内则不复挟纩，才人常用煎澄明酒”，就是说可以用它来煮饭、取暖、酿酒，这些都是对该种宝石赤红似火颜色的一种形象化的比喻和想象而已。

《旧唐书》记载：“渤海本粟末靺鞨，东穷海西、契丹，万岁通天中，度辽水，后乃建国。地方五千里，尽得扶余、沃沮、卞韩、朝鲜、海北诸地。”

■ 红宝石簪子

这里是说，古代的扶余在唐以后成为粟末靺鞨的一部。而粟末靺鞨就是粟末水靺鞨，居住于松花江流域。粟末靺鞨与居住在今黑龙江流域的黑水靺鞨，在我国史书上统一称作“靺鞨”。

而在“靺鞨”居住地域，

红宝石首饰

就盛产一种红色宝石，而且就以“靺鞨”族名命名。《本草纲目》中说“宝石红者，宋人谓之‘靺鞨’”；《丹铅总录》中也说“大如巨栗，中国谓之‘靺鞨’”。

宋代高似孙《纬略》引唐代《唐宝记》记载：“红‘靺鞨’大如巨栗，赤烂若朱樱，视之如不可触，触之甚坚不可破。”

内蒙古自治区通辽奈曼旗的辽代陈国公主墓中，发现了大量镶嵌素面红宝石的饰品。内蒙古自治区阿尔山玫瑰峰也发现有辽代贵族墓葬的素面红宝石。

这些发现说明：至少从辽代起，东北地区的红宝石就已得到开发。

明清两代，红、蓝宝石大量用于宫廷首饰，民间佩戴者也逐渐增多。著名的明代定陵发掘中，得到了大量的优质红、蓝宝石饰品。

清代著名的国宝金嵌珠宝金瓯永固杯上，镶有9枚红

故宫金瓯永固杯

宝石。“金瓯永固”杯是皇帝每年元旦子时举行开笔仪式时的专用酒杯。夔龙状鼎耳，象鼻状鼎足，杯体满錾宝相花，并以珍珠、红宝石为花心。杯体一面錾刻“金瓯永固”4字。

慈禧太后极喜爱红宝石，其皇冠上有石榴瓣大小的红宝石。她死后，殉葬品中有红宝石朝珠一对，红宝石佛27尊，红宝石杏60枚，红宝石枣40枚，其他各种形状的红、蓝宝石首饰与小雕件3790件。

清代亲王与大臣等官衔以顶戴宝石种类区分。其中亲王与一品官为红宝石，蓝宝石是三品官的顶戴标记。

一种传说认为戴红宝石首饰的人会健康长寿、爱情美满、家庭和谐、发财致富；另一种传说认为左胸佩戴一枚红宝石胸饰或左手戴一枚红宝石戒指可以逢凶化吉、变敌为友。

山东省昌乐县发现一颗红、蓝宝石连生体，重67.5克拉，被称为“鸳鸯宝石”，称得上是世界罕见的奇迹。

另外，在黑龙江省东部牡丹江流域的穆棱和宁安两地的残积坡积砂矿中发现有红宝石和蓝宝石，其中的红宝石呈现紫红、玫瑰红、粉红等颜色，质地明净，透明度良好，呈不规则块状，最大的超过1克拉。

阅读链接

2000年，红色石榴石矿在玫瑰峰附近的哈拉哈河上游地区被发现。

2001年，中科院地质与地球物理研究所的刘嘉麒院士与他带领的火山科考队来此开启了阿尔山火山科学宝库和相关红宝石矿床研究的大门。

哈拉哈河发源于阿尔山市的摩天岭北坡，属于黑龙江上游的额尔古纳河水系，但在地理位置上与嫩江流域完全接壤，与古代扶余国、挹娄国出产火玉的地理位置基本一致。

六射星光——蓝宝石

古人曾说，大地就坐在一块鲜艳亮丽的碧蓝宝石上面，而蔚蓝的天空就是一面镜子，是蓝宝石的反光将天空映成蓝色。相传蓝宝石是太阳神的圣石，因为通透的深蓝色而得到“天国圣石”的美称。

蓝宝石也有许多传奇式的赞美传说，据说它能保护国王和君主免

蓝宝石原矿

蓝宝石

受伤害和妒忌。在我国古代传说中，把蓝宝石看作指路石，可以保护佩戴者不迷失方向，并且还会交好运，甚至在宝石脱手后仍是如此。

蓝宝石与红宝石有“姊妹宝石”之称，颜色极为丰富，因为除了红宝石外，其他颜色的宝石可以统称为蓝宝石，因此蓝宝石包括有橘红、绿、粉红、黄、紫、褐甚至无色的金刚玉，但以纯蓝色的级别最高。

蓝宝石还有人类灵魂宝石之称，它的颜色非常纯净、漂亮，给人一种尊贵、高雅之感，是蓝颜色宝石之王。

蓝宝石一直以深邃、凝重著称。早在公元前1000年，人们认为蓝宝石象征诚实、纯洁和道德，颜色最好的蓝宝石被称作“矢车菊蓝”。

蓝宝石寓意情意深厚的恋人，与传说中古爱神的神话有关，热恋中双方有一方变心时，蓝宝石的光泽就会消失，直至下一对是爱恋深厚相亲相爱的恋人出现，它的光泽才会浮现。所以蓝宝石也是真挚爱情的象征。

蓝宝石使人有一种轻快的感觉，它有展现出体贴和沉稳之美，将它镶成戒指佩戴，能够抑制疗养心灵的创痛，平稳浮躁的心境。

因此在民间广为流传，蓝宝石无穷的诱惑力是人类最为喜爱的宝石之一。蓝宝石首饰，也是人类最为广泛的首饰，特受到人类的喜爱。

蓝宝石中以星光蓝宝石最为著名，星光蓝宝石是由于内部生长有大量细微的丝绢状包裹体金红石，而包裹体对光的反射作用，导致打磨成弧面形的宝石顶部会呈现出6道星芒而得名。

因内部有内涵物制造出了星光，但是也因此降低宝石的透明度，所以星光蓝宝石通常是半透明至透明的。优质星光蓝宝石的6道星线是完整透明的，其交汇点位于宝石中央，随着光线的转动而移动。

蓝宝石也是到了清代才得到了广泛的应用。

如清宫金累丝嵌宝石八宝，紫檀雕花海棠式座，座面金胎海水纹。座上起柱，柱正面嵌红宝石、蓝宝石或猫眼石各两块，两边饰嵌绿松石卷叶。

八宝 又称“八吉祥”，指佛教中的法轮、法螺、宝伞、白盖、莲花、宝瓶、金鱼、盘肠结8种图案，分别代表佛法圆轮、佛音吉祥、覆盖一切、遮覆世界、神圣纯洁、福智圆满、活泼健康和回贯一切，被藏传佛教视为吉祥象征。

柱上托椭圆形束腰仰覆莲，莲瓣纹地上嵌红珊瑚、青金石飞蝠，绿松石团寿图案；莲花束腰周圈嵌红宝石、蓝宝石、猫眼石、碧玺等。

莲花中心起方柱，每柱上立一宝，周身嵌宝石。八宝顶端均为嵌宝石、松石火焰。

婴戏图即描绘儿童游戏时的画作，又称“戏婴图”，是我国人物画的一种。因为以小孩为主要绘画对象，以表现童真为主要目的，所以画面丰富，形态有趣。

儿童在嬉戏中表现出的生动活泼的姿态，专注喜悦的表情，稚拙可爱的模样，不只让人心生怜爱，更能感

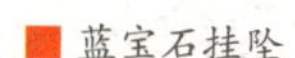
蓝宝石挂坠

受到童稚世界的无忧无虑。

如清代海蓝宝石婴戏图鼻烟壶，连碧玺盖高7厘米。

婴戏中的儿童姿态多样，动作夸张，画面多呈热闹愉悦的气氛。

清代蓝宝石带扣，长4.7厘米，宽2.25厘米，厚0.15厘米，带扣多由铜制，更高级的以金银制或玉制，蓝宝石殊为珍贵，以其制带扣极为少见。

清代银镏金镶嵌蓝宝石手链，长度18厘米，重量40.6克。

清代蓝宝石蛋形大戒指面，长1.5厘米，宽1.2厘米，厚0.6厘米，重约2.6克，此品保存良好，包浆入骨，蛋形。

簪子这种传统饰物，颇具东方古典神韵，绾簪的女子带着夏季的清凉、摇曳的风情，不由得让人想起李白《经离乱后天恩流夜郎亿旧游书怀赠江夏韦太守良宰》中“清水出芙蓉，天然去雕饰”的诗句。

李白（701年—762年），唐朝浪漫主义诗人，被后人誉为“诗仙”。存世诗文千余篇，代表作有《蜀道难》《将进酒》等诗篇，有《李太白集》传世。李白一生不以功名显露，却高自期许，藐视权贵，以大胆反抗的姿态，推进了盛唐文化中的英雄主义精神。

■ 金镶红蓝宝石冠

另外还有南朝乐府民歌《西洲曲》中描述的江南采莲女，“采莲南塘秋，莲花过人头。低头弄莲子，莲子清如水”。

簪子是东方妇女梳各种发髻必不可少的首饰。通常妇女喜欢在发髻上插饰金、银、珠玉、玛瑙、珊瑚等名贵材料制成的大挖耳子簪、小挖耳子簪、珠花簪、压鬓簪、凤头簪、龙头簪等。簪子的种类虽然繁多，但在选择时还要根据每个人的条件和身份来定。

比如在清朝，努尔哈赤的福晋和诸贝勒的福晋、格格们，使用制作发饰的最好材料首选为东珠。200年后渐渐被南珠，即合浦之珠所取代。

精美的蓝宝石

与珍珠相提并论的还有金、玉等为上乘材料，另外镀金、银或铜制，也有宝石翡翠、珊瑚象牙等，做成各种簪环首饰，装饰在发髻之上，这若是同进关以后相比，就显得简单得多了。

如清代蓝宝石雕坠簪子，高14厘米，珠直径1.2厘米，在畸形珠左边饰一蓝宝石雕琢的宝瓶，瓶口插几枝细细的红珊瑚枝衬托着一个“安”，在当时蓝宝石稀少的情况下，极为罕见。

清代以来，由于受到汉族妇女头饰的影响，满族妇女，特别是宫廷贵妇的簪环首饰，就越发地讲究了。

如1751年，乾隆皇帝为其母办60岁大寿时，在恭进的寿礼中，仅各种簪子的名称就让人瞠目结舌，如事事如意簪、梅英采胜簪、景福长绵簪、日永琴书簪、日月升恒万寿簪、仁风普扇簪、万年吉庆簪、方壶集瑞边鬓花、瑶池清供边花、西池献寿簪、万年嵩祝簪、天保磬宜簪、卿云拥福簪、绿雪含芳簪……

这些发簪无论在用料上，还是在制作上，无疑都是精益求精的上品。

后妃们头上戴满了珠宝首饰，发簪却是其中的佼佼者。因而清代后妃戴簪多用金翠珠宝为质地，制作工艺上也十分讲究，往往是用一整块翡翠、珊瑚水晶或象牙制出簪头和针梃连为一体的簪最为珍贵。

蓝宝石挂坠

还有金质底上镶嵌各种珍珠宝石的头簪，多是簪头与针梃两部分组合在一起的，但仍不失其富丽华贵之感。

慈禧还爱美成癖，一生喜欢艳丽服饰，尤其偏爱红宝石、红珊瑚、翡翠等质地的牡丹簪、蝴蝶簪。她还下旨令造办处赶打一批银制、灰白玉、沉香木等头簪。

慈禧太后的殉葬品中有各种形状的红、蓝宝石首饰与小雕件3790件，其中68克拉的大粒蓝宝石18粒，17克拉左右的蓝宝石更是为数众多。

阅读链接

我国蓝宝石发现于东部沿海一带的玄武岩的许多蓝宝石矿床中。其中以山东昌乐蓝宝石质量最佳。晶体呈六方桶状，粒径较大，一般在一厘米以上，最大的可达数千克拉。

蓝宝石因含铁量高，多呈近于炭黑色的靛蓝色、蓝色、绿色和黄色，以靛蓝色为主。宝石级蓝宝石中包裹体极少，除见黑色固态包体之外，尚可见指纹状包体。蓝宝石中平直色带明显，大的晶体外缘可见平行六方柱面的生长线。山东蓝宝石因内部缺陷少，属优质蓝宝石。

此外，黑龙江省、海南省和福建省产的蓝宝石颜色鲜艳，呈透明的蓝色、淡蓝色、灰蓝色、淡绿色、玫瑰红色等，不含或少含包体，不经改色即可应用。

江苏省产的蓝宝石色美透明，多呈蓝色、淡蓝色、绿色。但在喷出地表时，火山的喷发力较强，故蓝宝石晶体常沿轴面裂开，呈薄板状，故取料较难。

宝石之祖——绿松石

我国早在旧石器时期，人们就开始利用石质装饰物来美化自己的生活。新石器中晚期，出现了大量的石质工具、玉器和宝玉石工艺品，如用岫玉、绿松石等制成珠、环、坠、镯等。

绿松石简称“松石”，因其形似松球而且色近松绿而得名，而且绿松石颜色有差异，多呈天蓝色、淡蓝色、绿蓝色、绿色。

绿松石质地不很均匀，颜色有深有浅，甚至含浅色条纹、斑点以及褐黑色的铁线。致密程度也有较大差别，孔隙多者疏松，少则致密坚硬。抛光后具柔和的玻璃光泽至蜡状光泽。

商代绿松石牌饰

绿松石犹如上釉的瓷器为最优。如有不规则的铁线，则其品质就较差

绿松石扣串

了。白色绿松石的价值较之蓝、绿色的要低。在块体中有铁质“黑线”的称为“铁线绿松石”。

如在河南省郑州大河村距今6500年至4000年的仰韶文化遗址中，就有两枚绿松石鱼形饰物。

甘肃省临夏回族自治州广河县齐家文化遗址发现有嵌绿松石兽面玉璜，长36.6厘米，高6.7厘米，厚0.8厘米。玉料呈黛绿色，由和田墨玉制成，单面琢孔，璜呈弯月形，以减地手法镶嵌绿松石，留底构成兽面之轮廓。

上镶两圆绿松石为目，眼眶为璜之留底。山字形留底为嘴之外形，内镶不规则方形绿松石。四边留底为边框，孔为单面开孔，因长期佩带孔已磨损为斜孔。此玉璜上镶嵌之绿松石彼此间可谓严丝合缝，密不透风。这样的工艺真是令人匪夷所思。

河南省偃师二里头为我国夏代都城所在地，在这里发现有绿松石龙形器，由2000余片绿松石片组合而成，每片绿松石的大小仅有0.2厘米至0.9厘米，厚度仅0.1厘米左右。

另外还有嵌绿松石铜牌饰、青铜错金嵌绿松石貘尊等。也均为夏朝时期的绿松石重要器物。

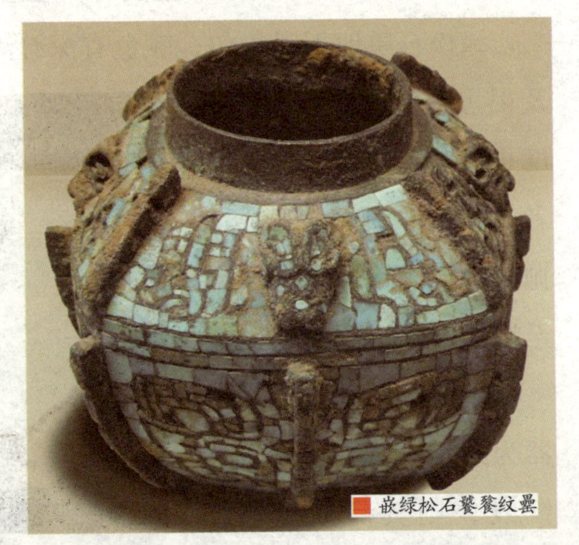
嵌绿松石饕餮纹罍

如夏代嵌绿松石饕餮纹

牌饰，通高16.5厘米，宽11厘米，盾牌形。它是先铸好牌形框架，然后有数百枚方圆或不规则的绿松石粘嵌成突目兽面。

■ 嵌绿松石饕餮纹牌

这件牌饰位于死者胸前，很可能是一件佩戴饰品。是发现最早也是最精美的镶嵌铜器，可以说它的发现开创了镶嵌铜器的先河。

商代妇好墓中发现有嵌绿松石象牙杯，杯身用中空的象牙根段制成，因料造型，颇具匠心。侈口薄唇，中腰微束，切地处略小于口。

通体分段雕刻精细的饕餮纹及变形夔纹，并嵌以绿松石，做头上尾下的夔形，加饰兽面和兽头，也嵌以绿松石，有上下对称的小圆榫将其与杯身连接。

形制和体积略同的嵌绿松石象牙杯共有两件。高30.5厘米，用象牙根段制成，形似现侈口薄唇，中腰微束。杯身一侧有与杯身等高的夔龙形把手，雕刻精细的花纹而且具有相当的装饰性，上下边口为两条素地宽边，中间由绿松石的条带间隔。

戈是商周兵器中最常见的一种，古称“钩兵”，是用于钩杀的兵器。其长度根据攻守的需要而不同，所谓“攻国之兵令人欲短，守国之兵欲长”。

如商代嵌绿松石兽面纹戈，长40厘米，戈的援宽大而刃长，锋较尖，末端正背两面皆以绿松石镶嵌兽

仰韶文化 黄河中游地区在公元前5000年至公元前3000年重要的新石器时代文化。仰韶文化是我国先民所创造的重要文化之一，神农氏时代结束以后，黄帝、尧、舜相继起来，一些传说在仰韶文化遗址中大致有迹象可寻，因之推想仰韶文化当是黄帝族的文化。

商代嵌绿松石兽面纹戈

面纹；胡垂直，而且短；内呈弧形，上有一圆穿孔，末端正、背两面皆浅刻兽面纹。

陕西省宝鸡市南郊益门村有两座春秋早期古墓，其中一座墓发现了大批金器、玉器、铁器、铜器，还有一些玛瑙、绿松石串饰。其中绿松石串饰一组，共40件，均为自然石块状，不见明显加工痕迹，大小形状不一，均有钻孔。颜色比较均匀，娇艳柔媚，质地细腻、柔和，有斑点以及褐黑色的铁线，以翠绿、青绿色为主，间有墨绿色斑。最大者长3.8厘米，宽2.9厘米；最小者长0.7厘米，宽0.6厘米。

另外，河南省汲县山彪镇发现的战国早期嵌绿松石云纹方豆，盖上为捉手，面做四方形。足扁平。通体饰云纹，杂嵌绿松石。汲县山彪镇为魏国墓地。还有发现于长清岗辛战国墓的一件铜丝镶绿松石盖豆，通高27.5厘米，口径18.5厘米。为礼器。

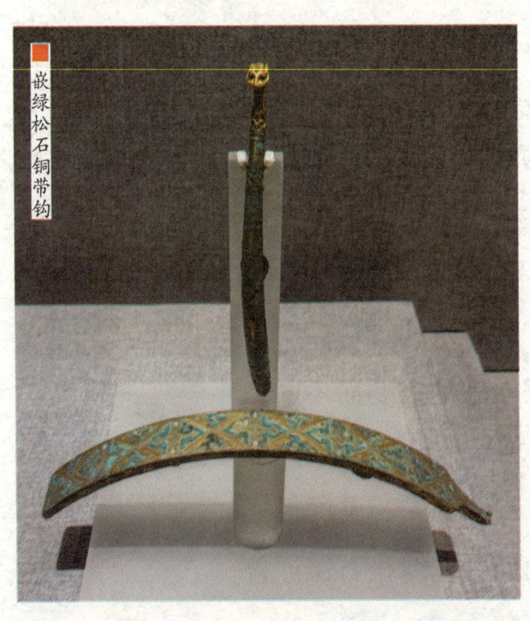
嵌绿松石铜带钩

半球形盘，柄上粗下细，下承扁圆形足。盘上有覆钵形盖，盖上有扁平捉手，却置即为盘足。通体饰红铜丝与绿松石镶嵌而成的几何勾连雷纹。

带钩，是古代贵族和文

人、武士所系腰带的挂钩，带扣是和带钩相合使用的，多用青铜铸造，也有用黄金、玉等制成的。工艺技术相当考究。

有的除雕镂花纹外，还镶嵌绿松石，有的在铜或银上鎏金，有的在铜、铁上错金嵌银，即金银工艺。带钩起源于西周，战国至秦汉广为流行。魏晋南北朝时逐渐消失。

如湖南省长沙发现的战国金嵌绿松石铜带钩，长17.5厘米，宽0.2厘米。为腰带配件。钩身扁长，钩颈窄瘦，鸭形首。背部饰云纹金，镶嵌绿松石。

秦汉时的墓中，开始发现有各种镇墓兽随葬，而且其中有些就镶嵌着绿松石。这种怪兽是青铜雕塑的神话中动物形象，为龙首、虎颈、虎身、虎尾、龟足，造型生动。

如镶绿松石怪兽，高0.48米，身上镶嵌有绿松石，并有浮雕凤鸟纹、龙纹、涡纹等图案。怪兽头上长有多支利角，口吐长舌，面目可怖。在主体怪兽脊背上有一方座，座上支撑又一小型怪兽，小型怪兽口衔一龙，龙昂首，做挣扎状。

唐代是我国铜镜发展最为繁盛的时期，上面也经常用绿松石加以点缀，使铜镜更显精美。

如唐代镶绿松石螺钿折枝花铜镜，直径20.5厘米，圆形，素

涡纹 近似水涡，故谓涡纹。其特征是圆形，内圈沿边饰有旋转状弧线，中间为一小圆圈，似代表水隆起状，圆形旁边有五条半圆形的曲线，似水涡激起状。商代早期的涡纹是单个连续排列的，商代中晚期至春秋战国时期，一般与龙纹、目纹、鸟纹、虎纹、蝉纹等相间排列。多用罍、鼎、斝、瓿的肩、腹部，它盛行于商周时代。

铜丝镶绿松石盖豆

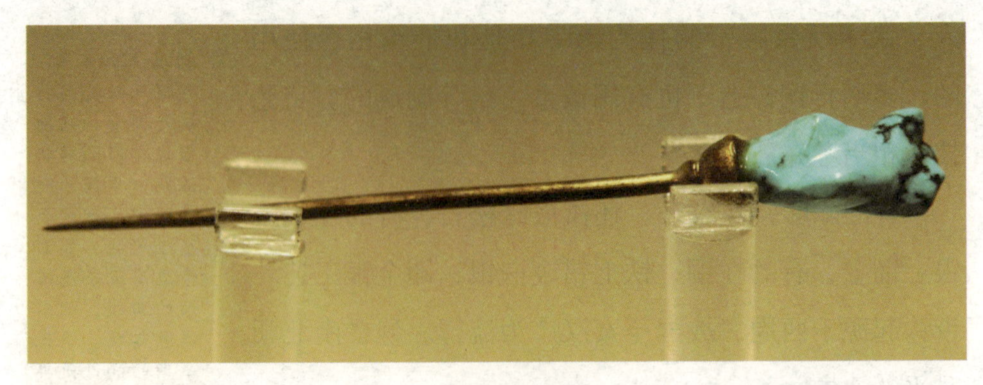

嵌绿松石花形金簪

缘，圆钮，钮外用螺钿饰有一圈连珠纹，整体图案用螺钿雕刻成折枝花样镶嵌于镜背之上，中间镶嵌有绿松石。镜面大，图案饱满，工艺精湛，为难得一见的唐代螺钿纹铜镜。

镂雕 亦称镂空、透雕。指在木、石、象牙、玉、陶瓷体等可以用来雕刻的材料上透雕出各种图案、花纹的一种技法。距今5000年前的新石器时代晚期，陶器上已有透雕圆孔为饰。汉代到魏晋时各式陶瓷香熏都有透雕纹饰。

至明代，绿松石被广泛应用于各种首饰用品之上，如南京太平门外板仓徐辅夫人墓发现的正德十二年嵌绿松石花形金簪，长11.5厘米，簪首直径3.8厘米。金质。簪针呈圆形。簪顶做花形，用近似绕出6个花瓣，中间有一圆形金托，金托周围以金丝做出花蕊，托内嵌一绿松石。

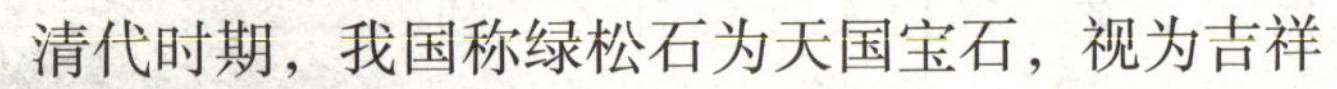

祖母绿狮子

清代时期，我国称绿松石为天国宝石，视为吉祥幸福的圣物，经常镶嵌于各种日常器物上。如清中期铜镏金嵌绿松石缠枝西番莲纹香熏，高17厘米，香熏通体以贴金丝为地，嵌绿松石、珊瑚组成图案。

自口沿至胫部分别以为缠枝花卉纹、莲瓣纹、缠枝西番莲纹、如意纹等装饰，

两兽耳镏金。盖部透雕缠枝花卉纹，盖钮镂雕云蝠图案。全器纹饰华丽，颜色绚丽夺目，工艺精湛，为清代宫廷用器。

清代鼻烟开始流行，各种鼻烟壶也应运而生，其中就多有用珍贵的绿松石制成的。如清代绿松石山石花卉鼻烟壶，通高6厘米，腹宽4.8厘米。烟壶为绿松石质地，通体为蓝绿色，间有铁线斑纹。扁圆形，扁腹两面琢阴线山石花卉，并在阴线内填金。烟壶配有浅粉色芙蓉石盖，内附牙匙。

嘎乌是清代的宗教用具，随身携带的佛龛。嘎乌内大多装有佛像、护法神像或护身符。嘎乌的质地有金质、银质、铜质等金属嘎乌，也有木质的。

如乾隆金嵌绿松石嘎乌，又称“佛窝”，通高13.5厘米，厚度3.2厘米。是一件用纯金镶嵌绿松石、青金石的嘎乌，内装有一尊密宗佛像。龛盒上用錾刻工艺饰有精美的花纹等。

自古以来，绿松石就在西藏占有重要的地位。它被用于第一个藏王的王冠，用作神坛供品以及藏王向居于高位的僧人赠送的礼品及向邻国贡献的贡品，古代拉萨贵族所戴的珠宝中，金和绿松石是主要材料。

许多藏人颈脖上都戴有系上一块被视为灵魂的绿松石的项链。一个古老的传说记叙了绿松

镏金 古代金属工艺装饰技法之一。用涂抹金汞齐的方法镀金，近代称“火镀金”。这种技术在春秋战国时已经出现。汉代称“金涂”或“黄涂”。镏金，亦称“涂金”“镀金”“度金”“流金”，是把金和水银合成的金汞剂，涂在铜器表层，加热使水银蒸发，使金牢固地附在铜器表面不脱落的技术。

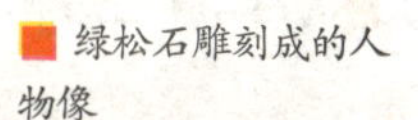

■ 绿松石雕刻成的人物像

■ 绿松石雕刻的摆件

石和灵魂之间的关系：根据天意，藏王的臣民不许将任何一块绿松石丢进河里，因为那样做灵魂也许会离开他的躯体而使之身亡。

绿松石也常被镶嵌在金、银、铜器上，其颜色相互辉映，美丽且富有民族特色。藏族和蒙古族同胞尤其喜爱镶嵌绿松石的宝刀、佩饰等。

另外，许多藏人都将绿松石用于日常发饰。游牧妇女将她们的头发梳成108瓣，瓣上饰以绿松石和珊瑚。对藏南的已婚妇女来说，秀发上的绿松石珠串是必不可少的，它表达了对丈夫长寿的祝愿，而头发上不戴任何绿松石被认为是对丈夫的不敬。一方面蓝色被视为吉利，并把许多特别的权力归因于这一蓝色或带蓝色的宝石。而且，绿松石碎屑除可以做颜料，藏医还将绿松石用作药品、护身符等圣品。

大多数藏族妇女还将绿松石串珠与其他贵重物品如珊瑚、琥珀、珍珠等一起制成项链。有的妇女以戴一颗边上配两颗珊瑚珠的长7厘米的绿松石块为荣。戴上这一件珠宝，对外出经商的丈夫来说，意味着身家安全。男性的饰物比较简化，通常用几颗绿松石珠子与珊瑚串在一起围在脖子上，或在耳垂上用线系上

护身符 护身之灵符，又作护符、神符、灵符、秘符，即书写佛、菩萨、诸天、鬼神等之形象、种子、真言之符札，将之置于贴身处，或吞食，可蒙各尊之加持护念，故有此名。符之种类极多，依祈愿之意趣而有各种差别；而其作用亦多，可除厄难、水难、火难及安产等。

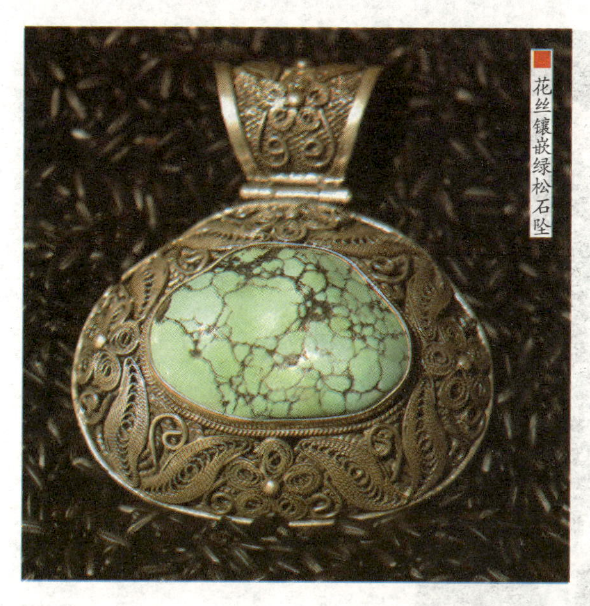
花丝镶嵌绿松石坠

一颗绿松石珠。拉萨贵族戴的耳垂是一种用金、绿松石和珍珠制成的大型耳垂，一直从耳边拖到胸部。

在喜马拉雅地区西部，绿松石和其他一些贵重物件被直接缝在女人的衣裙或儿童的帽上。有时整个外衣的前襟都装饰上金属片、贝壳、各种材料的珠子、扣子和绿松石。据说孩子帽上的绿松石饰物还有保护孩子灵魂的作用。

同时，一些西藏同胞相信戴一只镶绿松石的戒指可保佑旅途平安。梦见绿松石意味着吉祥和新生活的开始。戴在身上的绿松石变成绿色是肝病的征兆，也有人说这显示了绿松石吸出黄疸病毒的功能。

护身符容器在当时的西藏更成为一种重要的珠宝玉器。每一个藏民都有一个或几个这种容器来装宗教的书面文契。从居于高位的僧人衣服上裁下的布片或袖珍宗教像等保护性物件。这种容器可以是平纹布袋，但更多的是雕刻精巧的金银盒，而且很少不带绿松石装饰。有时居中放一块大小适当的绿松石，有时将许多无瑕绿松石与钻石、金红石和祖母绿独到地

绿松石

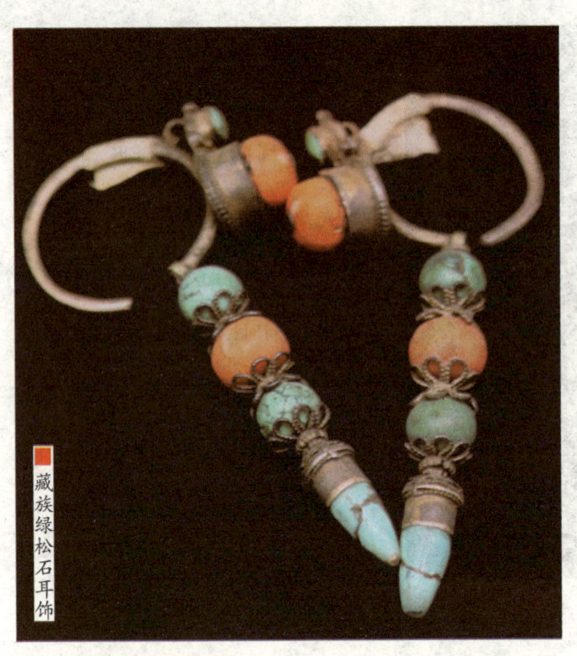
藏族绿松石耳饰

排列在黄金祖传物件上。

特别值得一提的是，在拉萨地区和西藏中部，流行一种特殊类型的护身器：在菩萨像及供奉此像之地的曼荼罗形盒，上有金银的两个交叉方形，通常在整个盒上都镶饰有绿松石。

西藏的任何一件珠宝玉器都可能含有绿松石。金、银或青铜和白铜戒指上镶绿松石是很常见的。有一种很特别的戒指呈典型的鞍形，通常很大，藏族男人将它戴在手上或头发上，女人则喜欢小戒指。

西藏中部的妇女在隆重场合戴的一种花形耳饰，整个表面都布有绿松石。称之为“耳盾”也许更合适，因这些耳饰被小心地安置在耳前，并结在头发上或发网上。

其他还有许多饰物都装饰有绿松石，如带垂和链子、奶桶钩、围裙钩、胸饰、背饰、发饰和金属花环等。

阅读链接

在我国各民族中，绿松石用得最多的，要数藏族人民。

基本上每个藏民都拥有某种形式的绿松石。在西藏高原上，人们认识绿松石由来已久。

西藏文化特征是明显的，从诸多方面显现了其辉煌的成就，至今仍燃烧着不灭的火焰。绿松石，作为这一文化特征的一部分，对西藏人来说是一种希望，不可避免的变化仍将给西藏绿松石的魂与美留下一席之地。

色彩之王——碧玺

碧玺

碧玺拥有自然界单晶宝石中最丰富的色彩，可称为“色彩之王”，自古以来深受人们喜爱，被誉为“十月生辰石”。

碧玺在我国备受推崇，碧玺在古籍《石雅》中出现时有许多称谓，文中称：

碧亚么之名，中国载籍，未详所自出。清会典图云：妃嫔顶用碧亚么。滇海虞衡志称：碧霞碧一曰碧霞玭，一曰碧洗；玉纪又做碧霞希。今世人但称碧亚，

■ 碧玺翡翠项链

或作璧碧，然已无问其名之所由来者，惟为异域方言，则无疑耳。

而在之后的历代记载中，也可找到“砒硒”“碧玺”“碧霞希”“碎邪金”等称呼。

相传，谁如果能够找到彩虹的落脚点，就能够找到永恒的幸福和财富，彩虹虽然常有，却总也找不到它的起始点。

1500年，一支勘探队发现一种宝石，闪耀着七彩霓光，像是彩虹从天上射向地心，沐浴在彩虹下的平凡石子在沿途中获取了世间所囊括的各种色彩，被洗练得晶莹剔透。

不是所有的石子都如此幸运，这藏在彩虹落脚处的宝石，被后人称为“璧玺”，也被誉为“落入人间的彩虹”。

1703年的一天，海边有几个小孩玩着航海者从远方带回的碧玺，惊讶地发现这些石头除在阳光底下能放射出奇异色彩外，还有一种能吸引或排斥轻物体如灰尘或草屑的力量，因此，将碧玺叫作“吸灰石”。

碧玺的碧是代表绿色，“玺”是帝王的象征，可见碧玺作为宝石的称谓可能源于皇家。

碧玺谐音“避邪”，寓意吉利，在我国清代皇宫

玺 是我国古代印章最早的名称。秦以前，无论官印私印都称为“玺”。自秦代以后专指帝王的印，其材料用玉，臣民只称“印”，而且不能用玉。汉代基本沿袭秦制，但制度已略有放宽，也有诸侯王、王太后称为“玺”的。

清代碧玺螭纹坠

中，存有较多的碧玺饰物。

碧玺的颜色有数种，其中最享盛名的是双桃红，红得极为浓艳；其次是单桃红，稍次于双桃红。桃红色是各种玺中身价最高者；其他还有深红色、紫红色、浅红色、粉红色等。

红色碧玺是粉红至红色碧玺的总称。红色是碧玺中价值最高的，其中以紫红色和玫瑰红色最佳，有红碧玺之称，在我国有“孩儿面”的叫法。但自然界以棕褐、褐红、深红色等产出的较多，色调变化较大。

绿色碧玺，黄绿至深绿以及蓝绿、棕色碧玺的总称，显得很富贵、精神。其通灵无瑕、较为鲜艳者，甚至可与祖母绿混淆。

蓝色碧玺为浅蓝色至深蓝色碧玺的总称。

多色碧玺，常在一个晶体上出现红色、绿色的两色色带或三色色带；色带也可依Z轴为中心由里向外形成色环，内红外绿者称为“西瓜碧玺”。

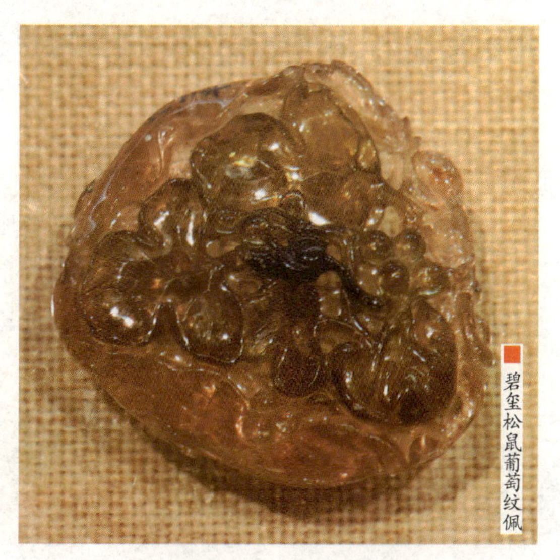
碧玺松鼠葡萄纹佩

另外从外观上看，还有碧玺猫眼，石中含有大量平行排列的纤维状、管状包体时，磨制成弧面形宝石时可显示猫眼效应，被称为“碧玺猫眼”。

变色碧玺为变色明显的碧

玺，但罕见。

在清代，碧玺是一品和二品官员的顶戴花翎的材料之一，也用来制作他们佩戴的朝珠。

碧玺也是清朝慈禧太后的最爱，如有一枚硕大的桃红色碧玺带扣称之为清代碧玺中极品，带扣为银累丝托上嵌粉红色碧玺制成，此碧玺透明而且体积硕大，局部有棉绺纹。

碧玺玉坠

银托累丝双钱纹环环相套，背后银托上刻有小珠文“万寿无疆”“寿命永昌”，旁有“鸿兴”“足纹”戳记，中间为细累丝绳纹双“寿”与双“福”，此碧玺长5.5厘米，最宽5.2厘米，碧玺中当属透明且桃红为珍品，在清朝时期更显珍贵。

据记载，慈禧太后的殉葬品中，有一朵用碧玺雕琢而成的莲花，重量为36.8两，约5092克以及西瓜碧玺做成的枕头。

由于碧玺性较脆，在雕琢打磨过程中容易产生裂隙，因此，自古以来能成型大颗的碧玺收藏品非常难得。

阅读链接

据说碧玺还素有旺夫石之称，妇女佩戴碧玺可增强其与家人的和谐关系，理智处理家庭事务，与古人相夫教子的理想女性形象相呼应，故有旺夫之说。尤其是藏银莲花心经碧玺，其旺夫效果更佳。

由于碧玺的颜色鲜艳，所以可以很轻易地使人有一种开心喜悦及崇尚自由的感觉，并且可以开拓人们的心胸及视野。

仙女化身——翡翠

翡翠颜色美丽典雅，完全符合我国传统文化的精华，是古典灵韵的象征，巧妙别致之间给人的是一种难忘的美，是一种来自文化深处的柔和气息，是一种历史的沉淀、美丽的沉积。

古老相传，翡翠是仙女精灵的化身，被人称为“翡翠娘娘”。据说翡翠仙女下凡后，生在我国风景秀美的云南大理的一个中医世家，

清代翡翠螭纹杯

清代翡翠葡萄

天生丽质，乐施于人。

一个偶然的机会，缅甸王子被她那美丽的容貌迷住了，于是用重金聘娶翡翠仙女。

自从翡翠仙女嫁给了缅甸王子成为“翡翠娘娘”后，她为缅甸的穷苦劳动人民做了许许多多的好事，为他们驱魔治病结束痛苦，还经常教穷人唱歌、跳舞。

然而，“翡翠娘娘”的所作所为却违反了当时缅甸的皇家礼教。国王非常震怒，将“翡翠娘娘”贬到缅甸北部密支那山区。

“翡翠娘娘”的足迹几乎踏遍了那里的高山大川，走到哪儿就为哪儿的穷人问医治病。

后来“翡翠娘娘”病逝在密支那，她的灵魂化作了美丽的玉石之王“翡翠”。于是，在缅甸北部山区，凡是“翡翠娘娘”生前到过的高山大川都留下了美丽的翡翠宝石。

翡翠之美在于晶莹剔透中的灵秀，在于满目翠绿中的生机，在于水波浩渺中的润泽，在于洁净无瑕中的纯美，在于含蓄内敛中的气质，在于品德操行中的风骨，在于含英咀华中的精髓，美自天然，脱胎精工，灵韵具在，万世和谐。

翡翠宝石通常被用来制作女子的手镯。手镯的雏形始于新石器时代，第一功效是武器，然后才有装饰

铭文 又称金文、钟鼎文，指铸刻在青铜器物上的文字。与甲骨文同样为我国的一种古老文字，是华夏文明的瑰宝。本指古人在青铜礼器上加铸铭文以记铸造该器的缘由、所纪念或祭祀的人物等，后来就泛指在各类器物上特意留下的记录该器物制作的时间、地点、工匠姓名、作坊名称等的文字。

作用。东周战国时期的手镯与后世手镯区别不大，称为“环”或“瑗”，汉代为“条脱”或“跳脱”，至明代初期仍有人使用这个名字，“手镯”一词是明代才出现的。

在我国古代，玉乃是国之重器，祭天的玉璧、祀地的玉琮、礼天地四方的圭、璋、琥、璜都有严格的规定。

玉玺则是国家和王权之象征，从秦朝开始，皇帝采用以玉为玺的制度，一直沿袭至清朝。

汉代佩玉中有驱邪三宝，即玉翁仲、玉刚卯、玉司南佩，传世品多有出现。

汉代翡翠中“宜子孙”铭文玉璧、圆雕玉辟邪等作品，都是祥瑞翡翠。唐宋时期翡翠某些初露端倪的吉祥图案，尤其是玉雕童子和花鸟图案的广泛出现，为以后吉祥类玉雕的盛行铺垫了基础。

辽、金、元时期各地出土的各种龟莲题材的玉雕

翁仲 原本指的是匈奴的祭天神像，大约在秦汉时代就被汉人引入关内，当作宫殿的装饰物。初为铜制，号曰“金人”“铜人”“金狄”“长狄”或“遐狄”，后来却专指陵墓前面及神道两侧的文武官员石像，成为了我国两千年来上层社会墓葬及祭祀活动重要的代表物件。除了人像之外，还包括动物及瑞兽造型的石像。

清代翡翠盏

仙人 即神仙，是我国本土的信仰。仙人信仰在我国道教产生之前就有了，后来被道教吸收进来，又被道教划分出了神仙、金仙、天仙、地仙、人仙等几个等级。远在佛教传入我国之前，我国本土就有了对仙人的信仰。佛教传入我国之后，把古印度的外道修行人也翻译成了仙人。

制品就是雕龟于莲叶之上。在明代，尤其是后期，在翡翠雕琢上，往往采用一种“图必有意，意必吉祥”的图案纹饰。

清代翡翠吉祥图案有仙人、佛像、动物、植物，有的还点缀着禄、寿福、吉祥、双喜等文字。

清代翡翠中吉祥类图案的大量出现、流行，实际上从一个侧面体现了当时社会人们希望借助于翡翠来祝福他人、保佑自身、向往与追求幸福生活的心态。至清代，翡翠大量应用，生产了许多的翡翠珍品。

如绿翡翠珠链，粒径0.11厘米至0.15厘米，长49.5厘米，翠色纯正，珠粒圆润饱满，十分珍贵。尤其少见的黄翡翠项链，粒径0.76厘米至1.18厘米，链长73.5厘米，蛋黄色纯正，珠粒圆润饱满。

还有翡翠双股珠链，共用翡翠珠108枚，枚径0.76厘米至0.94厘米，一股长45.7厘米，一股长50.8厘米，颜色鲜艳，翠质均匀细腻，颗粒圆润饱满，十分珍贵。

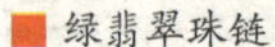

■ 绿翡翠珠链

■ 清代翡翠锦鲤摆件

稍大型的器件如清翡翠观音立像，高17厘米，整体翠色浓艳，翠质细腻温润，雕工精美，观音菩萨面部生动自然，衣褶飘逸，栩栩如生，安然慈祥，殊为珍贵。

还有翡翠送子观音像。“送子观音”俗称“送子娘娘”，是抱着一个男孩的妇女形象。

“送子观音”很受我国妇女喜爱，人们认为，妇女只要摸摸这尊塑像，或是口中诵念和心中默念观音，即可得子。

据说晋朝有个叫孙道德的益州人，年过50岁，还没有儿女。他家距佛寺很近，景平年间，一位和他熟悉的和尚对他说：你如果真想要个儿子，一定要诚心念诵《观世音经》。

孙道德接受了和尚的建议，每天念经烧香，供奉观音。过了一段日子，他梦见观音，菩萨告诉他：“你不久就会有一个大胖儿子了。”

观音 又作观世音菩萨、观自在菩萨、光世音菩萨等。他相貌端庄慈祥，经常手持净瓶杨柳，具有无量的智慧和神通，大慈大悲，普救人间疾苦。当人们遇到灾难时，只要念其名号，便前往救度，所以称观世音。观世音菩萨在佛教诸菩萨中，居各大菩萨之首，是我国百姓最崇奉的菩萨，拥有信徒最多，影响最大。

果然不久夫人就生了个胖乎乎的男孩。

清翡翠雕佛坐像，高32厘米。颜色温润通透，翠质均匀细腻，通体硕大完美，坐佛两耳垂肩，双手合十盘腿而坐，整体庄严肃穆，十分珍贵。

■ 翡翠关公像

比较高大的是一尊清翡翠关公雕像，高约1.22米，重约110千克，带底座，右手持雕龙大刀。人物头戴头盔，左手托长须，身披战袍铠甲，脚蹬长靴，眼睛微闭下视，神情威严。

这件雕像的材质在灯光下肉眼观察，可看出质地细腻、结构颗粒紧密、颜色柔和、石纹明显，轻微撞击，声音清脆悦耳，明显区别于其他石质，通身白中泛青，接近糯米种，腿部还飘有淡淡的紫罗兰花，可以说是开门的翡翠料。

这件翡翠作品雕工十分考究、细腻，通体浮雕散落的云朵、头盔、铠甲雕刻得细致入微，战袍的褶皱也十分自然合理。一把胡须丝丝入微，肉眼看十分清晰均匀。

关公的左臂肩膀处还有精细的兽面浮雕，右臂所持长刀刀身雕有龙和日，显得栩栩如生，惟妙惟肖，

关公 东汉末年著名将领，是刘备最为信任的将领之一。在关羽去世后，其形象逐渐被后人神化，历来是民间祭祀的对象，被尊称为“关公”；又经历代朝廷褒封，清代时被奉为“忠义神武灵佑仁勇威显关圣大帝”，崇为“武圣”，与“文圣”孔子齐名。

这都是古代优秀老工匠才能完成的。关公神情威严，双眼下视，似睁似闭，相当传神，属于清代关公的造型。

另外，翡翠还大量应用于带扣等实用并精美装饰两用的物品中。

如清乾隆雕螭龙带扣，长5.1厘米，此件翡翠质地细腻，雕工精细，造型高古。翡翠雕带扣较为少见，如此质地的翡翠带扣在清代也当属稀有之物。

金黄色的老翡翠相当罕见，清代中期老翡翠金黄色螭龙带扣，长5.7厘米，宽3.3厘米，最厚1.9厘米，雕工一流，螭龙盘转有力，栩栩如生。通体宝光四溢，非常漂亮，整体打磨仔细，已看不到砣痕。

其他还有江苏省常州茶山发现的清代翡翠玉翎管，长6.5厘米，直径1.4厘米，孔径0.8厘米，翠绿、灰白相间，有光泽。圆柱形，中空，上端有宽柄，柄上钻一透孔。

按大清律例，文官至一品镇国公、辅国公得用翠玉翎管；武官至一品镇国将军、辅国将军得用白玉翎管。故在清代，佩带翡翠翎管和白玉翎管常为一品文武高官的象征。

清朝的官帽，在顶珠下有翎管，用以安插翎枝。清翎枝分蓝翎和花翎两种，蓝翎为鹖羽所做，花翎为孔雀羽所做。花翎在清朝是一种辨等威、昭品秩的标志，非一般官员所能戴用。

其作用是昭明等级、赏赐军功，清代各帝都三令五申，既不能僭越本分妄戴，又不能随意不戴，如有违反则严行参处；一般降职或革

乾隆雕螭龙翡翠带扣

职留任的官员，仍可按其本任品级穿朝服，而被罚拔去花翎则是非同一般的严重处罚。花翎又分一眼、二眼、三眼，三眼最尊贵；所谓“眼”指的是孔雀翎上眼状的圆，一个圆圈就算作一眼。

额驸 清宗室、贵族女婿的封号。清代制度，皇后所生封固伦公主，其夫称固伦额驸；妃嫔所生女封和硕公主，其夫称和硕额驸；亲王女封郡主，其夫称郡主额驸；郡王女封县主，其夫称县主额驸；贝勒女封郡君，其夫称郡君额驸；贝子女封县君，其夫称县君额驸；镇国公、辅国公女封乡君，其夫称乡君额驸。

在清朝初期，皇室成员中爵位低于亲王、郡王、贝勒的贝子和固伦额驸，有资格享戴三眼花翎。清朝宗室和藩部中被封为镇国公或辅国公的亲贵、和硕额驸，有资格享戴二眼花翎。五品以上的内大臣、前锋营和护军营的各统领、参领，有资格享戴单眼花翎，而外任文臣无赐花翎者。

由此可知花翎是清朝居高位的王公贵族特有的冠饰，而即使在宗藩内部，花翎也不得逾分滥用。有资格享戴花翎的亲贵们要在10岁时，经过必要的骑、射两项考试，合格后才能戴用。

如清代神童翠玉翎管，翎管长3.8厘米，是普通翎管的一半。翠玉翎管基本为整体满深绿翠，有小点的白地，质地坚硬，雕琢精细，光滑，具玻璃质感。但有一面有较重的腐蚀，手感不平。

■ 翡翠翎管

神童翎管与名声显赫文武高官顶戴的翎管比较，数量极其稀少。

清代翡翠狮钮印章，上面有一尊狮子钮，带提油。下面的翠印还带点红翡，寓意好，印章高 2.6厘米，宽度1.7厘米，厚度

0.9厘米。

■ 翡翠瓜果摆件

翡翠不仅用于当时的器物，还应用于仿古代青铜器型中。

如清翡翠双耳盖鼎，高13.8厘米，颜色浓艳，翠质细腻，工艺精细，整体厚重敦实，尤为珍贵。

类似的还有翡翠瓜果方壶摆件，高25.5厘米，颜色浓淡相宜，翠色润透，雕刻精细，整体生意盎然，较为难得。

瓜果还可以单独成为有吉祥寓意的摆件，如清翡翠雕瓜果福禄寿摆件，高13厘米，翡翠大料为材，局部呈红翡，大面积现绿色。镂空圆雕，中有黄瓜、萝卜、寿桃等瓜果。边有饰铜钱一串。

瓜藤蔓蔓，枝叶茂盛，还有小花朵朵点缀。黄瓜别名胡瓜，有福禄寓意，寿桃寓意长寿，铜钱串是财的象征，三者合一，福禄寿三全。是为吉祥如意之物。原配紫檀松石座，镂雕精致。

而富有寓意的如“五子登科”翡翠摆件，五子登科也称“五子连科”，《三字经》中记载：

窦燕山，有义方，教五子，名俱扬。养不教，父之过，教不严，师之惰。子不学，非所宜。幼不学，老何为？玉不琢，不成器。人不学，不知义。

《三字经》与《百家姓》《千字文》并称为三大国学启蒙读物。《三字经》是中华民族珍贵的文化遗产。其内容涵盖了历史、天文、地理、道德以及一些民间传说。其独特的思想价值和文化魅力仍然为世人所公认，被历代中国人奉为经典并不断流传。

■ 清代翡翠鼻烟壶

后来逐渐演化为五子登科翡翠摆件的吉祥图案，寄托了一般人家期望子弟都能像窦家五子那样联袂获取功名。

五代时的蓟州渔阳人窦禹钧年过而立尚无子，一日梦见祖父对他讲，必须修德而从天命。自此，窦禹钧节俭生活，用积蓄在家乡兴办义学，大行善事。

以后，他接连喜得5个儿子，窦仪、窦俨、窦侃、窦偁、窦僖。窦父秉承家学，教子有方，儿子们也勤勉饱读，相继在科举中取得佳绩，为官朝中，是为“五子登科”，在渔阳古城传为佳话。

清代叶赫那拉氏慈禧太后珍爱玉器与历代帝王相比是空前绝后的，并特别喜欢翡翠，将它看得比什么珍宝都贵重，她用过的玉饰、把玩的玉器数量多达足以装满 3000个檀香木箱。

慈禧太后喜爱翡翠为当时的满汉官员所知晓，于是纷纷进贡献宝来博取她的赏识。太后对翡翠的偏爱超过对高品质的钻石的喜爱，有两件事可以说明：

把玩 即“把玩件”，又称“手玩件”“手把件”，是古玩术语，指能握在手里触摸和欣赏的玉器雕件或核雕等。把玩玉器是赏玉人爱玉崇玉的一种表现，体现出他们对玉爱不释手恋恋不舍的情怀。“把玩件”自古以来就深受男性喜爱，发展到今天，被更广泛的人群接受。

第一件事，慈禧太后是个地道的翡翠迷，曾有个外国使者向她献上一枚大钻石。她慢条斯理地瞟了一眼，挥挥手道：“边儿去。”

她不稀罕喷着火彩的钻石，反而看上另一个人向她进献的小件翡翠，“好东西，大大有赏！”给了他价值不菲的赏赐。

第二件事，恭亲王奕䜣退出军机之前，叔嫂因国事而争论产生不快。恭王新得一枚祖母绿色翡翠扳指，整天戴在手上，摩挲把玩。

没几天，慈禧召见恭王，看见他手上戴着一汪水般的翡翠扳指，便让摘下来瞧瞧。谁知慈禧拿过来一面摩挲一面夸好，颇似爱不释手的样子，一边问话，顺手就搁在龙书案上了。

恭王一看扳指既然归还无望，只好故作大方，贡奉给她了。

慈禧太后的头饰，全由翡翠及珍珠镶嵌而成，制作精巧，每一枚翡翠或珍珠都能单独活动；手腕上戴翡翠镯；手指上戴 10厘米长的翡翠扳指，尤其她还有一枚戒指，是琢玉高手依照翠料的色彩形态，雕琢成精致逼真的黄瓜形戒饰。

甚至，慈禧的膳具都是玉碗、玉筷、玉勺、玉盘。慈禧太后拥有13套金钟、13套玉钟，作为皇宫乐队的主要乐器。玉钟悬挂于2.67米

扳指 满族人最早的扳指是鹿的骨头做的，戴在右手拇指上，拉弓射箭的时候可以防止快速的箭擦伤手指，至后来不打仗了，渐渐有了玉石和金银等贵重材料做的扳指，象征权势地位，也体现满洲贵族尚武精神，到了后期纯为装饰。

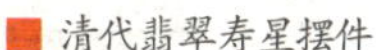

清代翡翠寿星摆件

高，1米宽的雕刻精巧的钟架上。

1873年，慈禧太后开始给自己选“万年吉地”，兴建陵墓。陵址选好后，她就将手腕上的翡翠手串儿扔进地宫，当“镇陵之宝”。

慈禧太后在死后仍以翡翠珠宝为伴。在李莲英的《爱月轩笔记》里散乱地记述了慈禧入殓时的所见所闻：

“老佛爷”身穿金丝福字上衣，平金团寿缎褂，外罩串珠彩绣长袍；头戴珍珠串成的凤冠，上面最大一枚如同鸡卵，重约 4两；胸前佩戴着两挂朝珠和各种各样的饰品，用珍珠 800枚、宝石 35枚；腰间系串珠丝带，共计 9条；手腕佩饰一副钻石镶嵌的手镯，由一朵大菊花和6朵小梅花连成，精致无比；脚蹬一双金丝彩绣串珠荷花履……口中还含着一枚罕见的大夜明珠。慈禧尸体入棺前，先在棺底铺了3层绣花褥子和一层珍珠，厚约 33厘米。

第一层是金丝串珠锦褥，面上镶着大珍珠12604枚、红蓝宝石85枚、祖母绿两枚、碧玺和白玉203枚；第二层是绣满荷花的丝褥，上面铺撒着珍珠2400枚；第三层是绣佛串珠薄褥，用了珍珠1320枚；头上安放一片碧绿欲滴的翡翠荷叶，重22两。脚下放着一朵粉红色玛瑙大莲花，重36两。

尸体入棺后，其头枕黄绫芙蓉枕，身盖各色珍珠堆绣的大朵牡丹

清代翡翠如意

花衾被；身旁摆放着金、玉、宝石、翡翠雕琢的佛爷各 27尊；腿左右两侧各有翡翠西瓜一只、甜瓜两对、翡翠白菜两棵，宝石制成的桃、杏、李、枣200多枚。白菜上面伏着一只翠绿色的蝈蝈，叶旁落着两只黄蜂。

翡翠蝈蝈白菜

尸体左侧放一枝翡翠莲藕，3节白藕上雕着天然的灰色泥土，节处有叶片生出新绿，一朵莲花开放正浓。尸体右侧，竖放一棵玉雕红珊瑚树，上面缠绕青根、绿叶、红果的盘桃一只，树梢落一只翠色小鸟。

另外，棺中还有玉石骏马、十八罗汉等700余件。棺内的空隙，填充了4升珍珠和 2200枚红宝石、蓝宝石。入殓后，尸体再覆盖一床织缀着820枚珍珠的捻金陀罗尼经……

阅读链接

早期翡翠并不名贵，身价也不高，不为世人所重视，清代纪晓岚在《阅微草堂笔记》中写道：“盖物之轻重，各以其时之时尚无定滩也，记余幼时，人参、珊瑚、青金石，价皆不贵……云南翡翠玉，当时不以玉视之，不过如蓝田乾黄，强名以玉耳，今则为珍玩，价远出真玉上矣。”

据《石雅》得知21世纪初大约45千克重的翡翠石子值11英镑。翡翠石子中不乏精华，当时价格也很贵，但与21世纪初1000克特级翡翠七八十万美金相比，简直是小巫见大巫。

孔雀精灵——孔雀石

孔雀石是铜的表生矿物，因含铜量高，所以呈绿色或暗绿色，古时也称为“石绿”。因其颜色和它特有的同心圆状的花纹犹如孔雀美丽的尾羽，故而得名，也因此尤为珍贵。

蓝色孔雀石原石

孔雀石由于颜色酷似孔雀羽毛上斑点的绿色而获得如此美丽的名字。我国古代称孔雀石为“绿青”“石绿”或“青琅玕”。

关于孔雀石名称的由来，有一个凄艳的传说：

远古时候，阳春石菉一带荒山野岭，人烟稀少，有个青年名叫亚文，上山劳作，看见一只鹰紧紧追赶一只绿色孔雀，孔雀被鹰击伤坠地。

亚文赶走了鹰，救出孔雀，把它带回家中敷药治伤，终于把孔雀治好了，就把孔雀带到山林中放飞，孔雀在半空盘旋了一周，向亚文叫了几声，就向南飞去了。

亚文继续每天艰辛劳动。

有一天，天气酷热，亚文中暑昏倒。过一会儿亚文悠悠醒来，看见一只美丽的绿衣姑娘给他喂药，很是感激。

孔雀石狮子

姑娘说道："感君前次的救命之恩，我今天特来相报。"

亚文才知道姑娘是孔雀变的。他们款款交谈，产生了爱情。姑娘告辞时，亚文依依不舍。姑娘约亚文半夜到石菉河边相会，这一夜，孔雀姑娘依约到河边，和亚文结为夫妻。

孔雀姑娘偷下凡尘和亚文成亲的消息，被天帝知道了，天帝就命令天将将孔雀姑娘压在石菉山下。

亚文回家不见了孔雀姑娘，四处寻找，非常痛苦，他为财主挖山采矿听到大石中传出孔雀姑娘的声音，他为救出姑娘，就邀集矿工开山炸石，终于看见了绿莹莹的孔雀石，采回去开炉冶炼三天三夜，炼出了金光耀目的铜块。

亚文把铜块磨成铜镜，用水洗净对镜照看，忽然发现孔雀姑娘向他微笑。亚文把铜镜放在床头，经常

天帝 即我国传说中的玉皇大帝，居住在玉清宫。道教认为玉皇为众神之王，在道教神阶中修为境界不是最高，但是神权最大。玉皇上帝除统领天、地、人三界神灵之外，还管理宇宙万物的兴隆衰败、吉凶祸福。

孔雀石雕刻

看着孔雀姑娘微笑的脸孔，无限痛苦地相思。

天帝见亚文和孔雀姑娘深情相爱，就恩准他们结为夫妻，双双飞升天界去了。从此石菉山岭下就埋藏着许多美丽的孔雀石……

石家河文化是新石器时代末期铜石并用时代的文化，距今约4600年至4000年，因首次发现于湖北省天门市石河镇而得名，主要分布在湖北省及河南省豫西南和湖南省湘北一带。

此地有一个规模很大的遗址群，多达50余处，该处已发现有铜块、玉器和祭祀遗迹、类似于文字的刻画符号和城址，表明石家河文化已经进入文明时代。

在石家河文化邓家湾遗址发现了铜块和炼铜原料孔雀石，标志着当时冶铜业的出现。

公元前13世纪的殷商时期，就已有孔雀石石簪等

虢国 是西周初期的重要诸侯封国。周武王灭商以后，周文王的两个弟弟分别被封为虢国国君，虢仲封东虢，即今河南省荥阳县西汜水镇。虢叔封西虢，即今陕西省宝鸡市东。东虢国于公元前767年被郑国所灭。西虢国于公元前655年被晋国所灭。

工艺品、孔雀石“人俑”等陪葬品，由于它具有鲜艳的微蓝绿色，使它成为古代最吸引人的装饰材料之一。如河南省安阳殷墟发现用来冶炼青铜的矿石中就有孔雀石，其中最大的一块重达18.8千克。

河南省三门峡市上村岭西周晚期至春秋初期的虢国贵族墓地遗址中，也发现有孔雀石两件。还有大量动物形玉饰，如玉狮、玉虎、玉豹、玉鹿、玉蜻蜓、玉鱼及玉海龟等。其他西周墓地也发现有大量孔雀石制成的珠、管等饰品。

河北省涿鹿的春秋战国时期墓葬发现的遗物中，也有孔雀石和与孔雀石伴生的蓝铜矿。

古人还把孔雀石当作珍贵的中药石药，《本草纲目》记载：

石绿生于铜坑内，乃铜之祖气也，铜得紫阳之气而变绿，绿久则成石，谓之石绿。

我国古代还用于绘画颜料，也称“石绿”，便是以孔雀石为原材

孔雀石雕刻

料磨制而成，经千年而不褪色。

丝绸之路 人们通常所指的丝绸之路是穿越中亚、翻过帕米尔高原、抵达西亚的线路。若再往北走，则是北路，往南走是南海路。丝绸之路不仅是中国联系东西方的“国道”，也是整个古代中外经济及文化交流的国际通道。

西汉南越王墓发现的孔雀石药石、铜框镶玉卮和铜框镶玉盖杯，还有带着明显铜沁的玉角杯。这些遗物强烈暗示，在2200年前的西汉时期，阳春的孔雀石已被南越王用来作为绘画的颜料，作为炼丹的药石，作为炼铜的原料，作为镶嵌用的玉石。

广东省阳春的孔雀石开采及冶铜，始于东汉时期，在矿区考古发现的汉代冶炼遗址延绵几千米长，遗留的铜矿废渣竟达100多万吨。

唐代孔雀石又被称为豹纹石，人们发现了孔雀石石质较软，易于雕刻加工，因此唐代孔雀石其制作工艺复杂，有些孔雀石器物加工得极为精细，平底极平，圆器极规整，弧度极优美，器物壁极薄，器盖与器身严丝合缝，看着这些精美的器物，真感觉唐人的智慧是不可想象的。

孔雀石狮子雕刻

如唐代孔雀石盒，高5.2厘米，口径15.5厘米，腹径16.5 厘米。盒直壁，玉璧底，子母口。可能是沿丝绸之路运来的孔雀纹石，此种石料唯长安、洛阳唐代遗址有发现，从器型和一起发现的其他器物推断，此种材料的器物当时十分珍贵。

在唐代时，根据《无量寿经》记载，孔雀石也曾作为佛教七宝之一，有时还被制成盛装佛骨舍利的函。如唐孔雀石舍利函，函为长方形清碧色带花斑孔雀石，盖为覆斗形，子母口。庄严神圣。

■ 孔雀石雕件

函内的棺为黄金制成，棺盖四周用金线缀满琉璃珠，棺前挡上方正中缀一颗较大琉璃珠，以下錾出双扇大门，门上方为弧形，门上有数排门钉，描绘朱砂。

琉璃瓶多面磨刻，长颈，盖为带錾工、形如花蒂的黄金制成。瓶内盛数枚不同颜色的固体物，应是佛舍利。

铁灯为6面楼阁，一面开门，5面开窗，阁内有佛；阁上方为榭，带护栏，6面各站一佛，态度娴静，榭中间灯柱为一擎物力士，鼓肌瞠目，极富力度；力士头擎莲花，花瓣分3层，花蕊作为灯盏，俊逸美妙；6足稍稍外撇，下部内收。整个器型庄重曼妙，富有极其浪漫的想象力。

金棺置于函内，金盖琉璃瓶置于棺内，铁质莲花灯置于函侧。为佛教仪轨中重要实物资料。

除此之外，孔雀石还有的被雕镂成熏炉、埙等日常用具和乐器，代表了唐时代长安和洛阳豪华的风尚。如唐孔雀石熏炉，高8.5厘米，口径4厘米，底径9.5厘米，以当时极其名贵的进口料孔雀石制成，用以

舍利 原指佛教祖师释迦牟尼佛圆寂火化后留下的遗骨和珠状宝石样生成物。舍利子译成中文叫灵骨、身骨、遗身。它的形状千变万化，有圆形、椭圆形，有成莲花形，有的呈佛或菩萨状；它的颜色有白、黑、绿、红的，也有各种颜色；有的像珍珠、有的像玛瑙、水晶；有的像钻石一般。

孔雀石摆件

点燃薰香。

唐代孔雀石埙，直径28厘米，高9.5厘米，口径1.2厘米，底径5厘米，正面6孔，背面两孔，吹奏音质如初，是我国音乐史重要的史料。

至宋代，瓷器制作得到空前的发展，匠人们发现，若将孔雀绿敷盖于青花上，则青花色调变黑，颇有磁州窑孔雀绿黑花的效果。

这时的孔雀石雕刻器物如宋代孔雀石印章，文房用具，高6.5厘米，宽3.5厘米，重153克。还有孔雀石原石摆件，高约30厘米，宽约20厘米，厚约15厘米，重达15至20千克。这种技术一直延续至后世的明清时期。如明朝孔雀石兽镇，高11厘米，雕刻的瑞兽外相十分凶猛强悍。

还有明代孔雀石鱼纹海水纹文房罐，高5.8厘米，直径9厘米，孔雀石颜色非常漂亮，带四鱼纹饰，下部为海水纹饰。

清朝的慈禧太后，就曾经用孔雀石、玛瑙、玉三种宝石制作的面部按摩器，在脸上穴位滚动，从而促进面目血液循环，调整面部神经，从而能达到祛斑、美白的作用。

北京也珍藏着清宫廷赏玩的孔雀石山水盆景和工

埙 我国古代重要乐器之一。3000多年前，我国古代依据制造材料的不同，把乐器分为金、石、土、革、丝、竹、匏、木8种，称为八音。八音之中，埙独占土音。在整个古乐队中起到充填中音，和谐高低音的作用。

艺品。清代宫廷将孔雀石视为雅石文房材料中的一种，如清代孔雀石嵌白玉雕人物故事山子，此山子以天然孔雀石雕刻而成，通景山石人物故事图。山石层叠，高台侧立，古树参天，苍松繁茂，屋舍隐约，右侧高仕童子携琴访友。

画面中人物以和田白玉圆雕而成，与孔雀石颜色相映成趣，雕工精湛，浑然天成。是典型的清代工艺风格。

如清代孔雀石盘，高1.8厘米，长20.7厘米，宽15.4厘米。盘为绿色孔雀石制成，浅式，雕成荷叶形。盘内、外有阴刻和浅浮雕的叶脉纹。此盘孔雀石含有绿色的美丽花纹。其下以红木透雕的荷花枝为座。亮色的浅盘与暗色的木座搭配，形成鲜明的色彩对比。

还有清孔雀石鼻烟壶，高6.5厘米，口径1.6厘米，扁圆形，通体为深浅绿色花纹相间，充分显示出孔雀石天然生成的纹理。其顶上有錾花铜镀金托嵌红色珊瑚盖，下连以玳瑁匙，底有椭圆形足。

以孔雀石制作的鼻烟壶极为少见，此烟壶颜色深沉，盖钮以红色珊瑚加以点缀，可谓万绿丛中一点红，使烟壶整体显得十分活泼。

阅读链接

孔雀石的品种有普通孔雀石、孔雀石宝石、孔雀石猫眼石、青孔雀石。孔雀石宝石是非常罕见的孔雀石晶体。

孔雀石作为观赏石、工艺观赏品，要求颜色鲜艳，纯正均匀，色带纹带清晰，块体致密无洞，越大越好。孔雀石猫眼石要求其底色正，光带清晰。

孔雀石虽然名字里有个“石”，却几乎没有石头坚硬、稳固的特点。它的韧性差，非常脆弱，所以很容易碎，害怕碰撞。所以，孔雀石的首饰设计需要以精湛的工艺为依托，否则，再漂亮的款式，也无法让石头按照人们的意愿去改变。

纯洁如水——水晶

水晶常被人们比作纯洁少女的泪珠，夏夜苍穹的繁星，圣人智慧的结晶，大地万物的精辟。人们还给珍奇的水晶赋予许多漂亮的神话故事，把意味、企望与一个个不解之谜托付于它。有关水晶的本源，民间广泛传播两个故事，一种传说，水晶是由天上的晶牛带来的。

据讲早先东海牛山脚下有个种瓜老汉，种了一辈子西瓜。这年春旱，牛山都干裂了缝，老汉种了5亩西瓜，每天拼死拼活挑水灌溉才保住了一个西瓜。西瓜越长越大，不觉竟有笆斗大。

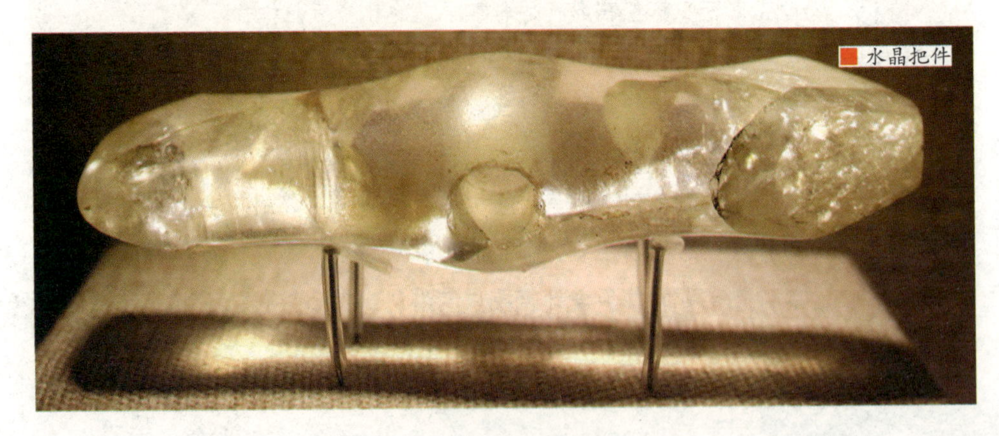
水晶把件

此日晌午，邻村一个绰号“烂膏药”的财主走得口渴，非要买这个瓜解渴。

水晶力士烛台

老汉正踌躇，这时猛然从瓜肚子里传来牛的乞请声：“瓜爷爷，我是牛山的晶牛，你快救救我！”

老汉感到奇怪，问：“你怎么钻到瓜肚子里了？”

晶牛慢慢说道：“天太热，我渴极了钻到这瓜里喝瓜汁，撑得出不来了。”

“我怎么救你呢？”瓜老汉急得直搓手。

晶牛说：“这样，你千万不可卖给那恶徒，他若把我进贡给皇上，牛山就没宝啦！你尽早把西瓜切开，放我出去吧！”

正说间，“烂膏药”使唤仆人前来抢西瓜，说时迟那时快，瓜老汉挥刀朝西瓜劈下，就听“轰隆”一声，一道金光从瓜里射出来，照亮了半边空中。整个牛山放光闪烁。

再看，随着金光奔出来的那头晶牛拉个晶块子，晶明透亮，把人的眼睛都照花了。

神牛见了老汉，跪倒就磕头：“瓜爷爷，你这地里有晶豆子，赶快收吧！”

“烂膏药”瞧见了晶牛，喜从天降，忙使唤仆人：“快散开拦住，逮住晶牛，得晶碌子，收晶豆子！”

一伙仆人团团将晶牛围住，晶牛东奔西突，晶碌子拉到哪边，哪边就晶光闪烁。

紫晶洗

晶牛左冲右闯也出不了重围，瓜老汉急了，使刀背照准牛屁股“咚”地捅了一下，喊声：“还不快点走！”

只听“哞”的一声吼，晶牛负痛蹿将起来，一下子将“烂膏药”撞个七窍出血，过后腾空朝牛山奔去，只见牛山金光一炸，晶牛一头钻进山肚里去了。

仆人们哭丧着脸，拾掇“烂膏药”尸身拉了回去。瓜老汉再定神细看，满地点点火亮蹦跳，他找来铁锹一挖，挖出些亮晶晶、水汪汪的石头，竟是些值钱的水晶石。

水晶与神牛，东海民间有另一种说法：相传天上一头神牛偷下尘凡，偷吃瓜农的西瓜，被瓜园的仆役发现，于是追赶，从西南至东北，神牛一边奔腾，一边撒尿，纯正的牛尿浸到哪块地里，哪块地里就长出了水晶……

传说毕竟是传说，但我国的水晶工艺历史悠久，如浙江省杭州半山镇石塘村就发现有我国战国时期的一件水晶杯。敞口，平唇，斜直壁，圆底，圈足外撇。素面无纹，造型简洁，为我国早期水晶制品中最大的一件，也可能是最早的一件水晶制品。

玉英、水玉都是水晶早期的别称。传说古时候赤松子曾服玉英，以教神农并自己跳进火里焚烧自己登仙去了昆仑山，连炎帝神农的小女儿也照此法服水晶入火自烧追随他而去。

水晶，澄澈的机体，旷世的精灵。它蕴藏着天地间的灵秀之气，流泻着宇宙里的雄浑之韵，凝聚着文明古国的文化情结。

《山海经》中，水晶又被称作“水碧”：“又南三百里，日耿山，无草木，多水碧 。”郭璞注：“亦水玉类。”这种称谓常被文人所引用，晋代郭景纯《璞江赋》写道：“瑰，水碧潜。”

水晶又有人称作“玉瑛”。《符瑞图》记载：“美石似玉，水精谓之玉瑛也。”

司马相如《上林赋》中有“水玉磊河”句。水晶得名水玉，古人是看重“其莹如水，其坚如玉”的质地。唐代诗人温庭筠《题李处士幽居》写道：“ 水玉簪头白角巾，瑶琴寂历拂轻尘。”

而在《广雅》中则有巧解，说水晶“水之精灵也”；李时珍则说道：“莹洁晶光，如水之精英。”细加考究，此称还蕴含着浓厚的宗教意味呢!

水精一名，最初见于佛书，后汉支曜翻译的《具光明定意经》说道：“其所行道，色如水精。”

《广雅》中也称水晶叫“石英”，色白如莹者又叫“白”。为附的异形字。司马相如《子虚赋》就有“雌黄白”之句。苏林解释说道：“白，白石英也。”

另外，水晶在古代也有其他叫法，如《庶物异名疏》中说：“水精出大

司马相如（约前179年—前118年），西汉大辞赋家，是西汉盛世汉武帝时期伟大的文学家、杰出的政治家。作品辞藻华丽，结构宏大，使他成为汉赋的代表作家，后人称之为赋圣和“辞宗”。他与卓文君的爱情故事也广为流传。

水晶孔雀

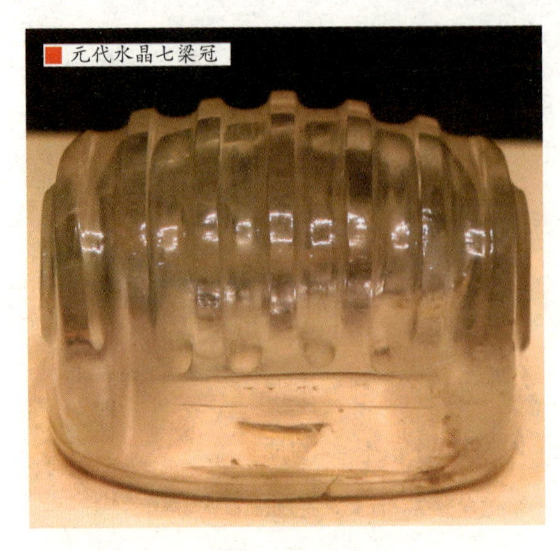
元代水晶七梁冠

秦国，一名黎难”。

结晶完整的水晶晶体，就如参差交错的马齿，所以人们又叫它马牙石。先民们最早用它研磨成眼镜片，因而送它一个“眼镜石”的绰号。

水晶有通称，也有俗称。广州一带称水晶叫“晶玉”，又名“鱼脑冻”；江苏省东海县山民发现水晶会“蹿火苗”，于是给它起个放光石的俗名。

世间一物多名，不足为奇，而像水晶拥有这么多的别称，实不多见，从水玉、水碧、白玉、玉瑛、水精石英、黎难、晶玉至菩萨石、马牙石、眼镜石、放光石、千年冰、高山冻、鱼脑冻等，简直构成一部奇石鉴赏史。

石头，水晶，成为楚骚、汉赋、唐诗、宋词、元曲一个歌吟不息的对象，构筑了我国文学史上许多不朽诗篇。李商隐、杜牧、白居

水晶龟

易、欧阳修、苏轼、辛弃疾、杨万里、吴文英、杨基、魏源等诗坛、词林大家都有歌吟水晶的佳篇传世。

我国最早的大诗人屈原，同时也是有史最早提到水晶的诗句。诗中“胜美玉”，“过冰清”，写出水晶的质地美，而“亦欲应时明”则描绘出水晶充满灵性的动态美，耐人寻味。

水晶佛像摆件

东汉时期，由于国家的强盛和民族精神的振奋，造型艺术得到了蓬勃发展，作品中洋溢着一种深沉雄大的精神气势。

除了写实的具体形象外，当时的工匠们的创作思维，必然会受到我国正统的民族传统文化的影响。如我国的原始图腾崇拜、道教、儒学的各种教义、学说等，出现了神瑞化的装饰，狮生双翼、身带云火等，使得各种瑞兽的形象能上天，能驱妖除魔，可以战胜一切，实现人们美好的愿望。

当时的艺术工匠们都有古代文化惯性中图腾式的造型艺术手法，他们对具体物象采取浪漫而神瑞化的装饰。

《周书》记载：“无为虎傅翼，将飞入宫，择人而食。”突出表现狮子的威武、悍烈、强健和凶猛的气质；《山海经·海内北经》也说道：“穷奇，状如

图腾 是原始人群体的亲属、祖先保护神的标志和象征，是人类历史上最早的一种文化现象。社会生产力的低下和原始民族对自然的无知是图腾产生的基础。主要是为了将一个群体和另一个区分开。由一个图腾，人们可以推理出一个族群的神话历史记录和习俗。

明代水晶配饰

虎，有翼。”

可见，在突出基本物象的同时，在肩上添一双飞翔的翅膀，更加显示瑞兽的无限神威。

如兽类的头角、须毛、翼羽、爪蹄、云火等，都恰到好处地进行变形、加强和综合，装饰到兽类身上，这种装饰性的形体处理，使兽类变得怪异起来，丰富起来，使它上天能飞，下水能潜，反映人们征服自然，驱除妖魔的美好意愿。

如山东临沂市吴白庄汉墓发现的水晶兽，该器物高2.3厘米，长4厘米。通体晶莹剔透，圆雕一瑞兽形象，亦虎亦狮，弓背卧踞，以极其洗练的刀法雕刻出耳、目、鼻、口、四肢及尾部，它寂寂无声地坐在那里，神态自若地细数着千年往事……

东汉时期的丧葬制度，是现实生活的缩影。它是以一种比较抽象的、概括的，而又比较固定的形式，在一定程度上把民族思想意识和风俗习惯反映出来。

秦汉时期，祖先崇拜和灵魂不灭观念已根深蒂固；东汉时期，儒学和统治阶级提倡重伦理的道德观念更是深入人心。受这两股思想意识的影响，东汉厚葬风气愈演愈烈。

“厚葬”之风，自然地也反映到了东汉时期的造型艺术上。昭帝时贤良文学对此便有清醒的认识：“生不能致其受敬，死以奢侈相高。显名立于世，光荣著于俗。”

所以，从文化的深层次上说，水晶兽的出现不单纯限于丧葬祭祀等方面，它们更多地蕴含着诸如社会价值、人生质量、人格理想、生命境界等文化“意味”，是审美文化的一种特殊表现形态。

水晶在光照下能闪射神奇的灵光，被佛教认为是佛的五彩祥云。佛经将水晶列入佛家七宝，认为水晶是圣人智慧的结晶，大地万物的精华，能蓄纳佛家净土的光明和智慧，是珠宝中充满灵性的吉祥之物。从古至今用水晶来雕刻各类题材的艺术品出土和传世的都很多，但是用水晶雕制佛塔却是很罕见。

如唐代水晶舍利佛塔，高8厘米，宽6厘米，形状为单层四方亭阁式，单檐四门，上置有宝珠顶塔刹，塔的四壁用浅浮雕刻有佛像，整个塔身的阴刻线内涂满泥金。

水晶舍利佛塔看起来不大，但用阴刻线和浅浮雕明显地刻出塔基、塔身、塔檐和宝顶几个部分。塔基以阴刻仰莲为底台，底台上以石块垒砌为座，再以刻画着象征性石级飞梯至塔身的亭座。

塔身为正方形，四周有廊柱，廊柱从上往下饰缠枝莲纹，塔身用石块垒砌到顶，挑出作为塔四角攒尖的锥状屋顶，四面单檐角略微翘起，阑额及檐下均刻网纹。攒尖式塔的屋顶为层瓦叠砌，塔顶上的塔刹以仰莲花朵捧托火焰宝珠作为顶。

水晶砚台

在塔身的四壁辟有方门式佛龛，佛龛内用浅浮雕各刻画一尊佛像，这4尊佛像皆螺发肉髻，颜面丰满，细眉慈眼，安详恬静，身着右袒肩式衣饰，结跏趺坐于莲花座上，做着不同的手势。佛的背后发着背光，因为都是最高的佛陀，所以是头光和身光兼备的背光。

清水晶双耳活环扁瓶

按照佛经的记载，世界是被分为4个方位的，每个方位都有一个大智大勇的佛来掌管，他们分别为东方的阿闪佛，西方的阿弥陀佛，南方的保生佛，北方的不空成就佛。水晶佛塔四壁的4尊佛像就是按这一记载来布置雕刻的，供奉时则按照4佛的对应方位来置放水晶佛塔。

此水晶佛塔小巧玲珑，文饰清晰，造型逼真，雕刻古朴，宏伟庄重，洋溢着浓郁的佛教艺术特色，看得出是由当时虔诚的供奉人怀着崇敬的心情制作的。

水晶透雕木纹扁瓶

不惜花费重金，使用当时最珍贵的材料，通过匠人的精心加工制作而成，然后作为宗教法器使用，或为大型建筑佛塔下面的地宫里供奉所用，再经过千年流传而辗转存世。

此水晶佛塔与陕西省扶风法门寺真身宝塔地宫发现的唐代4门金塔为同一样式，再加上唐以后的佛像造像中出现背光的较少，所以定此塔为唐代的水晶舍利佛塔。

另外，广东南越国宫署遗址也发

现有唐代水晶。

宋代人上自皇帝，下至文人墨客，都醉心于“风花雪月”。这个时代特征反映在砚上，就是以蝉形砚为代表的仿生砚的创制，以及仿生砚中植物造型和纹饰的大量使用。通透俊逸的宋代蝉形水晶砚，就是这个时期文人雅士砚的典型代表。

我国的“蝉文化”由来已久。新石器时期已出现丧葬死者含玉习俗。商周以来，此俗传承。商时有含贝者，西周有含蝉形玉者，春秋时有含珠玉者。战国以后，盛行死者含蝉形玉，于汉尤甚。

此类蝉形有玉制，也有晶莹的水晶制成，乃取其清高，饮露而不食。汉太史司马迁的《史记·屈原传》记载：“蝉，蜕于蚀秽，以浮游尘埃之外，不获世之滋垢。”寓借蝉生性而赋予死者再生、复生之含义。也借蝉之饮露，隐喻清洁高雅之意。

汉魏以来，许多文人曾称颂蝉的美德。如东汉文学家、我国第一个女历史学家班昭在《蝉赋》、三国时期曹植的《蝉赋》、西晋陆云的《寒蝉赋并序》等都以蝉形貌、习性比喻人的美德。

从此，本属“微陋”之物的蝉在文人心目中便完美起来，成为高洁人格的化身。受到文人美化的蝉，其实正是对象化的文人自身，是文人自身道德

《史记》 由司马迁撰写的我国第一部纪传体通史，是二十五史的第一部。记载了上自上古传说中的黄帝时代，下至汉武帝太史元年间共3000多年的历史。《史记》与《汉书》《后汉书》《三国志》合称“前四史”。它还与宋代司马光所编撰的《资治通鉴》并称为“史学双璧”。

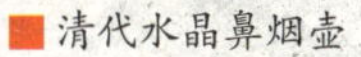
清代水晶鼻烟壶

罗汉 又名“阿罗汉”，即自觉者，在大乘佛教中罗汉低于佛、菩萨，为第三等，而在小乘佛教中罗汉则是修行所能达到的最高果位。佛教认为，获得罗汉这一果位也就是断尽一切烦恼，应受天人的供应，不再生死轮回。在我国寺院中常有十六罗汉、十八罗汉和五百罗汉。

人格的美化。而水晶质的蝉更是将这种文化提高到了一个至高无上的高度。

至宋、元、明三朝，“蝉文化”又深入砚雕领域，蝉形砚盛极一时。借物寓人是我国古代文人墨客抒怀的惯用技法。

古人以为蝉栖于高枝，风餐露宿，不食人间烟火，是高洁的象征，则以其喻之人品高洁。

山东邹县鲁王朱云墓发现多件明代水晶器物。如水晶卧鹿，高6.2厘米，宽4.7厘米，长9.7厘米，水晶卧鹿呈洁白，透光。鹿伏卧，昂首，口微张，直颈，弓背，屈肢，平卧于地，臀部肥大，小尾上翘。

水晶卧鹿与水晶独角兽砚壶及其他文具同时被发现。形态生动，刀法简练，琢磨圆滑，是明代初期水晶制品的代表作。

■ 水晶观音

另外还有明代水晶送子观音和水晶罗汉，也都是精美的水晶制品。水晶罗汉头像长4.5厘米，宽3厘米，厚2.5厘米。

布袋似乎不登大雅之堂，但民间却很看重它。历史上是有一个禅宗游方僧，常常背着一个大布袋到处化缘，乞求布施，人号布袋和尚。他死后人们又多次看到过他，所以，人们认为他是弥勒佛的化身。

在很多的地方，一般家

庭在布袋里常放些大米，不能让他空着，这样就能求得天地赐食，有的地方驱除鬼魅的巫师，常常一手拿竹枝，一手拿一个布袋，据说他能把鬼魅赶进布袋化为乌有。

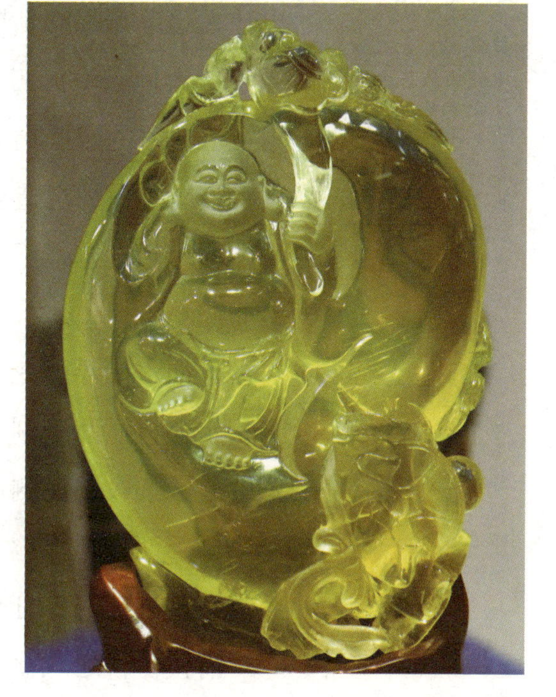

黄水晶布袋和尚

如清代白水晶布袋和尚立像，重29.3克，高4.8厘米，宽2.6厘米，最厚1.8厘米。

还有水晶布袋和尚卧像，长9.8厘米，虽然布袋和尚没有其他神仙那么神圣，但是让深入民众，为大家排忧解难，深得广大民众的敬重和喜爱。不管布袋和尚是否真的存在过，但是他的精神和形象永存在人们的心中。

清乾隆水晶卧佛，长15厘米，高13厘米，造型精美，精品之作。水晶卧佛上还镶有红宝石、蓝宝石、绿松石。

清乾隆时期，采用通体无云雾絮状的优质水晶雕琢而成的椭圆形的水晶香熏炉非常有特色，该香熏炉不仅质地纯净明莹，颜色沉稳，而且制作精良，工艺精湛，香炉高11.7厘米，两耳处长14.7厘米，腹部宽处为5.5厘米。

其两耳处各有一个活动的环，捧的时候幅度稍微大一点会“叮当”作响。该炉制作得非常圆润，仔细观察和抚摸，炉腹及炉盖内打磨得非常光滑和齐整，

布袋和尚 名契此，唐末至五代时明州奉化僧人，号长汀子，是五代时后梁高僧。据说他身材矮胖、满脸欢喜，平日以杖肩荷布袋云游四方，以禅机点化世人。他乐善好施、身怀绝技、除暴安良、让众生脱苦得乐。因他在圆寂前说了“弥勒真弥勒，分身千百亿，时时示时人，时人自不识。”时人认为其为弥勒的化身。

灵芝纹 古代常见的纹饰。自古以来灵芝被认为是天意、美好、吉祥、富贵和长寿的象征。在我国历史上灵芝代表权力至上、庄重、神圣、高尚，是最有影响的吉祥物。灵芝寄生在枯树朽木之上，花中得生、枯木逢春之意。芝盖上云彩般的花纹，犹如祥云凝聚、冠盖如意。

更让人想象无限的是炉盖上的那只狮子，它在回首环望苍茫大地，一派王者风范，而炉腿上的3只狮首也象征着皇家的威严。

整个香熏炉之造型在水晶上运用阴、阳、镂雕于一体的综合工艺，不仅其成本高昂，而且技术要求也是非同小可。

再如水晶浮雕龙纹兽耳活环螭钮盖瓶，高22.2厘米。水晶材质晶莹剔透，立雕螭龙攀抓灵芝为钮，瓶颈浮雕云蝠纹，两侧饰兽首活环为耳，瓶身双面刻云龙纹饰，两侧浮雕螭龙灵芝纹与盖钮相应，通体纹饰繁复。刻工流畅，打磨光滑，工艺精湛。

清代仿古之风盛行，以各种材质制作的仿商周青铜器器物流行一时，水晶也不例外。

水晶浮雕龙纹兽耳活环螭钮盖瓶

如清水晶凫形水丞，直径8.8厘米，高3厘米，水丞又称水中丞，我们通常多称就是水盂。它是置于书案上的贮水器，用于贮砚水，多属扁圆形，有嘴的叫“水注”，无嘴的叫“水丞”。制作古朴雅致，被称为文房“第五宝”。

水晶龙首觥，高14.4厘米，制作技法高超，精美绝伦，其材质、尺寸、雕刻风格与清水晶凫形水丞相近，或同属清宫造办处制作的文房赏玩之器。

内画鼻烟壶，是我国特有的传

统工艺品种，自清代嘉庆年间制作以来，一跃而成为我国艺术殿堂中的一颗璀璨明珠。

清代马少宣水晶内画蝴蝶图鼻烟壶

内画鼻烟壶，发祥于京城，为当时皇宫贵族、达官贵人所拥有。如叶仲山水晶内画婴戏鼻烟壶，在纯净透明的烟壶内壁描绘青山绿水之旁，几个儿童正手牵手围成圈嬉戏玩耍，生动活泼、栩栩如生、极富童趣。

马少宣水晶内画蝴蝶图鼻烟壶，高7.2厘米。壶身为水晶料，壶盖为玉料。正面内壁绘数只彩蝶，翩翩起舞于花丛之中。壶身上方中间位置有四字题款："探花及第"，旁边钤椭圆形白文"宣"印。

壶身的反面有楷书六行竖行款："戊戌冬日。百样精神百样春，小园深处静无尘。笔花妙得天然趣，不是寻常梦里人。于京师作，马少宣"。

阅读链接

对任何宝石来说，颜色都是非常重要的，水晶也不例外。

如果水晶晶体是有颜色的，如粉水晶、黄水晶、紫水晶等，其颜色评价的最高标准则是明艳动人，不带有灰色、黑色、褐色等其他色调。如粉水晶，颜色以粉红为佳；

紫水晶，要求颜色为鲜紫，纯净不发黑；

黄水晶，要求颜色不含绿色、柠檬色调，以金橘色为佳。

色相如天——青金石

青金石雕和合二仙

青金石，我国古代称为“璆琳”“金精”“瑾瑜”“青黛”等。属于佛教七宝之一，在佛教中称为“吠努离”或“璧琉璃”。

青金石以色泽均匀无裂纹，质地细腻有漂亮的金星为佳，如果黄铁矿含量较低，在表面不出现金星也不影响质量。但是如果金星色泽发黑、发暗，或者方解石含量过多在表面形成大面积的白斑，则价值大大降低。

呈蓝色的青金石古器往

往甚为珍贵。《石雅》记载："青金石色相如天，或复金屑散乱，光辉灿烂，若众星丽于天也。"

所以我国古代通常用青金石作为上天威严崇高的象征。

《尚书·禹贡》记载了夏代时位于西方的雍州曾向中心王朝纳贡璆琳，而璆琳就是青金石的波斯语音译。

这说明青金石在我国夏代就已经得到了开发利用，并成为王朝礼法划定的神圣贡物。

青金石佛像

最古老的青金石制品是战国时期曾侯乙墓中发现的，同墓还发现了大量青铜器、黄金制品、铝锡制品、丝麻制品、皮革制品和其他玉石制品。墓中的玉石制品大都为佩饰物或葬玉，数目多达528件，其质地除了青金石，还有玉、宝石、水晶、紫晶、琉璃等，其中不少为稀世精品。

此外，在吴越地区还发现一把战国时期的越王剑，其剑把镶嵌了蓝绿色宝石。后经认定，这把越王剑的剑把所镶玉石一边为青金石，另一边为绿松石。

《吕氏春秋·重己》记载："人不爱昆山之玉、江汉之珠，而爱己之一苍璧、小玑，有之利故也。"这里将"苍璧"与"昆山之玉"作为两件对比的事物并列，显见两者虽然不同，但肯定有很多相似的特征，因此苍璧或许是青金石。

东晋王嘉所著《拾遗记》卷五记载："昔始皇为冢……以琉璃杂宝为龟鱼。"因此有人认为这里所说的秦始皇墓中所谓的"琉璃"就

■ 青金石三角盒

是青金石。

但可以肯定的是，我国在东汉时已正式定名“青金石”，在我国古代，入葬青金石有“以其色青，此以达升天之路故用之”的说法，多被用来制作皇帝的葬器，据说以青金石切割成眼睛的形状，配上黄金的太阳之眼，能够守护死者并给予勇气。

在徐州东汉彭城靖王刘恭墓发现有一件鎏金嵌宝兽形砚盒，高10厘米，长25厘米，重3.85千克。砚盒做怪兽伏地状，通体鎏金，盒身镶嵌有红珊瑚、绿松石和青金石。

南北朝时期，西域地区的青金石不断传入中原。如河北省赞皇东魏李希宋墓发现了一枚镶青金石的金戒指，重11.75克，所镶的青金石呈蓝灰色，上刻一鹿，周边有连珠纹。

鹿 在古代被视为神物。古人认为，鹿能给人们带来吉祥幸福和长寿。作为美的象征，鹿与艺术有着不解之缘，历代壁画、绘画、雕塑、雕刻中都有鹿。现代的街心广场，庭院小区矗立着群鹿、独鹿、母子鹿、夫妻鹿的雕塑。一些商标、馆驿、店铺扁额也用鹿，是人们向往美好，企盼财运兴旺的心理反映。

在南朝诗人徐陵的《玉台新咏·序》中有记载：“琉璃砚匣，终日随身，翡翠笔床，无时离手。”从翡翠到清代才传入我国与宋代欧阳修类似的记载来看，这里的“翡翠”当指的是价值昂贵的青金石了。

至隋唐时期，我国与中亚地区的交往进一步增加，这在青金石的使用上也有所反映，如陕西省西安郊区的隋朝李静训墓中发现有一件异常珍贵的金项链，金项链上就镶嵌有青金石。

根据墓志和有关文献得知，李静训家世显赫，他的曾祖父李贤是北周骠骑大将军、河西郡公；祖父李崇，是一代名将，年轻时随周武帝平齐，以后又与隋文帝杨坚一起打天下，官至上柱国。

583年，在抗拒突厥侵犯的战争中，以身殉国，终年才48岁，追赠豫、息、申、永、浍、亳六州诸军事、豫州刺史。

李崇之子李敏，就是李静训的父亲。隋文帝杨坚念李崇为国捐躯的赫赫战功，对李敏也倍加恩宠，自幼养于宫中，李敏多才多艺，《隋书》中说他“美姿仪，善骑射，歌舞管弦，无不通解”。

开皇初年，周宣帝宇文赟与隋文帝杨坚的长女皇后杨丽华的独女宇文娥英亲自选婿，数百人中就选中了李敏，并封为上柱国，后官至光禄大夫。

据墓志记载，李静训自幼深受外祖母周皇太后的溺爱，一直在宫中抚养，“训承长乐，独见慈抚之恩，教习深宫，弥遵柔顺之德”。然而“繁霜昼下，英苕春落，未登弄玉之台，便悲泽兰之天”。

608年6月1日，李静训殁于宫中，年方9岁。皇太后杨丽华十分悲痛，厚礼葬之。

李静训墓金项链周径43厘米、重91.25克，这条项链是由28个金质球形饰组成，球饰上

大夫 古代官名。西周以及先秦诸侯国中，在国君之下有卿、大夫、士三级。大夫世袭，有封地。后世遂以大夫为一般任官职之称。秦汉以后，中央要职有御史大夫，备顾问者有谏大夫、中大夫、光禄大夫等。至唐宋尚有御史大夫及谏议大夫之官，明清时废。又隋唐以后以大夫为高级官阶之称号。

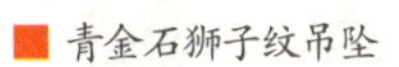
青金石狮子纹吊坠

青金石项链

各嵌有10枚珍珠。金球分左右两组，各球之间系有多股金丝编织的索链连接。链两端用一金钮饰相连，金钮中为一圆形金饰，其上镶嵌一个刻有阴纹驯鹿的深蓝色珠饰。

两组金球的顶端各有一嵌青金石的方形金饰，上附一金环，钮饰两端之钩即纳入环内。项链下端为一垂珠饰，居中者为一嵌鸡血石和24枚珍珠的圆形金饰，两侧各有一四边内曲的方形金饰。最下挂一心形蓝色垂珠，边缘金饰做三角并行线凹入。

北宋大文豪欧阳修在《归田录》中记载：

翡翠屑金，人气粉犀，此二物则世人未知者。余家有一玉罂，形制甚古而精巧。始得之，梅圣俞以为碧玉。

在颍州时，尝以示僚属，坐有兵马钤辖邓保吉者，真宗朝老内臣也，识之曰："此宝器也，谓之翡翠。"云："禁中宝物皆藏宜圣库，库中有翡翠盏一只，所以识也。"

其后予偶以金环于罂腹信手磨之，金屑纷纷而落，如砚中磨墨，始知翡翠之能屑金也。

由此可见，"屑金之翡翠"中应既有可以被古人误认为是金屑的黄铁矿，更应比较珍贵，被古人认可，而且有着悠久的人类使用历史。那么，其中的"金屑"实际是黄铁矿，"翡翠"实际是青金石。

明代学者姜绍书《韵石斋笔谈》记载的明朝“翡翠砚”，“磨之以金，霏霏成屑”，与欧阳修记载的对翡翠玉罂进行“如砚中磨墨”的金环实验比，其结果是异曲同工的。

由此证明了翡翠砚是含有所谓金屑的。而翡翠砚与前面所述“翡翠笔床”同为文房用品，以青金为制作材质，并不是说青金有益于提升其文房功能，而是为了突出青金的高贵和价值。

以此类推，唐昭宗赏赐李存勖的“翡翠盘”和“鸂鶒卮”，后唐时期秦王李茂贞贡献给时为后唐庄宗李存勖的“翡翠爵”，后周时期刘重进在永宁宫找到的“翡翠瓶”，南唐时期作为大户人家嫁妆的“翡翠指环”，北宋时期宋真宗的“翡翠盏”、北宋末期宋徽宗的“翡翠鹦鹉杯”，宋代文献记载的“于阗翡翠”等，这些无一例外，都是指的青金石。

特别是鸂鶒卮和鹦鹉杯，实际也是与“翡翠玉罂”一样，都是用碧蓝色鸟类的羽毛，如“鸂鶒”“鹦鹉”“翡翠”等，来命名同为碧蓝色的玉石的，而这个碧蓝色的玉石，就是青金。

青金石独角兽

由此也说明，至少在南北朝时期、隋唐时期、五代十国时期、两宋时期和明朝，青金石已经随着丝绸之路大规模地输入中原地区，青金制作的器物已经作为外邦的贡品，成为王朝皇帝的收藏，其地位和价值已经达到了一个相当高的水平。

另外，青金石由于硬度不高，后来人们发现可以用于雕刻一些小型把件、印章等物品。如宋代青金石大吉大利手把件，长4.8厘米，宽4.7厘米，厚3厘米，重70克，为一完整的鸡的造型，扭颈回头，古朴而厚重，寓意吉祥。

明代青金石雕鼠摆件，长6.8厘米，高3.5厘米，厚2.9厘米，天蓝色玻璃光泽亮丽，石雕表面微见不规则冰裂纹，腹股背有白线，似一丝白云横贯其间。整件青金石雕鼠之造型做卧式状，只见鼠的头部向左略侧，目光平视。尖嘴略张，长须紧贴其上，小又灵活的双耳似在凝神窃听四周的动静，高高竖起。

短而粗壮的脖子，肥胖的躯体，细长的尾巴弯曲收向腹侧，四爪紧紧贴于红木底座。底座则雕以镂空变体莲叶纹，衬托出该石雕鼠的灵动逼真，犹如一只呼之欲出的大蓝鼠。

青金石和合二仙

还有明代青金石镶银金刚杵，长4厘米，应为贵族所配之物，规格高极为少见，牌子银座为后包。

至清代，青金石除印章，也应用于雕刻摆件、山子、挂坠、如意等更复杂的物件。

如清代青金石瑞兽钮印章，高6.2厘米，印章呈方形，上有兽形钮，以青金石雕琢而成，此印石体深蓝，间有白花星点，表面打磨平整光洁，色泽莹润，兽钮形象古朴，雄浑大气，雕琢精致，形状方正规整，为青金石印章之佳品。

清青金石如意，长44厘米，宽2.7厘米，做工犀利，线条硬朗。

类似的还有清代青金石如意牌，图案吉祥寓意多子多福如意长寿，高5.2厘米，长4厘米，厚0.6厘米。色彩纯正稳重，面有洒金，为上品青金石。雕刻双石榴、双灵芝、一朵花，寓意子孙繁盛，灵芝如意，确为青金石雕刻中的精品。

青金石摆件

在古代，青金石除用作帝王的印章、如意之外，同时也是一种贵重的颜料。如敦煌莫高窟、敦煌西千佛洞自北朝至清代的壁画和彩塑上都使用了青金石作为蓝色颜料。

至清代，皇室延续了使用青金石祭天的传统。据《清会典图考》记载："皇帝朝珠杂饰，唯天坛用青金石，地坛用琥珀，日坛用珊瑚，月坛用绿松石；皇帝朝带，其饰天坛用青金石，地坛用黄玉，日坛用珊瑚，月坛用白玉。"

皆借玉色来象征天、地、日、月，其中以天为上。由于青金石玉石"色相如天"，故不论朝珠或朝带，尤受重用。

明清代以来，由于青金石"色相如天"，天为上，因此明清帝王重青金石。在2万余件清宫藏玉中，青金石雕刻品不及百件。

如清青金石镶百宝人物故事山子，长14厘米，此山子采用深浅浮

■ 清青金石雕山水御题山子

雕、镂雕等技法施艺，画面描绘的是五学士聚在一起品评诗文的情景。所描绘人物各具情态，传神生动。山子上人物采以圆雕技法用孔雀石、白玉、绿松石、寿山石等雕琢而成，再配以原木底座，座上有“乾隆年制”款。

整件山子，布局合理，刀锋锐利，层次繁密，场景布局合理，展现了一派世外桃源之景，充分体现了工匠的高超技法。

青金石不仅以其鲜艳的青色赢得各国人民的喜爱，而且也是藏传佛教中药师佛的身色，所以清代也将其用于佛教体裁的器物中。

如乾隆年间足金嵌宝四面佛长寿罐，此件为密宗修长寿之法时用的法器。工艺精细，通体足金嵌各色宝石，切割工整细密，底部雕仰覆莲瓣。

藏传佛教常以绿松石、青金石、砗磲、红珊瑚、

药师佛 为东方净琉璃世界之教主。药师佛面相慈善，仪态庄严，身呈蓝色，乌发肉髻，双耳垂肩，身穿佛衣，袒胸露右臂，右手膝前执尊胜诃子果枝，左手脐前捧佛钵，双足跏趺于莲花宝座中央。

黄金等矿物代表五佛白、绿、青、红、黄的五方五色。红珊瑚长寿佛，绿松石绿度母，青金石文殊，砗磲四臂观音，无一不精，是乾隆年间御赐之物。

清代御制铜镏金嵌宝石文殊菩萨宝盒，高10.5厘米，宽 14.3厘米，宝盒为祭祀用的法器。盒内盛米，每当活佛主持重要法事时，便从此盒中将米撒向众生。寓意赐福众生。能得到这样的米，是一个人毕生的欢欣。

本宝盒上盖镶有降魔杵，下盖以松石、红珊瑚、孔雀石、青金石、珍珠和金银线累金镶嵌文殊菩萨造像，本尊饰以纯金嵌宝石。人物栩栩如生，神态庄严安详。

宝盒外部以青金石、红珊瑚和松石堆砌而成双龙戏珠纹。做工精美细腻用料考究。是十分罕见的宫廷艺术珍品。

清代御制金包右旋法螺5件，高12.5厘米，大小相同，无翅金包右旋白法螺，工艺精湛，纹饰精美、通体镶有红绿宝石。螺体嵌刻五方佛，代表五智，广受尊崇。

清代御制铜镏金水晶顶嵌宝石舍利塔，高23.5厘米，宽 16.2厘米。

清代御制镂金嵌宝石莲花生大士金螺，高36.5厘米，宽 25厘米，此法螺以白螺为胎，通体包金嵌刻纹饰，间饰红绿宝石，边镶金翅，其上嵌刻有莲花生大师咒。

莲花生大师是印度高

■ 青金石雕

僧，藏传佛教的创始人。吐蕃王赤松德赞创建一座佛教寺院桑耶寺，遭到了极大的阻力，于是便派遣使者从尼泊尔迎请莲花生大师前来扶正压邪，降妖除怪，创建佛寺，弘扬佛教。当人们吹响法螺，就喻意念动莲花生大师咒，便可得其护佑。

至于清代帝后们使用的各色首饰和仪礼用品，青金石的使用也很普遍，如清宫遗存中价值最高和最珍贵的文物乾隆生母金发塔，其塔座和龛边就镶嵌了很多青金石。

阅读链接

优质青金石的蔚蓝色调使得青金的质地宛如秋夜的天幕，深旷而明净;在蔚蓝色色调上还交映着灿灿金光，宛如蓝色天幕上闪烁着辉煌的繁星。

天幕与繁星水乳交融，让人心旷神怡。在青金的蔚蓝的色调和灿灿的金光的陶冶下，作为凡夫俗子的我们能不心神沉醉、自由遥想吗?

的确，青金石就是这样一种石头，可以助人催眠，或者展开冥想;可以匡助不乱心情，消除烦躁和不安。

佩戴者祈盼青金石可以保佑平安和健康，增强观察力和灵性。

佛宝之珍——玛瑙

古时的人，一说起珠宝，就必称“珍珠玛瑙”，充分说明了玛瑙在我国古代人心目中的地位。有记载说由于玛瑙的原石外形和马脑相似，因此称它为“玛瑙”。

玛瑙是一种不定形状的宝石，通常有红、黑、黄、绿、蓝、紫、灰等各种颜色，而且一般都会具有各种不同颜色的层状及圆形条纹环带，类似于树木的年轮。

蓝、紫、绿玛瑙较高档稀有，又名“玉髓”。玛瑙是水晶的基床，很多水晶是生长在玛瑙矿石身上，它同水晶一样也是一种古老宝石。

玛瑙马饰件

传说拥有玛瑙可以强化爱情，调整自己与爱人之间的感情。这种说法来自我国北方天丝玛瑙来历的传说：

西周玛瑙玉珠项链

相传，辽宁省阜新蒙古族的宝柱营子，有一个叫作玉梅的少妇，美丽、善良、聪明而勤劳。她与丈夫田龙结婚后，夫妻俩互敬互爱，感情深挚，不料偏执顽固的田母却看她不顺眼，百般挑剔，并威逼田龙将她休掉。

田龙迫于母命，无奈只得劝说玉梅暂避娘家，待日后再设法接她回家。分手时两人盟誓，永不相负，田龙发誓日后必定要再接他过门。谁知玉梅回到娘家后，趋炎附势的哥哥逼她改嫁官家的儿子，即日举行婚礼。

玛瑙原石

田龙闻讯赶来，想要把玉梅抢走，但是，当他赶到玉梅家的时候，玉梅已经在上轿前纵身跳进宽阔的江河里。田龙悲痛至极，也跳了下去。两个人双双殉情而死，身体沉落到江河深处。河里的水草环绕在他们的身旁，被他们至死不渝的爱情所感动，团团包裹着他们的身体，集天地之精华。

千百年后，他们的身体与水草融为了一体，变成坚硬无比的水草玛瑙石，晶莹闪亮，玉石间水草缠绕，景观别致，犹如天然的绿丝带，如梦如幻。

后来河流干涸，这种玉石被发现后，为了纪念他们坚定的爱情，给它起名“天丝玛瑙”，意即如天上的丝带般缠绕一生，不离不弃。

玛瑙的历史十分遥远，它是人类最早利用的宝石材料之一 。玛瑙由于纹带美丽，自古就被人们饰用。我国古代常见成串的玛瑙珠，以项饰为多。

如在南京北阴阳营等原始文化遗址中就发现有玛瑙杯和玛瑙珠。在大量的玛瑙珠中，有一美珠做辟邪状，长1.7厘米。

此外，甘肃省永靖大何庄齐家文化遗址，山东省莒南大店春秋墓中以及江苏省南京象山东晋墓中等，也都相继发现了玛瑙珠。

我国玛瑙产地分布也很广泛，几乎各省都有，著名产地有：云南、黑龙江、辽宁、河北、新疆、宁夏、内蒙古等省区。

如山东省临淄郎家庄一号东周墓发现的两件春秋时期玛瑙觿，玛瑙呈乳白色，半透明状。两件器形相同，长8.5厘米，宽1.5厘米。体形修长，似龙状。头部凸出一角。曲体尖尾，身体中部钻一穿孔，以供系佩。

与此两器的质地与器型完全相同的玛瑙觿组成6组，串法可分为两种，其中一种由环和觿组成，与山西省太原金胜村晋卿赵氏墓所发现的相似。都是两两成双，位置于骨架、腿、足旁，或腽足部位的棺椁间。

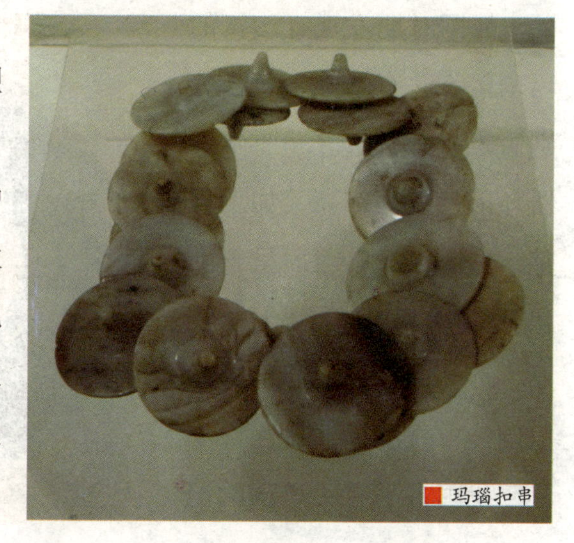
玛瑙扣串

战国红玛瑙挂坠

因此推测，这种佩饰在提环下可能是双行的，当与环相配，但数量的多少和连接方式似无定制。因此判断此两件玛瑙觽的年代当为春秋晚期器物。

陕西省宝鸡市南郊益门村有两座春秋早期古墓，发现了一些玛瑙。玛瑙串饰一组，由108件玛瑙器和两件玉器组成，堆放在一起，穿系物腐朽，原串缀情况已不完全清楚。玛瑙分别制成竹节形管、腰鼓形管、算珠状和隆顶圆柱状等。

大多为殷红色，少数为淡红。表面抛光，色泽自然，晶莹光亮，个别为透明或半透明。

其中一件殷红色玛瑙，圆形，平底，顶呈圆锥形，自顶点涂有白色射线4条，各夹一小白色圆点，白色颜料颗粒甚细。两件小玉器与玛瑙放在一堆，均圆形白色，局部有瑕疵。上有钻孔，并饰有勾连变体兽面纹、羽状细线纹等。

战国时期发现有珍贵的玛瑙瑗，共有两件，直径分别为9.5厘米和直径6厘米，器环形，纹理鲜亮，加工规整，磨制光润。瑗面呈斜削状，边缘扁薄，近孔处较厚，环体内、外边缘部分均以倒棱方式进行磨制。

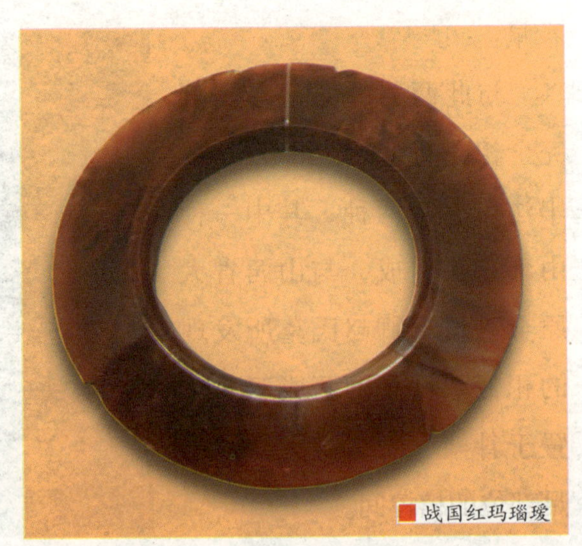
战国红玛瑙瑗

我国古书有关玛瑙的记

载很多。汉代以前的史书，玛瑙也称“琼玉”或“赤玉”。《广雅》有“玛瑙石次玉”和“玉赤首琼”之说。

战国玛瑙瑷

如江苏省海州双龙汉墓发现的汉代玛瑙剑璲，长7厘米，宽2.4厘米，玛瑙呈半透明状，在器物表面利用自然的红色纹理巧雕成凸起的丘状，做工考究，色彩艳丽。

河南省洛阳还发现一件汉代的玛瑙球，球的直径为3.3厘米，颜色茶红，玻璃光，表面老化，有似“熟猪肝”状的风化纹理。从老化、受沁、皮壳、做工来看，断定应是汉代的东西。

羽觞杯，从战国至汉代一直是一种酒具，是来饮酒用的，在陕西省发现的一件汉代玛瑙羽觞杯，上面的穿云螭龙纹是汉代中期的最典型的纹饰。它象征了螭这种神话中的动物在天宫中嬉戏娱乐的一种场景。

魏文帝曹丕所著的《玛瑙勒赋》称：“玛瑙，玉属也，出西域，文理交错，有似玛瑙，故其方人固以名之。”

玛瑙既然不是从马口中吐出来的，那到底是如何形成的呢？晋王嘉《拾遗记·高辛》给出了一种怪诞的答案：

“一说：玛瑙者，言是恶鬼之血，凝成此物。昔黄帝除蚩尤及四方群凶，并诸妖魅，填川满谷，积血

曹魏文帝 即曹丕，三国时期著名的政治家、文学家，曹魏的开国皇帝。曹丕文武双全，8岁能提笔为文，善骑射，好击剑，博览古今经传，通晓诸子百家学说，于诗、赋、文学皆有成就，尤擅长于五言诗，与其父曹操和弟曹植，并称“三曹”。

成渊，聚骨如岳。数年中，血凝如石，骨白如灰，膏流成泉。”

又说“丹丘之野多鬼血，化为丹石，则玛瑙也”。

黄帝时代的所谓“玛瑙，鬼血所化也”的记载则给玛瑙平添了几分诡异的色彩。

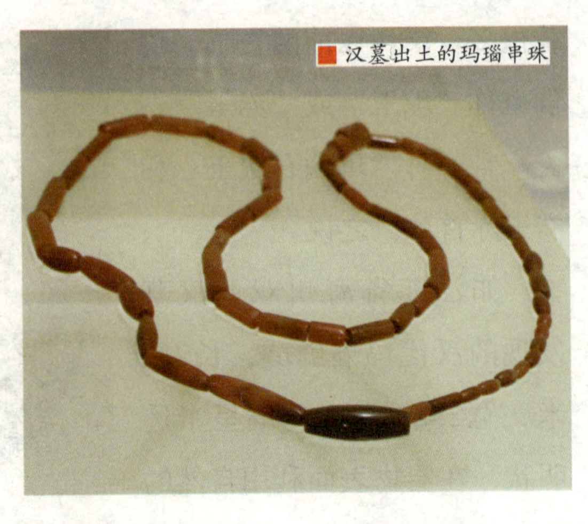
汉墓出土的玛瑙串珠

唐人陈藏器著《本草拾遗》说道：“赤烂红色，有似玛瑙。”或许正因为这种宝石状如马的脑子，所以也有胡人说玛瑙是从马口中吐出来的，如《本草拾遗》记载：“胡人谓马口中吐出者。”

玛瑙一语或许是来源于佛经。《妙法莲华经》中记载：“色如马脑，故从彼名。”梵语本名“阿斯玛加波”，意为“玛瑙”，可见佛教传入我国以后，琼玉或赤琼才在我国改称“玛瑙”。

玛瑙是佛教七宝之一，自古以来一直被当为辟邪物、护身符使用，象征友善的爱心和希望，有助于消除压力、疲劳、浊气等。

《般若经》所说的七宝即为金、银、琉璃、珊瑚、琥珀、砗磲、玛瑙。

红玛瑙摆件

组成玛瑙的细小矿物除玉髓外，有时也见少量蛋白石或隐晶质微粒状石英。严格地说，没有带花纹的特征，不能称玛瑙，只能称玉髓。

玛瑙纯者为白色，因含其他金属出现灰、褐、红、蓝、绿、翠绿、粉绿、黑等色，有时几种颜色相杂或相间出现。玛瑙块体有透明、半透明和不透明的，玻璃光泽和蜡状光泽。

有关红玛瑙，在我国北方有一个凄美的传说：

在我国的北方，有一条著名的河流，它就是黑龙江。江水像面大镜子般宽阔而平坦，而那岸边光华耀眼的玛瑙石，就像镶在镜框上的宝石，随着水波微荡，一闪一闪的，真是美极了！

传说很久以前在玛瑙石最多的岸上，有一座达斡尔族的城寨名字叫托尔加。城寨的首领叫多音恰布，他有个10岁的儿子阿莫力，长着一双神奇的大眼睛。

据说这个孩子有很多奇异之处，他刚生下就认识各种飞禽走兽，并且能看见江水最深处的鲤鱼群。在他刚会走路的时候，就能跟随大人们一起去打猎捕鱼。

在一个金秋里，邻近部落的首领巴尔达依来邀请多音恰布首领率全寨族人前去赴宴。

在临走时，多音恰布把阿莫力叫到跟前说："阿

般若 佛教用以指如实理解一切事物的智慧，为表示有别于一般所指的智慧，故用音译。大乘佛教称之为"诸佛之母"。般若智慧不是普通的智慧，是指能够了解道、悟道、修正、了脱生死、超凡入圣的这个智慧。这不是普通的聪明，这是属于道体上根本的智慧。

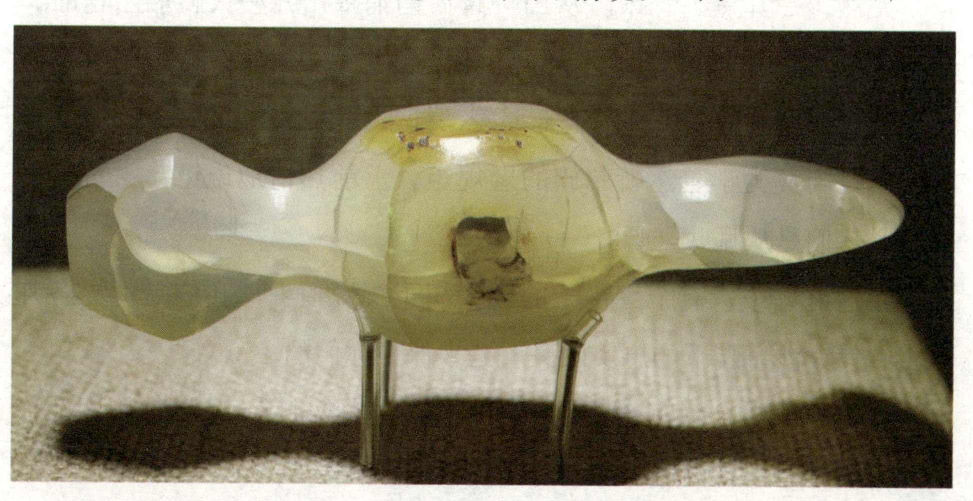

■ 辽代玛瑙斧

玛瑙花瓣盏托

莫力，你留下吧，城寨里有你一个，大家就放心了。”

阿莫力像只撒欢的小鹿，跳着跑着，在沙滩上拾着最亮最圆的玛瑙石。拾呀，拾呀，阿莫力明亮的大眼睛突然被一道金光闪了一下，他立即向金光奔去。

阿莫力来到水边，一个猛子扎到水底。过了一会儿，阿莫力举着一枚比金子还亮、比天鹅卵还圆的玛瑙石上来了。

阿莫力捧着金色的玛瑙玩呀照呀，蹦个不停。到了太阳落山的时候，他累了困了，躺在比毯子还软、比毛褥子还暖的草地上，甜甜地睡着了。金色的玛瑙就躺在他的胸脯上，放着迷人的金光。

突然，一片黑云飘来。从山岬背后悄悄蹿出几艘大帆船。这时，阿莫力醒了，他吓了一跳：这是些什么人呢？黄头发，蓝眼睛，高鼻子，还有那蓬乱的胡子，手上都握着一杆带铁筒的家什……

于是阿莫力学着达斡尔族的老规矩，上前热情地说道：“尊贵的客人，你们是从哪儿来呀？”

在这群人中，有个穿袍子的“大胡子”说道：“我们是世界各邦之主、伟大沙皇陛下的忠实臣民。是来保护你们的。”

“保护？哈哈……”阿莫力开心地笑了。笑过后，他说：“谢谢你们沙皇的好意。告诉他，我们达斡尔人从来不需要外来人的保护！”

“大胡子”贪婪地瞅着阿莫力手里的金玛瑙，挤了挤眼睛说：“咱们交换吧，我们也有自己的宝物，瞧啊！”他让属下打开了舱门。

阿莫力用眼睛一扫，那哪是什么宝物，明明是些涂了野猪血的碎石块，阿莫力只是摇了摇头，并没有开口。

“大胡子”说：“小王子，你可愿意让我摸摸你的宝石吗？”

阿莫力一想，既然是要摸摸，又不是拿走，就不妨让他摸摸。于是他把玛瑙递给了大胡子。

“大胡子”手颤抖着接过玛瑙，连看都没看就把它揣到了怀里。

阿莫力生气了，他一头向“大胡子”撞去。

“大胡子”冷不防被顶了个大跟头，金色的玛瑙从他身上掉下来，阿莫力赶忙拾起来，就向远处祖先留下的烽火台跑去。

“抓住他！掐死他！”

随着“大胡子”的吼叫声，强盗们扑了过去。

阿莫力奔到烽火台迅速地解下弓，“嗖”的一声，向远处射了一

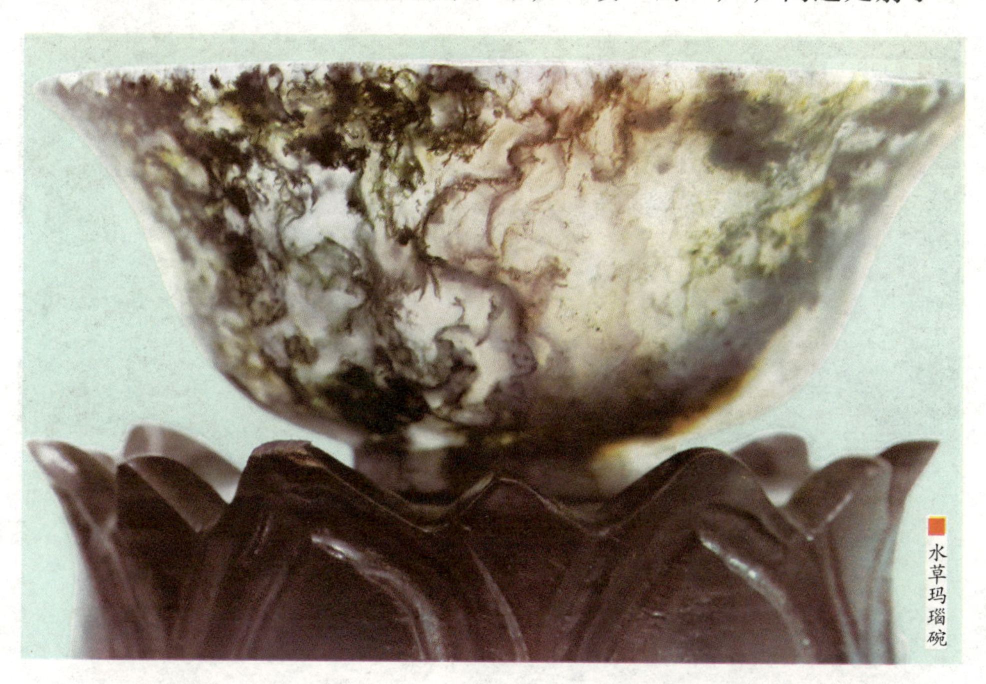

水草玛瑙碗

支响箭。这时，强盗们已把烽火台围住了……

多音恰布正在巴尔达依举行的酒宴上兴致勃勃地饮酒，突然，一支响箭落在多音恰布和巴尔达依面前铺的一张大兽皮上。立刻，人们把端到嘴边的酒碗和举到嘴边的手把肉都搁下了：家里肯定出意外了。

在多音恰布的率领下，几十匹快马奔向了托尔加城寨。但是一切都晚了，人们看到烽火台上腾起了浓烟烈火，在火光的照映下，一群人有的正拉牛赶羊，有的正从库房里扛出成捆的黑貂皮……

经过一场短暂而激烈的战斗，强盗们留下了几具尸体，活着的上船逃走了。

人们到处寻找阿莫力，可是直至夜幕降临、火光熄灭，还是不见阿莫力的踪影。多音恰布和全寨人都没有放弃，他们继续寻找。

找着找着，突然，在坍塌的烽火台上，射出了一道红光，红光越来越亮，把整个江面、城寨和天空都映红了。人们立刻向烽火台冲去，在一堆玉石般的白骨上，发现一枚沾满血迹的玛瑙。

玛瑙狮子

玛瑙松鹿纹笔筒

多音恰布捧起沾着血的玛瑙，含着眼泪说："这上面的血要是我儿子的，就一定能和我的血液融在一起。"说着，他咬破了手指，把鲜血滴在玛瑙上。血花很快扩散，与原来的血融在了一起。

捧着玛瑙，多音恰布满腔仇恨地说："你要是有我儿子的灵魂，就一定能照出披着人皮的妖魔。"

话音刚落，只见玛瑙里映出了一棵树，树上躲着一个小小的魔影。多音恰布立刻率族人朝一棵大树奔去，当猎人把箭射向浓密的树叶时，一个满脸污血的人从树上掉了下来。原来正是强盗头子。

多音恰布立即拔剑将他刺杀了，在他的胃肠里人们还发现了很多人的头发和牙齿……

在由阿莫力鲜血染红的玛瑙石的帮助下，达斡尔人终于打败了那些妖魔，红玛瑙从此得名。

最著名的玛瑙器物为陕西省西安市南郊何家村唐代窖藏发现的兽首玛瑙杯，通高6.5厘米，长15.6厘米，口径5.9厘米。

酱红地缠橙黄夹乳白色的玛瑙制作，上口近圆形，下部为兽首形，兽头圆瞪着

清代玛瑙香炉

清代玛瑙水盂

大眼，目视前方，似乎在寻找和窥探着什么，兽头上有两只弯曲的羚羊角，而面部却似牛，但看上去安详典雅，并无造作感。

兽首的口鼻部有类似笼嘴状的金冒，画龙点睛，突出了兽首的色彩和造型美。此杯做工精细，通体呈玻璃光泽，晶莹瑰丽。

这件玛瑙杯是用一块罕见的五彩缠丝玛瑙雕刻而成，造型写实、生动。兽嘴处镶金，起到画龙点睛的作用，其实这是酒杯的塞子，取下塞子，酒可以从这儿流出。

款识 款和识分别代表不同内容。款是作品完成后，签署作者姓名、时间、地点或施印，也就是盖上印章。识指对作品进行进一步的解释，可以是心得抒发，也可以赋以诗词，它属于识。

头上的一对羚羊角呈螺旋状弯曲着与杯身连接，在杯口沿下又恰到好处地装饰有两条圆凸弦，线条流畅自然。

这件酒杯材料罕见珍贵，工匠又巧妙利用材料的自然纹理与形状进行雕刻，“依色取巧，随形变化”，是唐代唯一的俏色雕，其选材、设计和工艺都极其完美，是唐代玉器做工最精湛的一件，在我国是绝无仅有的。

唐代玛瑙钵

李时珍《本草纲目》中说：玛瑙依其纹带花纹的粗细和形态分有许多品种。纹带呈“缟”状者称“缟玛瑙”，其中有红色纹带者最珍贵，称为“红缟玛瑙”。

此外尚有“带状玛瑙”“城寨玛瑙”“昙玛瑙”“苔藓玛瑙”“锦红玛瑙”“合子玛瑙”“酱斑玛瑙”“柏枝玛瑙”“曲蟮玛瑙”“水胆玛瑙”等品种。

在没有纹带花纹的“玉髓”中，也有不少是玉石原料。根据颜色的不同，有“红玉髓”“绿玉髓”“葱绿玉髓”“血玉髓”和“碧玉”等。

如明代玛瑙单螭耳杯，高6.8厘米，口径9厘米。杯为花玛瑙质地，灰白色玛瑙中有黄褐色斑纹。器为不规则圆形，一侧凸雕一螭龙为杯柄，螭的双前肢及嘴均搭于杯的口沿上，下肢及尾部与器外壁浅浮雕的桃花枝叶相互连接缠绕并形成器足。

明代玛瑙单螭耳杯

底部琢阴线“乾隆年制”4字隶书款。此玛瑙杯的形制为明代的制式，雕琢技法为明代琢玉技法，款识应为清乾隆年间后刻。

清代的前期，雍正勤

清代玛瑙蝙蝠桃树花插

政喜读，制作了3方随身玛瑙玺。

清代雍正玛瑙“抑斋”玺，龟钮长方形玺。篆书“抑斋”。面宽1.3厘米，长1.6厘米，通高1.6厘米，钮高0.9厘米。

清代雍正玛瑙“菑畲经训”玺，螭钮方形玺。篆书“菑畲经训”。面1.8厘米见方，通高1.6厘米，钮高0.9厘米

清代雍正玛瑙“半榻琴书”玺，螭钮方形玺。篆书“半榻琴书”。面1.7厘米见方，通高1.7厘米，钮高1.2厘米。

阅读链接

世界上玛瑙著名产地有：中国、印度、巴西、美国、埃及、澳大利亚、墨西哥等国。

由于古代有玛瑙能使人隐身的传说，使玛瑙几千年来备受人们的推崇和爱戴。因为玛瑙美丽的外表和坚韧的质地，人们把它做成装饰品和实用品。

玛瑙具有治疗失眠、甜梦沉寝、健体强身、延年益寿之功效，人们对此深信不疑。

据说身上经常发热、发烫，包括手汗、手热者，可以长期接触玛瑙来改善症状；个性孤傲、冷僻、不合群却又孤芳自赏、揽镜自怜者，最适宜佩带水草玛瑙，佩带后激发其热情。

天然结晶

有机宝石

我国的珍珠、珊瑚、琥珀文化源远流长。珍珠一直象征着富有、美满、幸福和高贵。在古代，珍珠代表地位、权力、金钱和尊贵的身份，平民以珍珠象征幸福、平安和吉祥。

珊瑚是佛教七宝之一，人们相信红珊瑚是如来佛的象征。我国在公元初就有红珊瑚记载，古代的王公大臣上朝穿戴的帽顶和朝珠也用珊瑚做成。

琥珀是我国人民喜爱的宝石之一，古代将其作为珍贵的珠宝装饰品，在战国墓葬中就出土有琥珀珠，以后各朝各代琥珀制品又不断增多。

西施化身——珍珠

早在远古时期，原始人类在海边觅食时，就发现了具有彩色晕光的洁白珍珠，并被它的晶莹瑰丽所吸引，从那时起珍珠就成了人们喜爱的饰物。珍珠被人类利用已有数千年的历史，传说中，珍珠是由鱼公主泪水化成的。

传说白龙村有个青年叫四海，英武神勇。一天，四海下海采珠，忽然狂风大作，他只得弃船跳海，在冰冷的深海里，四海遇到了海怪的侵袭，靠着过人的胆量和不凡的身手，四海打跑了海怪，但因用力过度，四海也疲劳地昏迷在汹涌的海水中。

西藏珍珠冠

等到四海醒来时，他发现，自己竟躺在龙王宫的一张水晶床上，美丽的人鱼公主正在温存地替他疗伤。鱼公主敬佩他的勇毅，故此拯救。

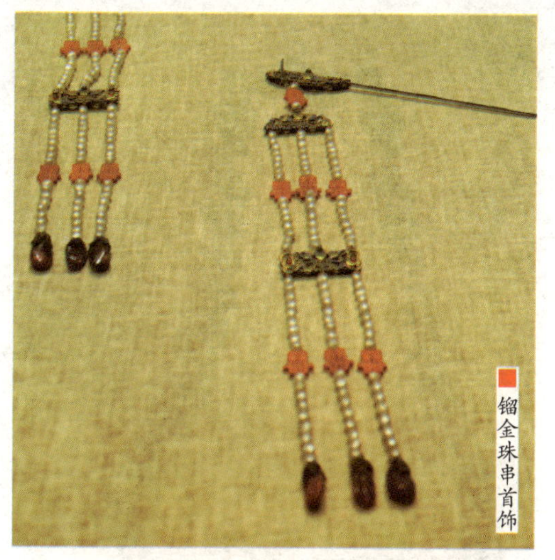
鎏金珠串首饰

四海在公主无微不至的照顾下，伤势很快痊愈了。公主天天伴着四海，寸步不离，食必珍馐，衣必鲜洁。公主不说何时送客，四海也不提何时离去。

相处既久，爱意渐浓。公主愿随四海降落凡间，于是一对恋人，同回白龙村。乡亲们既庆幸四海大难不死，更艳羡他娶到美丽的妻子，热烈地庆贺了一番。

鱼公主也是入乡随俗，尽弃奢华，素衣粗食，操持家务井然有序，手织绡帛质柔色艳，远近闻名。

白龙村有一恶霸，对鱼公主的美艳早已是垂涎三尺，他想方设法勾结官府，以莫须有的罪名，加害四海，强夺公主以抵罪 。

四海奋力夺妻，力竭被缚，铁骨铮铮的男儿，就这样惨死在恶霸的杖棒之下。

眼睁睁看着夫君死去，公主失望于人间黑暗，施法逃回水府。为悼念丈夫，公主每年在明月波平之夜，在岛礁上面向白龙村痛哭，眼泪串串掉入海中，被珠贝们接住，孕胎成晶亮的珍珠。

不仅如此，传说中，更把珍珠与西施联系起来。传说珍珠是西施的化身：嫦娥仙子曾有一颗闪闪发光的大明珠，十分惹人喜爱，常常捧在掌中把玩，平时则命五彩金鸡日夜守护，唯恐丢失。

而金鸡也久有把玩明珠的欲望，趁嫦娥不备，偷偷玩赏，将明珠抛上抛下，煞是好玩。一不小心，明珠滚落，直坠人间。金鸡大惊失色，随之向人间追去。

嵌珍珠宝石金项链

嫦娥得知此事后，急命玉兔追赶金鸡。玉兔穿过九天云彩，直追至浙江诸暨浦阳江上空。

这一天，浦阳江边一农家妇女正在浣纱，忽见水中有颗光彩耀眼的明珠，忙伸手去捞，明珠却径直飞入她的口中，钻进腹内。这女子从此有了身孕。

一晃16个月过去了，女子只觉得腹痛难忍，但就是不能分娩，急得她的丈夫跪地祷告上苍。

忽然一天只见五彩金鸡从天而降，停在屋顶，顿时屋内珠光万道。这时，只听“哇”的一声，女子生下一个光华美丽的女孩，取名为“西施”。故有“尝母浴帛于溪，明珠射体而孕”之说。

美丽的西施曾经住在山下湖的白塔湖畔。

一天一位衣衫褴褛的白胡子老爷爷路过西施的家门口，西施看着老爷爷饥寒交迫的样子，连忙把他请进屋里，给他端茶上饭，并帮他把全身上下洗了个干净。

白胡子老爷爷看着西施这么热情招待他，激动地说：“姑娘，你可真是个大好人，我一定会好好报答你的。”

日子过得很快，转眼过了两个月。

有一天夜里，西施刚睡下不久，忽然一道金光闪

西施 本名施夷光，春秋末期出生于浙江诸暨苎萝村。天生丽质。西施与王昭君、貂蝉、杨玉环并称为中国古代四大美女，其中西施居首。西施也与南威并称“威施”，均是美女的代称。

过，一个白胡子老爷爷出现在西施的面前，西施看得出了神。

白胡子老爷爷说：“我的好孩子，不用怕，我就是被你相救的老爷爷，为了报答你的恩情，今天我特意带上了一些珠宝，请你收下吧！”

西施看着这些美丽的珍珠，颗颗都闪着璀璨的光芒。可她想：救人做好事是应该的，怎么能收下这些这么贵重的东西呢？要是能从老爷爷那里得到养蚌育珠的技术，那该多好啊！我们的百姓将会过上富裕的生活。

于是她对老爷爷说：“爷爷，我不能收下你这么贵重的礼物，如果你真想表示谢意的话，那么请你把养蚌育珠的技术传授给我吧。”

老爷爷听了犹豫了一下说：“那好吧，如果你能回答出这个问题，我就把养蚌技术传授给你，你听着：我有3只金碗。我把第一只金碗里的一半珍珠给我的大儿子；第二只金碗里三分之一的珍珠给我的二儿子；第三只金碗里的四分之一给我的小儿子。”

“然后，我又把第一只碗里剩下的珍珠给大女儿4颗；第二只碗里

镶珍珠金杯

挑6颗给二女儿；从第三只碗里拿两颗给小女儿。这样一来，我的第一只碗里就剩下 38 颗珍珠，第二只碗里就只剩下 12 颗珍珠，第三只碗里还剩下 19 颗。你来告诉我，这3只金碗里各有多少颗珍珠？”

听了老爷爷的难题，西施想了想，然后拿着树枝在地上算了起来。一会儿工夫，她站起来说：“爷爷你听着，第三只碗里原来有珍珠 28 颗。”

白胡子老爷爷听了西施的解答，惊愕而又钦佩地说：“美丽的西施姑娘，你果真是名不虚传，不但心地善良，而且天资聪颖，我一定会实现我的诺言。”

于是老爷爷就把养蚌育珠的本领传授给了西施。

西施凭着自己的勤劳和智慧，很快就学会了本领。他还把这个育珠本领传授给当地的老百姓，让老百姓们养蚌育珠，发家致富。

传说里，珍珠始终与美是联系在一起的。

历代帝王都崇尚珍珠，早在4000多年前，珍珠就被列为贡品。相传黄帝时已发现产珍珠的黑蚌。《海史·后记》记载，夏禹定各地的贡品：“东海鱼须鱼

庄子（前369—前286），姓庄名周，字子休。他是战国时期思想家、哲学家和散文家，道家学说的主要创始人之一。其代表作品为《庄子》，集中阐释了“天人合一”和“清静无为”的思想，对后世影响深远。庄子与道家始祖老子并称为“老庄”，他们的哲学思想体系，被思想学术界尊为“老庄哲学”。

镶珍珠金首饰

目，南海鱼革现珠大贝。”商朝也有类似的文字记载。

彩色珍珠项链

在西周时期，周文王就用珍珠装饰发髻，应该是已知有文字记载的最早头饰。

春秋战国时期，我们的祖先便用珍珠作为饰品，同时还出现了以贩卖珍珠为业的商人。据考证汉代的海南已盛产珍珠，有“珍珠崖郡”之说，并开始了开发利用广西合浦的珍珠。并有珍珠、蚌珠、珠子、濂珠等称呼。

从此，我国的天然淡水珍珠主要产于海南诸岛。珍珠有白色系、红色系、黄色系、深色系和杂色系5种，多数不透明。珍珠的形态以正圆形为最好，古时候，人们把天然正圆形的珍珠称为“走盘珠”。

珍珠的形状多种多样，有圆形、梨形、蛋形、泪滴形、纽扣形和任意形，其中以圆形为佳。非均质体。颜色有白色、粉红色、淡黄色、淡绿色、淡蓝色、褐色、淡紫色、黑色等，以白色为主。白色条痕。

具典型的珍珠光泽，光泽柔和且带有虹晕色彩。

《海药本草》称珍珠为“真珠”，意指珠质至纯至真的药效功用。《尔雅》把珠与玉并誉为“西方之美者”。《庄子》有“千金之珠”的说法。

在我国灿烂辉煌的古代历史上，有两件齐名天下、为历代帝王所必争的宝物，那就是和氏之璧与隋侯之珠。

《韩非子》中关于这两件宝物有详尽的记载：“和氏之璧，不饰以五彩；隋侯之珠，不饰以银黄，其质其美，物不足以饰。”

粉色珍珠花朵胸针

《韩非子·外储说左上》中还记载了一个“买椟还珠”的故事：

楚国有个珠宝商人，到郑国去卖珍珠。他用木兰香木为珠宝制作了一只盒子，用桂和椒所调制的香料来熏盒子，用珠玉来点缀它，用玫瑰宝石来装饰，用翡翠来装饰边沿。

有个郑国人买了盒子，却把盒里的珍珠还给了楚国人。后以“买椟还珠”喻舍本逐末，取舍不当。

《吕氏春秋·贵生》则用“随珠弹雀”来比喻大材小用的道理：“今有人以隋侯之珠弹千仞之雀，是何也？”

《吕氏春秋》 战国末年秦国丞相吕不韦主编，组织属下门客们集体编撰的一部古代类百科全书似的传世巨著，有八览、六论、十二纪，共20多万言，又名《吕览》。吕不韦自己认为其中包括了天地万物古往今来的事理，所以又称为《吕氏春秋》。

每一种美好的事物，都伴随着一个动人的故事，和氏之璧与随侯之珠也不例外。关于和氏之璧的典故，人们或许已耳熟能详，而有关隋侯之珠的美丽传说，则知之甚少。

那是战国时候的一个秋天，西周的随侯例行出巡封地。一路游山玩水，这天行至渣水地方，随侯突然发现山坡上有一条巨蛇，被人拦腰斩了一刀。由于伤势严重，巨蛇已经奄奄一息了，但它两只明亮的眼睛依然神采奕奕。

随侯见此蛇巨大非凡而且充满灵性，遂动了恻隐之心，立即命令随从为其敷药治伤。不一会儿，巨蛇恢复了体力，它晃动着巨大而灵活的身体，绕随侯的马车转了3圈，径直向苍茫的山林逶迤游去。

一晃几个月过去了，随侯出巡归来，路遇一黄毛少儿。他拦住随侯的马车，从囊中取出一颗硕大晶亮的珍珠，要敬献给随侯。随侯探问缘由，少儿却不肯说。随侯以为无功不可受禄，坚持不肯收下这份厚礼。

第二年秋天，随侯再次巡行至渣水地界，中午在一山间驿站小憩。睡梦中，隐约走来一个黄毛少儿，跪倒在他面前，称自己便是去年获救的那条巨蛇的化身，为感谢随侯的救命之恩，特意前来献珠。

随侯猛然惊醒，果然发现床头多了一枚珍珠，这枚硕大的珍珠似乎刚刚出水，显得特别洁白圆润，光彩夺目，近观如晶莹之烛，远望如海上明月，一看便知是枚宝珠。随侯感叹说：一条蛇尚且知道遇恩图报，有些人受惠却不懂报答的道理。

据说随侯得到宝珠的消息传出后，立即引起了各国诸侯的垂涎，经过一番不为人知的较量，随珠不久落入楚武王之手。

后来，秦国灭掉楚国，随珠又被秦始皇占有，并被视为秦国的国宝。秦灭亡后，随珠从此不知所踪。日升月落，大江东去。一度光彩照人的随侯之珠已湮没在滚滚的历史烟尘中，不可复寻。只有这个充满人文关怀的美丽传说，依然隐约闪现在茫茫史河中，带给后人温暖与警示。

唐嵌珠酒器

珍珠石宝函

秦昭王时把珠与玉并列为“器饰宝藏”之首。可见珍珠在古代便有了连城之价。

从秦朝起，珍珠已成为朝廷达官贵人的奢侈品，皇帝已开始接受献珠，帝皇冠冕衮服上的宝珠，后妃簪珥的垂珰，都是权威至上，尊贵无比的象征。

秦始皇自从统一天下开始，就在骊山为自己营造陵墓，他在墓中用珍珠嵌成日月星辰，用水银造成江河湖海。

汉武帝建光明殿时，“皆金玉珠玑为帘箔，处处明月珠，金陛玉阶，昼夜光明”。

用珍珠饰鞋，可见于西汉司马迁的《史记》。《史记》记载，“春申君客三千人，其上客皆蹑珠履”；《战国策》也记载：“春申君上客三千，皆蹑珠履。”另外，《晏子春秋》记载：“景公为履，黄金之綦，饰以银，连以珠。”

东汉桂阳太守文砻向汉顺帝“献珠求媚”，西汉的皇族诸侯也广泛使用珍珠，珍珠成为尊贵的象征。

汉武帝的臣子董偃在幼年时即与其母以贩卖珍珠为业，13岁时入汉武帝姑陶公主之家，后因能辨识珍珠而被汉武帝重用。

佛教传入我国之后，据《法华经》《阿弥陀经》

春申君（前314年—前238年），本名黄歇，战国时期楚国公室大臣，是著名的政治家。他与魏国的信陵君魏无忌、赵国的平原君赵胜、齐国的孟尝君田文并称为“战国四公子”，曾任楚相。黄歇学问渊博，能言善辩。楚考烈王以黄歇为相，封为春申君。赐淮北地12县。

等记载，珍珠更成了“佛家七宝”之一。

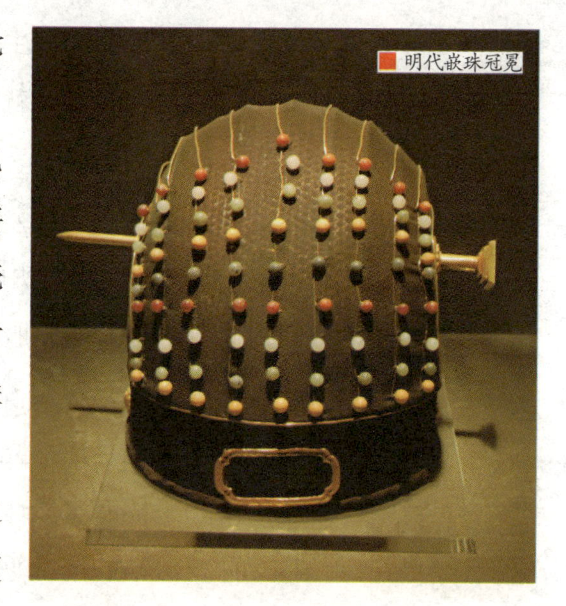
明代嵌珠冠冕

在南北朝时期，我国就已经成功地培育出了蚌佛，即将小菩萨、寿星等佛像置于贝壳与外套膜之间，经过一段时间，佛像的表面便覆盖了珍珠层，这是最早的养珠技术。

发生在1800多年前南海之滨的“合浦珠还”的故事，便是其中最精彩的一幕：

据说古代合浦地区“海出珠宝”而地“不产谷实”，居民们不懂得耕作技术，全依靠入海采珠易米以充饥。后因地方官贪污盘剥，人民生活来源断绝，出现饿殍遍野，海里有灵性的珠蚌也“愤”而“跑”到交趾去了。

东汉顺帝及时派孟尝任合浦郡太守，他针对前任弊政进行全面改

珍珠戒指

革，使地方社会经济生活恢复正常，珠蚌又从交趾返“还”原籍合浦。这就是脍炙人口的“合浦珠还”的故事。

霍光（？—前68年），字子孟。生于西汉河东平阳，即今山西省临汾市。霍光跟随汉武帝刘彻近30年，是武帝时期的重要谋臣。汉武帝死后，他受命为汉昭帝的辅政大臣，执掌汉室最高权力近20年，为汉室的安定和中兴建立了功勋，成为西汉历史发展中的重要政治人物。

《汉书·霍光传》记载：“太后被珠襦盛服，坐武帐中。”珠襦就是用珍珠缀成的短袄，是当时贵人们的穿着。皇帝的朝服，更是镶满珍珠。

三国之初，曹操占据江北，刘备称帝于蜀，孙权稳坐江东，三足成鼎立之势。当时生产淡水珍珠的吴越一带和采捕海水珍珠的南海等地，均为东吴属地。

孙权深知魏蜀都垂涎东吴的珍珠，即位之初，便下令严加保护：“今天下未定，民物劳瘁，而且有功者未录，饥寒者未恤……禁进献御，诚官膳……虑百姓私散好珠。”

■ 清代金嵌珍珠天球仪

孙权不但要求王室禁用珍珠，还封存了民间的珍珠采捕和交易，这为孙权的珍珠外交提供了物质可能。

权衡天下形势，孙权很快确立了“深绝蜀而专事魏”的权宜之计，远交近攻，讨好曹魏，对付蜀汉。于是，当曹丕使臣前来索取霍头香、大具、珍珠等东吴特产时，孙权一概力排众议：“方有事西北，彼所要求者，于我瓦石耳，孤何惜焉！”统统满足对方要求。

其后，曹魏又遣使南下，与东吴洽谈以北方战马换取南方珍珠事宜，孙权更是求之不得：“皆孤所不用，何苦不听其交易。”从此，魏吴贸易日盛。珍珠外交，为东吴赢得了难得的和平发展机遇。

《晋书》中记载：“苻坚自平定诸国之后，国内殷实，遂示人以侈，悬珠帘于正殿，以朝群臣。”以珍珠帘显示皇家气派。

隋朝时，宫人戴一种名叫“通天叫”的帽子，上面插着琵琶钿，垂着珍珠。古诗里“昨日官家清宴里，御罗清帽插珠花”，指的就是这样的帽子。

唐代白居易也在《长恨歌》里写道：“花钿委地无人收，翠翅金雀玉搔头。”

清代珍珠碧玉盆景

640年，藏族祖先吐蕃人的杰出首领松赞干布，令大相禄东赞带着5000两黄金，数百珍宝前往长安求婚。唐太宗答应将皇室女儿文成公主许配给松赞干布。

不过，传说李世民许嫁之前曾五难婚使，其中一难便是要禄东赞将丝线穿过九曲珍珠。结果，这一难也未难倒聪明的禄东赞，他把蜂蜜涂在引线上，用蚂蚁牵引丝线穿过珍珠，便顺利过了这一关。

《古今图书集成》所收东坡集注中曾有记载：“有人得九曲宝珠，穿之不得，孔子教以涂脂于线，使蚁返之。”两事相隔千年，只能说博古通今的禄东

松赞干布 按照藏族的传统他是吐蕃王朝第三十三任赞普，实际上是吐蕃王朝立国之君。他的父亲是一位很有作为的赞普。父亲被仇人毒害而死后，13岁的他即赞普位。即位后，他很快平息各地的叛乱，统一各部，定都拉萨，建立了吐蕃奴隶制政权。

赞乃饱学之士，松赞干布遣使禄东赞，可谓慧眼识珠。

唐代诗人李商隐的《锦瑟》中说道："沧海月明珠有泪，蓝田日暖玉生烟"，更成为吟咏珍珠的名句。而白居易更用"大珠小珠落玉盘"来形容琵琶女演奏技艺之高超。

李白在《寄韦南陵冰》一诗中也写道："堂上三千珠履客，瓮中百斛金陵春"，用来描述当时用珍珠来装饰鞋子。

鎏金银阿育王塔

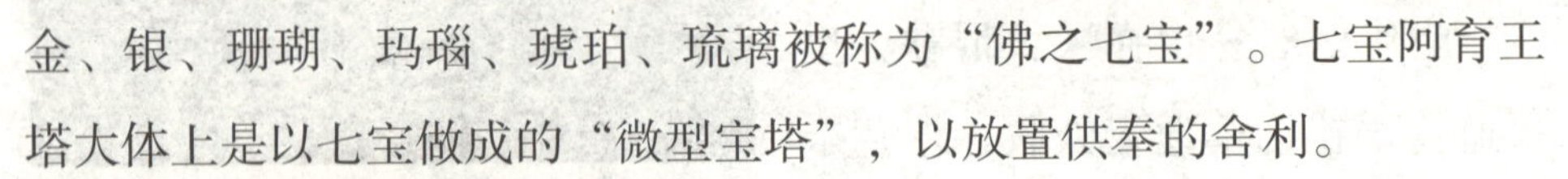

珍珠是佛门的法器之一，它同金、银、珊瑚、玛瑙、琥珀、琉璃被称为"佛之七宝"。七宝阿育王塔大体上是以七宝做成的"微型宝塔"，以放置供奉的舍利。

而七宝更被用来供奉菩萨，每当有重大的水陆法会时，寺庙要建起七宝池、八功德水来表示虔诚。

金嵌珠石发塔

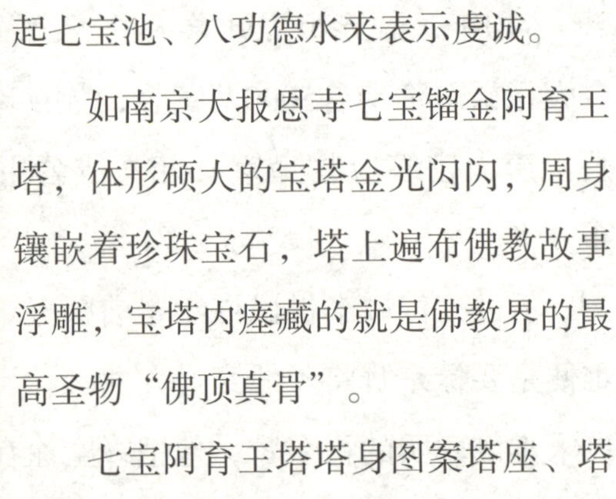

如南京大报恩寺七宝鎏金阿育王塔，体形硕大的宝塔金光闪闪，周身镶嵌着珍珠宝石，塔上遍布佛教故事浮雕，宝塔内瘗藏的就是佛教界的最高圣物"佛顶真骨"。

七宝阿育王塔塔身图案塔座、塔身和山花蕉叶上，每隔几厘米就镶嵌着珍珠等各种珠宝，晶莹剔透，其中仅珍珠就有上百颗。

宋代已发明人工养殖珍珠，并将

其养珠法传到了日本；宋代对珍珠的利用也史无前例，如在江苏省苏州发现的北宋珍珠舍利宝幢高达1.22米，其中的珍珠多达3.2万颗。

阿育王 是印度孔雀王朝的第三代君主，也是印度历史上最伟大的一位君王。阿育王还是一位虔诚佛教徒，后来还成为了佛教的护法。阿育王的知名度在印度帝王中是无与伦比的，他对历史的影响同样也可居印度帝王之首。阿育王寺是我国现存唯一的以阿育王命名的千年古刹。

珍珠舍利宝幢是用珍珠等七宝连缀起来的一个存放舍利的容器。宝幢发现之初被放置于两层木函之中。主体部分由楠木制成，自下而上共分为三个部分：须弥座、佛宫以及塔刹。

波涛汹涌的海浪中托起一根海涌柱，上面即为须弥山。一条银丝镏金串珠九头龙盘绕于海涌柱，传说是龙王的象征，掌管人间的旱和涝。

护法天神中间所护卫的，即为宝幢的主体部分佛宫。佛宫中心为碧地金书八角形经幢，经幢中空，内置两张雕版印大随求陀罗尼经咒，以及一只浅青色葫芦形小瓶，瓶内供奉有9颗舍利子。

北宋珍珠舍利宝幢

华盖上方即为塔刹部分，以银丝编织而成的八条空心小龙为脊，做昂首俯冲状，代表着八大龙王。

塔刹顶部有一颗大水晶球，四周饰有银丝火焰光环，寓意为“佛光普照”。至此整座宝幢被装扮得璀璨夺目，令人流连忘返。

珍珠舍利宝幢造型之优美、选材之名贵、工艺之精巧都是举世罕见的。制作者根据佛教中所说的世间“七宝”，选取名贵的水晶、玛瑙、琥珀、珍珠、檀香木、金、银等材

明代镶珍珠龙冠

料，运用了玉石雕刻、金银丝编制、金银皮雕刻、檀香木雕、水晶雕、漆雕、描金、穿珠、古彩绘等多种特种工艺技法精心制作。可谓巧夺天工，精美绝世。

整个珍珠舍利宝幢用于装饰的珍珠差不多有4万颗；塔上17尊檀香木雕的神像更见功力，每尊佛像高不足10厘米，雕刻难度极大；然而，天王的威严神态，天女的婀娜多姿，力士的嗔怒神情，佛祖的静穆庄严，均被雕刻得出神入化。

从珍珠舍利宝幢身上，人们可见五代、北宋时期苏州工艺美术的繁荣和精美，同时也可见五代、北宋时期吴人高度的审美水准和丰富的文化内涵。

至明弘治年间，我国珍珠最高年产量约2.8万两，除供皇室及达官、富豪享用外，也曾进入国际市场。珍珠主要是官采官用，对老百姓中采珠用珠者限制甚严。

明代十三陵是明代13个帝后的坟墓，其中定陵是明神宗的陵墓，定陵中还发现了4顶皇后戴的龙凤冠，用黄金、翡翠、珍珠和宝石编织而成，其中一顶镶嵌着3500颗珍珠和各色宝石195枚。

那凤冠，正面缀有4朵牡丹花，是以珍珠宝石配成的，左、右各有一凤凰，凤羽是用翠鸟羽毛制成的。

明神宗 即朱翊钧（1563—1620），明朝第十三位皇帝，明穆宗朱载垕第三子，生母孝定太后李氏。隆庆二年（1568）三月十一日被立为皇太子，隆庆六年（1572年），明穆宗驾崩，10岁的朱翊钧即位，年号万历，在位48年，是明朝在位时间最长的皇帝。

冠顶，用翠羽做成一片片云彩，云上饰3条金龙，是用金丝掐成的。中间的金龙口衔一珠，硕大晶莹，世间少见。左、右两龙口衔珠串，状若滴涎，名称“珠滴”。

孝靖凤冠

珠滴长可垂肩，间饰六角珠花，名称“华胜”。冠口饰有珍珠宝钿花一圈，名称“翠口圈”。口沿又饰有托里的金口圈。冠后，附有翅状饰，名称“博鬓”。

每侧3条，又称“三博鬓”。

清承明制，官府继续控制珍珠的开发和使用，并以高价收购。清代皇后的夏朝冠、后妃头上的钿口、面簪、帽罩、头簪等首饰，上面都有珍珠。

刘銮在《五石瓠》中说道：“明朝皇后一珠冠，费资60万金，珠之大者每枚金8分。”

珍珠头饰一直是后宫佳丽、公子王孙们的最爱。清代《大清会

明代镏金嵌珠宝带扣

清代东珠朝珠　东珠满语为“塔娜”。清朝将产自于东北地区的珍珠称为东珠，用于区别产自南方的南珠。它产于黑龙江、乌苏里江、鸭绿江及其流域。清朝皇家把东珠看作珍宝，用以镶嵌在表示权力和尊荣的冠服饰物上。

典》记载：皇帝的朝冠上有22颗大东珠，皇帝、皇后、皇太后、皇贵妃及妃嫔以至文官五品、武官四品以上官员皆可穿朝服、戴朝珠，只有皇帝、皇后、皇太后才能佩戴东珠朝珠。

五品　指我国古代官位的一个级别。属于中级官员，一般是州级官员，如清朝的直隶州知州就属于正五品。正五品其上是从四品，其下是从五品，但唐朝、高丽王朝，及朝鲜王朝的正五品分为上下，朝鲜王朝的正五品属参上官。

东珠朝珠由108颗东珠串成，体现封建社会最高统治者的尊贵形象。皇帝的礼服，上面挂着数串垂在胸前的装饰朝珠，每挂用珠 108颗。按照当时的规制，皇子和其他贵族官员在穿着朝服和吉服时，也挂珍珠，但不能用东珠。

用珍珠装饰服装的典型则是乾隆的龙袍。龙袍在石青色的缎面上有着五彩刺绣，而后用米珠、珊瑚串成龙、蝠、鹤等花纹，极其华贵。

如清代掐丝银镏金珍珠蜜蜡簪，此簪包括米珠在内的都是纯天然野生的南海珍珠，呈现着青春靓丽的

珍珠簪子

藕粉色。在一颗直径不足1毫米，比小米还小的珠子上要打眼穿线组合，在当时也确是鬼斧神工了！

1628年采于波斯湾海域有一颗特大珍珠，长10厘米，宽6至7厘米，重121克。在其发现的一个世纪后，被送给了乾隆皇帝。1799年乾隆帝驾崩后，此珍珠作为陪葬品被埋入地下。1900年乾隆墓被盗，此珍珠即下落不明。

貂皮嵌珠皇后朝冠

我国历代皇室使用珍珠最多者还是要数清朝末年的慈禧太后，据说，在她的一件寿袍上，共绣有数十个寿字，每个寿字中缀着一颗巨型珍珠，远近观之，真正是璀璨夺目，巧夺天工。

慈禧的凤鞋上，虽然到处都是珍宝，但慈禧最爱的，仍然是珍珠。据记载，慈禧认为，珍珠是最适于凤鞋的饰物。因而，不管哪一双凤鞋，她都要让人镶上珍珠，最多的鞋面上据说镶有珍珠近400颗，绣成各种纹案，雍容华贵。

而且，在慈禧的殉葬物中有大小珍珠约33 064万颗，其中的金丝珠被上镶有8分的大珠100颗、3分的珠304颗、6厘的珠1200颗、米粒珠1.05万颗等。

据《爱月轩笔记》记载，慈禧死后棺里铺垫的金

蝠 由于蝙蝠的“蝠”字与福气的“福”字谐音，因此在中华文化中，蝙蝠是幸福、福气的象征，蝙蝠的造型也经常出现在很多中华传统图案中，如“五福捧寿”就是五个艺术化的蝙蝠造型围绕着一个寿字图案。

清代皇后凤冠

丝锦褥上镶嵌的珍珠就有12604万颗，其上盖的丝褥上铺有一钱重的珍珠2400颗；遗体头戴的珍珠凤冠顶上镶嵌的一颗珍珠重达4两，大如鸡卵，而棺中铺垫的珍珠尚有几千颗，仅遗体上的一张珍珠网被就有珍珠6000颗。

古人把珍珠的品级定得十分苛细烦琐，以致在清初已"莫能尽辨"了。《南越志》说珠有九品，直径0.5寸至1寸上下的为"大品"。一边扁平，一边像倒置铁锅即覆釜形的为"珰珠"，也属珍品。把走珠、滑珠算作等外品。

阅读链接

珍珠作为古人眼中的珍宝，被写入历代文学作品中。

如《战国策·秦策五》："君之府藏珍珠宝石"；唐代李咸用《富贵曲》诗："珍珠索得龙宫贫，膏腴刮下苍生背"；明代宋应星《天工开物·珠玉》："凡珍珠必产蚌腹……经年最久，乃为至宝"；元代马致远《小桃红·四公子宅赋·夏》曲："映帘十二挂珍珠，燕子时来去。"

清代陈维崧《醉花阴·重阳和漱玉韵》词："今夜是重阳，不卷珍珠，阵阵西风透。"

海洋珍奇——珊瑚

珊瑚是海洋中的珊瑚虫群体或骨骼化石。珊瑚虫是一种海生动物，食物从口进入，食物残渣从口排出，它以捕食海洋里细小的浮游生物为食，在生长过程中分泌出石灰石，变为自己生存的外壳。

珊瑚既是来自海洋的宝石，也是佛教七宝之一，与宗教、权势有着密不可分的联系。

在古代神话里，有一位大英雄和蛇发女妖战斗，大英雄最终战胜了女妖，女妖的鲜血染红了大英雄身上的花饰，掉落的花饰

珊瑚戒指

■ 珊瑚石项链

就变成了红色的宝石“珊瑚”。因此，古代有些将士用红珊瑚装饰自己的盔甲、战袍和武器，以祈求好运相随，战神庇护。

古人常给自家小孩子脖子上挂些珊瑚枝，他们深信珊瑚有驱逐魔的能力，能保佑孩子的健康安全。这种观念在后世依然很流行。

生活在海洋附近的人笃信珊瑚是山湖之父，而且崇拜一切与山水相关之物，珊瑚的精神地位当然非比寻常。

珊瑚有魔力的说法自古就有，一位著名的医生曾经证实，红珊瑚能预测其主人的健康状况。他的一位病人喜戴红珊瑚项链，后来他竟然发现，病情加深珊瑚颜色也变深，当黑斑布满珊瑚表面时，病人就撒手人寰。

并且，据说珊瑚的魔力储存在天然体表，一旦经人工雕琢，这种魔力便会消失，因此天然珊瑚更受世人关注。

有些民族地区珊瑚是献给酋长的尊贵礼物，有专人看管，并制定诸多苛刻的规定：若有遗失现象发生，相关人员及家属一律杀无赦。

红珊瑚是全世界的珍奇，但只有我国古代人民，才把红珊瑚文化推向了极致。古代的皇家贵族将珊瑚

步摇 我国古代妇女的一种首饰。取其行步则动摇，故名。为我国传统汉民族首饰。其制作多以黄金屈曲成龙凤等形，其上缀以珠玉。六朝而下，花式愈繁，或伏成鸟兽花枝等，晶莹辉耀，与钗细相混杂，簪于发上。

配饰于官服之上，使其更显富贵权重。

除制度以外的饰物，珊瑚也被用于如簪、钮子、手镯、挑牌、步摇、戒指、耳饰、如意以及数珠手串等，或直接以珊瑚制成或以珊瑚镶嵌其中。

我国疆域广大，物产丰饶，但以往珊瑚多来自遥远的异邦，十分罕见，尤显珍贵。

《汉武故事》中记载：

前庭植玉树。植玉村法，茸珊瑚为枝，以碧玉为叶，花子或青或赤，悉以珠玉为之。

说明当时汉武帝以珊瑚玉树盆景供奉在神堂之中。

汉武帝时还用珊瑚制作成珊瑚弓，钱木内胎、外红珊瑚珠，常加箭3支，弓长1.4米。

公元前1世纪，广南王赵佗向汉武帝进贡了两棵珊瑚树，4.3米高，各有3杈460枝条，植于皇宫御花的积翠池。通体鲜红灿烂，而且“夜有光景”，如火如荼，因此赵佗称之“火树”，一时间成为镇宫之宝。此后历代皇宫乃至达官贵人均以拥有红珊瑚为自豪。

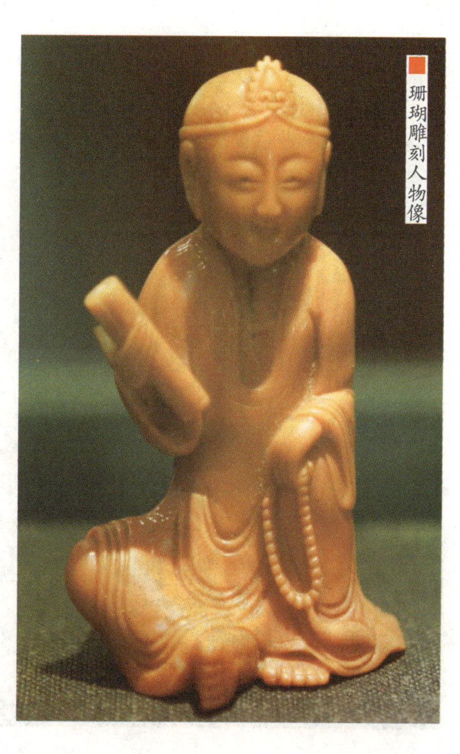
珊瑚雕刻人物像

《汉武帝内传》中记载：武帝将五真图灵光经等“奉以黄金之箱，封以白玉之函，以珊瑚为轴……”

《西京杂记》卷一中称，赵飞燕

金翅鸟 又名“大鹏金翅鸟”，也称“妙翅鸟”，梵名“迦楼罗”，原是古印度传说中的大鸟，因这种鸟翅翮金色而得此名，为佛教护法神中的“天龙八部”之一，传说能日食龙3000条，能镇水患。

为皇后时，其弟在昭阳殿贺之以珍贵礼物，其中有珊瑚玦一件。

三国时曹植诗说道：“明珠交玉体，珊瑚间木难。”想来当时人们都视珊瑚为植物，并认为值得以明珠和美玉来陪衬它。木难也是一种宝珠，传说是金翅鸟吐沫所成。

晋人苗昌言描绘得更具体，他在《三辅皇图》中记录：“汉积翠池中有珊瑚，高1.2丈，一本3棵，上有463条，云是越王赵佗所献，号烽火树。”

《格古要论》中也写道：“珊瑚生大海中山阳处水底。”

说明我国晋朝时对珊瑚产出条件及特征都有所认识。珊瑚生活在深海，古人借助铁网打捞，珊瑚外观残损普遍，完整者少，因此《财货源流》中记载：“珊瑚大抵以树高而枝棵多者胜。”

珊瑚树

唐朝是我国历史上的繁盛期，社会财富极为丰足，女子重视装扮，妇女以梳高发髻为时尚，由此各式发钗也日渐流行。诗人薛逢曾专门赋诗，盛赞唐代仕女们头戴珊瑚发钗风情万种的样子。

唐朝韦应物《咏珊瑚》中吟：“绛树无花

叶，非石变非琼。世人何处得，蓬莱石上生。”

由此引发世人追问：珊瑚真是仙人居住的仙山玉树吗？

唐代诗人罗隐《咏史诗》写道：“徐陵笔砚珊瑚架，赵盛宾朋玳瑁簪”；又有唐彦谦吟《葡萄诗》写道：“石家美人金谷游，罗帏翠幕珊瑚钩。”

自古珊瑚便被列入佛教七宝中，是信徒进献与神和人的最贵重物品之一。《大阿弥陀经》记载，“佛言：阿弥陀佛刹中，皆自然七宝。所谓黄金、白银、水晶、琉璃、珊瑚、琥珀、砗磲，其性温柔，以是七宝相间为地”。“其性温柔”的象征意义，是入选“佛宝”的标准。

清代珊瑚雕仕女像

此外，《恒水经》说道：“金、银、珊瑚、珍珠、砗磲、明月珠、摩尼珠”为七宝；《般若经》说：“金、银、珊瑚、琥珀、砗磲、玛瑙”为七宝。虽然不同经典有不同的说法，但珊瑚大多在七宝之列。

佛教认为法器象征着高尚、纯洁、坚毅、安详、富足、康健和圆满。因此应以具有相类品质的宝物来制作，方可获无量功德。红珊瑚就是因其具有优良品性而受到青睐。虔诚的信仰者认为，它有驱邪、避祸、逢凶化吉的功能，故而视为珍品。

藏传佛教的高级人士也以拥有珊瑚法器为荣。我

砗磲 是海洋中一种贝类，在外壳上有深大之沟纹如车轮的外圈。砗磲是一种有情识的生命，佛教绝不会教人杀生以取其壳作为念珠或供养佛菩萨之物品，而是代表石类中的某种珍宝之意。

清代珊瑚头饰

国藏传佛教将宝石分成人为之宝与神之宝。人之宝是人饰用的，例如金、银、珍珠、白玉、玛瑙等；神之宝则属神专用，包括蓝宝石、绿松石、青金石、祖母绿和珊瑚。我国藏族一直视红珊瑚为如来佛的化身，寺庙佛像大量饰用红珊瑚。

山西省青莲寺的唐代石碑上意外地发现了珊瑚。青莲寺始建于北齐天保年间，寺内的唐代石碑取材于周边的灰岩。灰岩中的珊瑚单体直径三四厘米，它的立体形状为尖顶锥柱体，中间有一系列向心式白色纵隔板。

除此，唐碑上还有可辨的有白色布纹格状层孔虫碎片、白色珠粒状海百合茎、盘卷螺等。

同时，唐代大医家寇宗介绍红珊瑚的鉴别方法："珊瑚有红油色者，细纵纹可爱者"为上品。这其实就是产自深海的宝石红珊瑚。而浅珊瑚纹路呈极精，也不可能有"红油状"的色泽。寇宗并且说只有上品，也即宝石珊瑚才能入药。

通过介绍的一些珊瑚鉴别方法，将珊瑚按等级由低到高分为几类：

一等为深红色珊瑚，俗称"关公脸""大红枣"珊瑚。它多生长海水深处200米至2000米之间。它质地细腻，色泽鲜艳，加工抛光后有灵光闪烁，很受人们的青睐。这种珊瑚古代多用于皇宫皇冠和官服、朝服、礼服缀饰及项珠、金银物品的镶嵌饰物。尤其成为男女爱情的寄情和象征。

二等为金红色珊瑚，俗称“柿子红”“樱桃红”“夕阳吐金”珊瑚。加工抛光后由于红色中闪耀着金黄色的灵光，给人以富丽堂皇神圣感觉。因此，古代达官贵人特别喜欢这种光感的典雅高贵。因此，金红色珊瑚也是权贵的象征，精品颇为稀少，价格比较昂贵。

三等为桃红色珊瑚，俗名叫“女儿红”“少妇脸”“桃花美”珊瑚。桃红色珊瑚是一种比较稀有的宝石，更是艺术家们创造艺术珍品不可多得的珍贵原料。由于成形体积较庞大，质地光滑，以桃红的色感，触发许多艺术家的灵感，从而被制作成大型观赏性较强的艺术品、装饰品，没有什么价格能衡量它的价值。

四等为粉红色珊瑚，俗名叫“婴儿脸”“粉底红”珊瑚。这种珊瑚色泽奇异，柔嫩和谐，也是宝玉石中比较稀有的有机宝石。由于它源于自然，给人以天然情趣的美感，并在加工抛光后令人有千娇百媚、美不胜收的艺术享受。

珊瑚坛城

据说这种珊瑚做成首饰后长期佩戴能起到活血醒目，促进体内机能的保健作用。一件粉红色珊瑚精品是极为珍视的无价之宝。

五等为白色珊瑚，俗名称“棉花白”“寒冬雪”珊瑚。白色珊瑚，由于它洁白无瑕，亭亭玉立，没有丝毫粉饰和造作，给人以纯真朴实、高贵典雅的自立、自珍、自爱的真善美艺术享受。无数的俊男靓女、儒家学者及艺术工匠大师们给予了极高的评价。

最高级的是黑色珊瑚，俗称叫“海树”“夜狸欢”“黑宝贝”珊瑚。黑色珊瑚因为色泽凝重、庄严肃穆，令人有古朴浓烈、深沉执着的感觉。并且“黑金”价值高于黄金好多倍。因此，黑色珊瑚也随之备受皇家青睐。

宋代时珊瑚用途相对固定，体形大而完整或外形破损小者，通常作摆件陈设于厅堂之上；残损严重、质次者，取其枝丫制成小件装饰个人。

宋代《玉海》朝贡条中所记载：“乾德二年十二月，来自甘州的贡品中有珊瑚玉带。”

珊瑚关公像

古代，珊瑚应是制造穿戴饰物不可或缺的材料。尤其是蒙古、新疆、西藏一带人们的饰物，无不以珊瑚和绿松石、青金石为之。

明代起，皇城中调令专门收藏金珠、玉带、珊瑚、宝石等的仓库。文华殿便是明代的皇家珠宝库。

制作精美的摆件，如明代珊瑚弥勒佛，高8厘米，长17厘米，以珊瑚横卧肖形佛祖弥勒。弥勒佛在大乘佛教经典中又常被称为阿逸多菩萨，是释迦牟尼佛的继任者，将在未来娑婆世界降生成佛，成为娑婆世界的下一尊佛，在贤劫千佛中将是第五尊佛，常被尊称为当来下生弥勒尊佛。被唯识学派奉为鼻祖，其庞大思想体系由无著、世亲菩萨阐释弘扬，深受我国佛教大师道安和玄奘的推崇。

珊瑚佛像

同时，明代珊瑚还加入普通药用，《本草纲目》记载珊瑚有消宿血，为末吹鼻，止鼻衄，明目镇心，止惊痫，点眼去飞丝的作用。

在清代，珊瑚更是应用得非常广泛，服饰制度中规定很多饰物一定要以珊瑚为之。例如皇帝在行朝日礼仪中，经系嵌带板的朝带、戴珊瑚朝珠。

皇太后、皇后在非常隆重的场合要穿朝服时，必须要戴3串朝珠，其左右两串为珊瑚；而皇贵妃、皇太子妃、贵妃以及妃等，除了中央一串为琥珀与太后的东珠有所区别以外，另外两串也是以珊瑚为质材。嫔及贝勒夫人、辅国夫人等，戴在中间的一串朝珠，一定要是珊瑚制成的。

此外，当皇太后及命妇穿朝服时，颈项间要佩饰的领约，也是以镶嵌的珊瑚和东珠数目的多少，来区别品阶的高低。可见清廷服饰制度中所需珊瑚量是非常庞大的。

如清盘长缠枝纹镏金镶珊瑚银冠为蒙古王爷所用之物。

南天竺 我国南方常见的木本花卉种类。枝干挺拔如竹，羽叶开展而秀美，秋冬时节转为红色，异常绚丽，穗状果序上红果累累，鲜艳夺目。夏日雨后盛开的小白花，枝头结满可爱的小圆果，使人忘却了夏日酷暑，小花的馨香解除了烦恼，带来了快乐。

清朝官吏实行九品官制，级别大小可以从帽子上不同顶珠来区别：一品用红宝石，二品用珊瑚，三品用蓝宝石，四品用青金石，五品用水晶，六品用砗磲，七品用素金，八品用阴文镂花金顶，九品用阳文镂花顶。这些顶珠不得随意更替，更不得私自改换饰物种类。

《国朝宫史》中记载：乾隆二十六年皇太后七十寿诞，所敬的贡品中就有“玉树珊瑚栀子南天竺”盆景一件。

清代高官和珅富可敌国，作为标志的是家藏16枚约1.3米的红珊瑚，为当时之绝品。

清代官职品级服饰：清代官员穿的官服叫“补服”。补服胸前绣有各式各样的图案。其实，无论文臣武将，穿戴的服饰都有着严格的规定。

至于制度以外的饰物，如簪、斋戒牌、如意以及数珠手串等，都少不了以珊瑚制成，或镶饰珊瑚。其中珊瑚手镯，则是将一段段弧形的珊瑚，精确地榫接起来，再施以彩蜡填补、琢磨、抛光而成。而珊瑚如意则需要较大枝柯的珊瑚原材料来雕琢。

珊瑚锦鲤摆件

我国清宫中，1835年11月奕纪等奉旨清查圆明园库存物件，珊瑚如意有14件。

在清宫中发现有一件珊

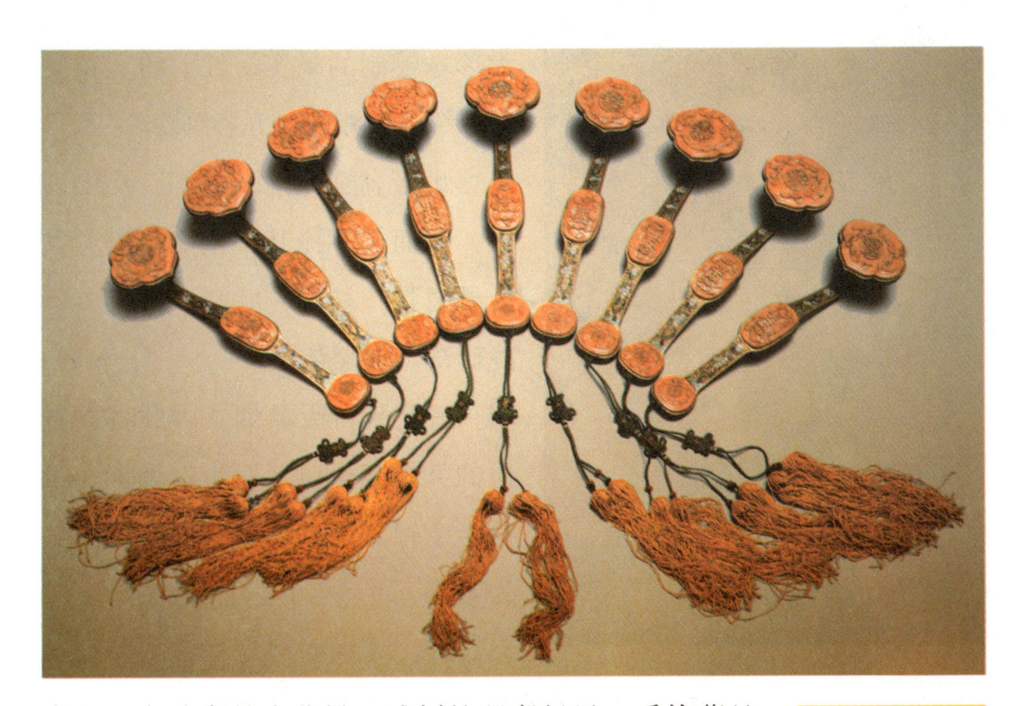

■ 掐丝珐琅福寿珊瑚如意　如意又称“握君”“执友”或“谈柄”，由古代的笏和痒痒挠演变而来，类似于北斗七星的形状。明清两代，如意发展到鼎盛时期，因其珍贵的材质和精巧的工艺而广为流行，以灵芝造型为主的如意更被赋予了吉祥驱邪的含义，成为承载祈福禳安等美好愿望的贵重礼品。

瑚魁星点独占鳌头盆景，雕刻的珊瑚魁星，手执鐾丝点翠镶珍珠之北斗星座，站立在以翡翠雕琢成的鳌龙头上，组成魁星戏斗的画面，意寓应试高中，独占鳌头。这种以玉与珊瑚组装成盆景的艺术表现形式比较独特、别致。

另外还有清代中期造办处造珊瑚宝石福寿绵长盆景，通高69厘米，盆高21厘米，盆径27厘米至24.5厘米。 铜胎银累丝海棠花式盆，口沿錾铜镀金蕉叶，近足处錾铜镀金蝠寿纹。盆壁以银累丝烧蓝工艺在四壁的菱花形开光中组成吉祥图案。

盆正背两面为桃树、麒麟纹，左右两侧面为凤凰展翅纹。盆座面满铺珊瑚米珠串，中央垒绿色染石山，山上嵌制一棵红珊瑚枝干的桃树，树上深绿色的翠叶丛中挂满各色蜜桃，有红、黄色的蜜蜡果，粉、蓝色的碧玺果，绿色的翡翠果，白色的砗磲及异形

红珊瑚挂坠

大珍珠镶制的果实，红、粉、黄、蓝、绿、白相间，五彩缤纷。

此景盆工艺虽银丝已氧化变黑，然而仍不掩其工艺之精湛。盆上桃树景致枝红、叶绿、果艳，玲珑珍奇，璀璨夺目。

清代流行吸鼻烟，因此各种材质的鼻烟壶也应运而生，如铜、玉甚至金银、琉璃等，珊瑚制成的更为珍贵。

清代人视珊瑚为华贵的象征，尤其崇尚红色珊瑚。除了颜色要红以外，珊瑚的整体色泽要鲜艳，色调分布要均匀协调，不可黯涩或有斑点和杂质。

如清红珊瑚鼻烟壶，通高5.8厘米，腹宽4.9厘米，鼻烟壶腹部呈扁状，有浮雕纹饰，翡翠盖子连着竹勺，乃清代中期作品。

阅读链接

随着医学的发展，人们逐渐发现红珊瑚还具有促进人体的新陈代谢及调节内分泌的特殊功能。因此，有人把它与珍珠一道称为“绿色珠宝”。

可见，古今中外，无论是远古先民，还是当今世人，无论是宫廷朝官，还是平民百姓，他们对红珊瑚都有真挚虔诚的信仰和强烈而独特的偏爱，这一切为红珊瑚文化的传承奠定了丰厚的人文基础。

万年虎魂——琥珀

世上有“千年蜜蜡，万年琥珀”的说法。由此可知琥珀之古老。

距今四五千万年以前的地球上，覆盖着茫茫的原始森林。由于受狂风暴雨摧折，雷电轰击，野兽践踏，树木枝干断裂。其中松科植物断裂的“伤口”处流出树脂，因树脂含有香味便引来许多昆虫，被粘在上面，包裹进去。

若干万年以后，由于地壳构造的急剧运动，大片森林被深埋入地层，树木中的碳质富集起来变成了煤，树脂在煤层中则形成了琥珀化石。

琥珀原石

琥珀，我国古代称为“瑿”或“遗玉”“兽魂”“光珠”“红珠”等，传说是老虎的魂魄，所以又称为“虎魄”。而且还根据琥珀的不同颜色、特点划分的

琥珀秋叶碟

品种为金珀、血珀、虫珀、香珀、石珀、花珀、水珀、明珀、蜡珀、蜜蜡、红松脂等。

在我国远古时，皇亲贵妇们就视琥珀为吉祥之物；新生儿佩戴可避难消灾，一生平安；新人戴上它可永葆青春，夫妻和睦幸福。因为那时人们认为琥珀是“虎魄魄入地而成”，佛教界也视琥珀为圣物。

对于琥珀最早文字记载见于《山海经·南山经》：

招摇之山，临于西海之上，丽之水出焉，西流注于海，其中多育沛，佩之无瘕疾……

《山海经》我国先秦重要古籍，是一部富于神话传说的最古老的地理书，内容包罗万象，主要记述古代地理、动物、植物、矿产、神话、巫术、宗教等，也包括古史、医药、民俗、民族等方面的内容。

文中提到海中产琥珀，并且佩戴它可无疾病，表明人们已对琥珀的性质有了一定的了解。育沛也为琥珀的古称，如《石雅》中写道：“中国古曰育沛，后称琥珀，急读之，音均相近，疑皆方言之异读耳。”

我国最早的琥珀制品，见于四川省广汉三星堆祭祀坑，为一枚心形琥珀坠饰，一面阴刻蝉背纹，一面

琥珀吊坠

阴刻蝉腹纹。

马王堆墓中裹骸骨的竹席保存完好，但头颅倒置，裹置在席内，还有一只平头鞋却露在席外；发现的殉葬棺，其棺身虽然有一些腐朽，棺内骸骨还没完全化为泥土，在死者手腕西侧发现两枚琥珀珠。

汉代对琥珀的性质有了更深的认识，如王充《论衡·乱龙》记载："顿牟掇芥"，其中"顿牟"所指"琥珀"，在《周易正义》的疏中也有"琥珀拾芥"的记载，从这些记录可以了解到琥珀具有静电效应已被先民知晓。

汉初陆贾所作《新语·道基篇》中对琥珀的产出状况也有描述："琥珀珊瑚，翠羽珠玉，山生水藏，择地而居，洁清明朗，润泽而濡。"琥珀与珊瑚并列，则说明当时的人认为琥珀与珊瑚一样，都应在水中找寻。

并且汉代多对琥珀的产地进行了记录，如《汉书·西域传上·罽宾国》："出封牛……珊瑚、虎魄、璧流离。"罽宾国为汉代西域国名，在其他后世文献中如《南北朝·魏书》《隋书》等很多文献中都有记录西域产琥珀之说，而且《后汉书》记载："谓出哀牢"，又有《后汉书·西域传》曰："大秦国有琥珀"之说。

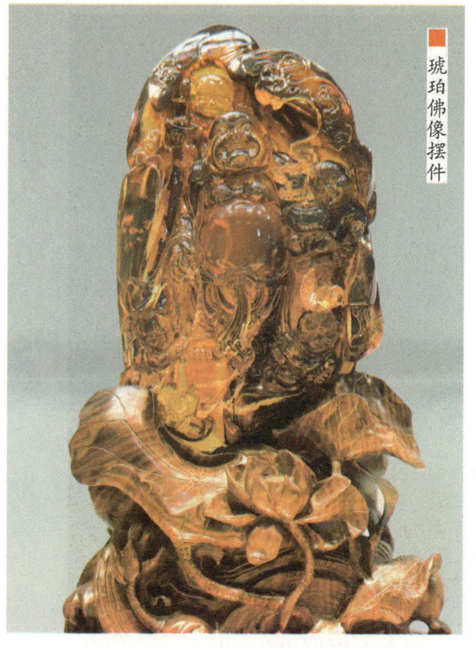

琥珀佛像摆件

司南 我国古代辨别方向用的一种仪器。用天然磁铁矿石琢成一个杓形的东西，放在一个光滑的盘上，盘上刻着方位，利用磁铁指南的作用，可以辨别方向，是现在所用指南针的始祖。

汉代已有大量的琥珀制品出现，多为饰品，如江苏省扬州市邗江区甘泉东汉墓发现的汉代琥珀制司南佩，江西省发现有汉代琥珀印、琥珀兽形佩等，而且这些琥珀制品的形制，大都是借鉴其他材质的题材。

司南佩是始于汉代的辟邪器物之一，形若“工”字形，扁长方体，其构造上有勺，下有地盘，中间有穿孔，勺总是指向南方，让人不会迷失方向。

如江苏省扬州市邗江区甘泉东汉墓发现的东汉血红琥珀司南佩，长2.5厘米，内部脂质清晰可见，表面经土沁略为粗糙。“工”字形为简化司南佩，可以佩挂。

东汉琥珀瑞兽，外形呈伏卧状，圆胖可爱。瑞兽通长5厘米，高3.5厘米，宽3.2厘米，体形之大，在我国已经发现的同类物中属罕见。它的中部还有一穿孔，应该是古人用来穿绳佩戴的。

汉代玉蝉

汉代人在雕刻玉器和琥珀等时，喜欢用外形像“八”字的刀法来雕刻。这种刀法简洁矫健、锋芒有力，后人称为“汉八刀”。琥珀瑞兽也是用“汉八刀”的刀法来雕刻的。

根据颜色，这枚琥珀瑞兽呈红色，晶莹透亮，属珍贵的血珀。

琥珀自古就被视为珍贵的宝物，因为琥珀来自松树脂，而松树在我国又象征长寿。有的琥珀不必点火燃烧，只需稍加抚摩，即可释出迷人的松香气息，具有安神定性的功效，被广泛做成宗教器物。

自古中国人就喜爱松香味，视琥珀和龙涎香为珍贵的香料，唐《西京杂记》记载，汉成帝的皇后赵飞燕就是枕琥珀枕头以摄取芳香。

晋代，对于琥珀的形成产生了3种见解。第一种见解如郭璞《玄中记》说道：“枫脂沦入地中，千秋为

琥珀树摆件

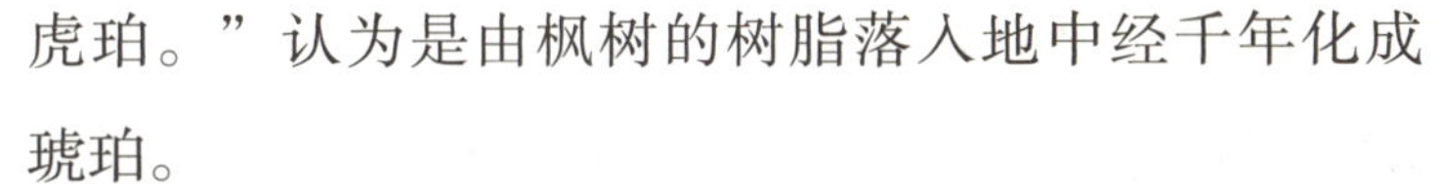

虎珀。”认为是由枫树的树脂落入地中经千年化成琥珀。

张华《博物志》中有两种见解，一为松脂千年入地为茯苓，而后茯苓变为琥珀，如其卷四中引《神仙传》说道：“松柏脂入地千年化为茯苓，茯苓化琥珀。”其中，茯苓为寄生在松树根上的菌类植物。

但是此时已对其说法真实性有了怀疑，并提出琥珀可能为燃烧蜂巢而成的看法，说道：“今泰山出茯苓而无琥珀，益州永昌出琥珀而无茯苓，或云烧蜂巢所作。”

直至南北朝时期，才出现了关于琥珀成因正确的记载，如梁代陶弘景在《神农本草经集注》中记载：“琥珀，旧说松脂沦入地千年所化。”

总体来说，三国、两晋、南北朝时期的琥珀制品延续了汉代的风格，但数量相对于汉代有所减少。多

郭璞 东晋著名学者，既是文学家和训诂学家，又是道学术数大师和游仙诗的祖师。在学术渊源上，郭璞除家传易学外，还承袭了道教的术数学，是两晋时代最著名的方术士，传说擅长预卜先知和诸多奇异的方术。

猪握 猪在我国古人心目中的地位非常高，认为有了猪自然就吃喝不愁，猪越多越好，如此才能人丁兴旺、五谷丰登,所以猪成了财富的一种象征和符号。猪握作为随葬品的一种，大多握在死者的手中，常作为主人拥有财富的象征，一般由玉、石、木等材料制成。

为饰品，但也出现了实用器，如《拾遗记》中说道："或以琥珀为瓶杓。"另外还发现有魏晋双龙纹琥珀雕、琥珀雕猪握等。

琥珀雕猪握为橘红色，长9.5厘米，高3.2厘米，宽2.2厘米。猪握呈长条形，平卧状，形体细长，造型朴拙粗犷，似为漫不经心雕刻而成，但却透着一股灵气，让人喜爱。

猪握，作为随葬品的一种，大多握在死者的手中，常作为主人拥有财富的象征，一般由玉、石、木等材料制成。这件猪握材质为琥珀，在同类器物中较为罕见。

从这件琥珀雕猪握，可以看出魏晋时期的雕刻承袭了汉代人崇尚简洁、粗犷、豪放的风格特点。在造型上，往往以一种大写意手法来刻画形象的动态。

寥寥数刀，一个憨态可掬的卧猪的形象就呼之欲出了，多一刀，嫌过了；少一刀，又不足的感觉。这

叠胜琥珀盒

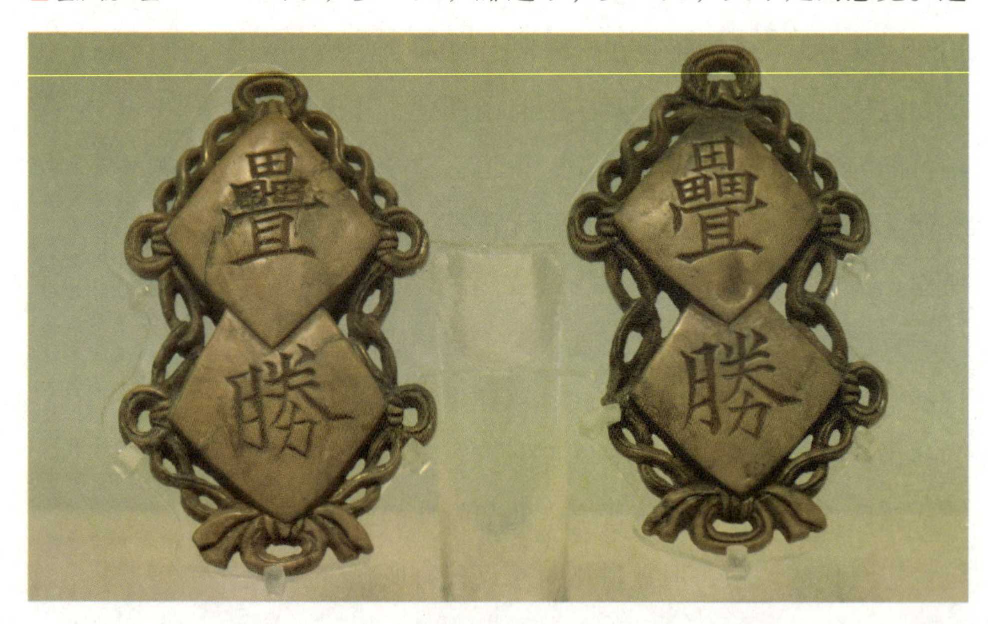

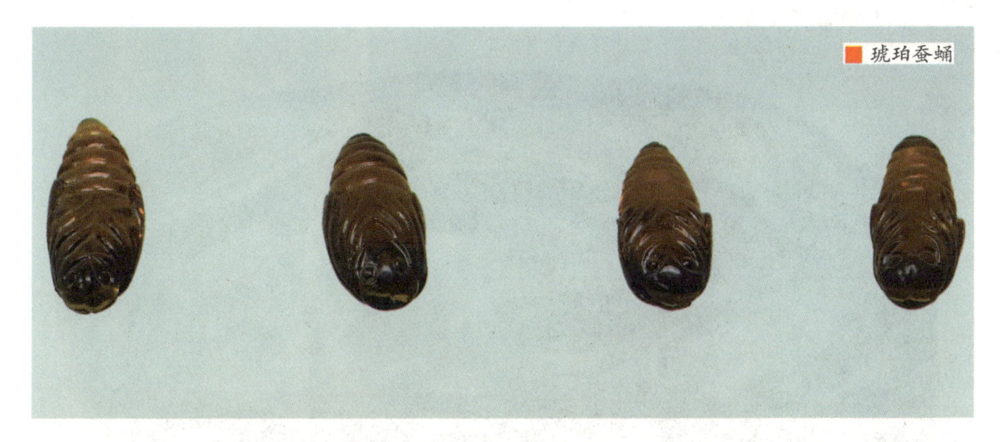
琥珀蚕蛹

种来自遥远时代的简洁是一种本质上的简洁。

这件器物把琥珀特有的质感特性与异常简洁的整体形象有机结合，使猪握显得雍容大度、古拙耐看。它把猪憨厚、温顺的内在美与琥珀鲜亮光洁的色彩美凝为一体，不失为一件难得的佳作，具有较高的历史价值和艺术价值。

对于它的药效，人们也开始有所认识，如《宋书·武帝纪下》："宁州尝献虎魄枕，光色甚丽。时诸将北征需琥珀治金疮，上大悦，命捣碎以付诸将。"

其实琥珀可以加工成饰物或是念珠之外，独具慧眼的中国人更把琥珀选为一味药材。

南北朝陶弘景所著的《名医别录》，概括了琥珀的三大功效：一是定惊安神，二是活血散瘀，三是利尿通淋。

唐代《杜阳杂编》中记载琥珀可止血疗伤。

《本草纲目》记载："安脏定魂魄，消瘀血疗蛊毒，破结瘕，生血生肌，安胎……"说的就是琥珀的疗效。

唐朝就有诗人韦应物对琥珀有这样的描述：

曾为老茯苓，原是寒松液。
蚊蚋落其中，千年犹可观。

■ 精美的琥珀龙

可见琥珀与我国文化早已结缘，只是由于原料太珍稀和生产工艺的复杂性，导致它无法在我国的饰品文化中占有很大的份额。

唐代，琥珀由于诱人的颜色，晶莹透彻与酒相似，也经常被比喻为美酒，这也是琥珀常被作为杯子等器皿的原因。

如刘禹锡的《刘驸马水亭避暑》云："琥珀盏红疑漏酒，水晶帘莹更通风。"李白的《客中行》说道："兰陵美酒郁金香，玉碗盛来琥珀光。"

虽然此时人们对琥珀更加了解，但是唐代琥珀并不多见。现今，唯一发现琥珀的唐代墓葬为河南省洛阳齐国太夫人墓，多为工艺精湛的饰品，如五件梳背中玉质梳背两件，琥珀梳背两件，高浮雕飞凤纹一件。

至宋代，关于琥珀的记录更加丰富与详细，如梅尧臣的《尹子渐归华产茯苓若人形者赋以赠行》中

凤纹 在我国传统装饰纹样中有着特殊意义，由原始彩陶上的玄鸟演变而来的，西周基本形象是雉，早期凤纹有别于鸟纹最主要的特征是有上扬飞舞的羽翼。凤作为一种艺术形象，源自最早的图腾崇拜，是氏族社会图腾崇拜的产物。

对琥珀晶莹剔透、可有昆虫包体、静电效应等进行了描述，并且记录了此时琥珀器物多纹饰、珍贵并且价值不菲，写道：

外凝石棱紫，内蕴琼腴白。
千载忽旦暮，一朝成琥珀。
既莹毫芒分，不与蚊蚋隔。
拾芥曾未难，为器期增饰。
至珍行处稀，美价定多益。

人们还用它来祝寿，如张元千的《紫岩九章章八句上寿张丞相》写道：“结为琥珀，深根固柢。愿公难老，受兹燕喜。”香珀的定义也被引入文中，如张洪的《酬答鄱阳黎祥仲》写道：“六丁护香珀，千岁以为期。”

金琥珀山子

而宋代黄休复在《茅亭客话》中，仍然记有老虎的魂魄入地化作琥珀的传说。

明清时期，人们对于琥珀的来源、形成、分类、药效都有了系统的了解，并对如何鉴别琥珀有了一定的经验。

如明代谢肇淛的《五杂俎·物部四》中记录：“琥珀，血珀为上，金珀次之，蜡珀最下。人以拾芥辨其真伪，非也。伪者傅之以药，其拾更捷。”

清代谷应泰在《博物要览·卷

八》记载："琥珀之色以红如鸡血者佳，内无损绺及不净粘土者为胜，如红黑海蛰色及有泥土木屑黏结并有莹绺者为劣。"这些关于琥珀分类等的记录，无不反映了当时人们喜爱琥珀的风尚。

除了分级和鉴定，人们已经开始对琥珀进行优化处理，如明末清初的《物理小识·卷七》记载："广中以油煮蜜蜡为金珀。"可知用加热处理来使不透明的蜜蜡变为金珀的方法在清初就已有之，并一直沿用。

总体来说，明清两朝发现的琥珀多为颜色艳丽均匀、质地致密、无杂质的上品，而且此时对于琥珀的加工工艺也更加精湛。

如明代琥珀佩件，直径5.5厘米，边厚0.3厘米，中间厚0.6厘米，雕刻精美，刀法流畅。上有篆刻"通灵宝玉"4字。

明代琥珀弥勒佛摆件，用原色琥珀雕成，高8.5厘米，通体红褐色。弥勒佛席地而坐，开怀大笑，大肚高高隆起，形象生动。其雕工技法娴熟，衣纹线条流畅，通体光亮圆润，有明代风格特征，是一件难得的琥珀佳作。

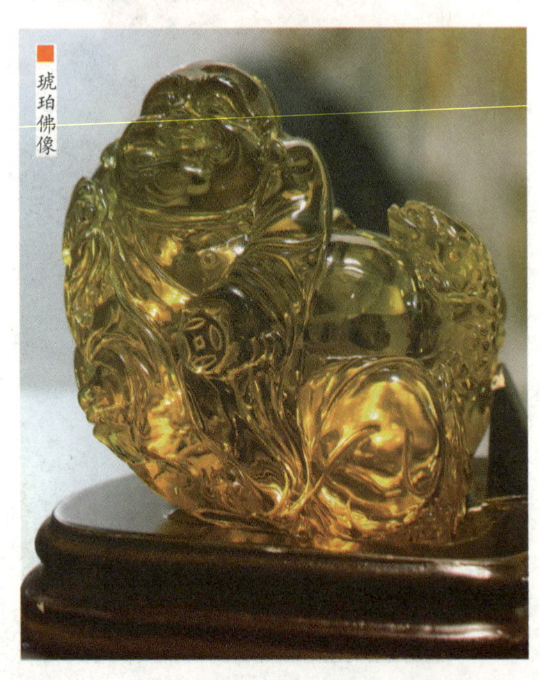
琥珀佛像

在黔宁王沐英的十世孙沐睿墓中，发现了明渔翁戏荷琥珀杯，高4.8厘米，琥珀杯选用上等血珀制成，料中间杂黑色条纹，质感透明温润。杯主体分两大部分，杯身呈荷形，杯身一侧浅刻出一只鱼鹰，另一侧雕出荷梗与水草，寥寥数刀便刻画得入木三分极有韵致。

杯柄为一圆雕的渔翁，渔翁发髻高绾，上身裸露，双臂粗壮有力，身背鱼篓，足蹬高靴，左手紧握一鱼，鱼嘴上昂，似在挣扎呼吸，鱼鳞清晰可辨，一副鲜活的神态。

琥珀挂坠

渔翁的右手紧握杯口，全身呈侧倚状，双眼直视前方正开怀大笑，其面部表情刻画得惟妙惟肖，生动传神。此杯构思奇巧，雕琢精妙，融写实性与艺术性于一体，代表了明朝杰出的琥珀工艺水平。

特别令人称绝的是其面部表情的刻画，渔翁双眼微眯，大嘴咧开，正发出会心的笑声，是捕到鱼后的兴奋与满足，抑或是水上生涯的惬意与陶醉？给人以无穷的艺术遐想。

琥珀杯的作者正是抓住渔翁面部一瞬间的神态来渲染整体艺术效果的，作者甚至连渔翁的眉毛、眼睛都刻画得惟妙惟肖，真正起到了“点睛”的作用。

而斜倚的造型、有力的身躯、生动的表情、灵巧的腿脚，迸发出勃勃的生机，显示出强烈的动态美。同时，斜倚着的渔翁不仅是琥珀杯的传神之处，而且还作为琥珀杯的把手来作用，这又不得不令人佩服作者的匠心独运、构思奇巧了。

同墓中还发现了金链琥珀挂件。一块水滴状琥珀上系一条金链，琥珀质地纯净，内有两个天然气泡，匠师在琥珀外壁处依照气泡之形阴线勾出两个仙桃，衬以枝叶。并在反面阴刻行书“瑶池春熟”4字。

清代琥珀的使用范围远较明代以及之前的任何历史时期普遍。尤

琥珀卧佛像

其是康乾盛世之时。

如清琥珀寿星，长5厘米，寿星屈膝盘腿而坐，头呈三角，天庭饱满，前额刻3条细纹，笑颜长须，右手持灵芝，左手平放，下端饰有草叶及一水禽。全器色泽半透明红色，雕工尚称细腻。

清琥珀刻诗鼻烟壶，通高6厘米，口径1.2厘米，足径1厘米×2.8厘米。鼻烟壶琥珀质，酒红色，透明，呈扁方形。壶体两面雕刻楷书乾隆御题七言律诗一首：

城上春云覆苑墙，江亭晚色静年芳。
林花著雨燕脂湿，水荇牵风翠带长。
龙武亲军深驻辇，芙蓉别殿漫焚香。
何时诏此金钱会，暂醉佳心锦瑟房。

末署“乾隆甲午仲春御题”。壶顶有蓝色料石盖，下连牙匙，底有椭圆形足。烟壶内还有半瓶剩余的鼻烟。

另有一件清代琥珀鼻烟壶颜色非常少见，琥珀为半透明深红色与赭色相间，有赭斑。器做扁圆形小瓶，平口，短颈，硕腹，浅圈足。

全器光素无雕纹。有珊瑚顶白玉小盖，无塞及小匙。全高9.1厘米，宽5.5厘米，厚3.8厘米。

朝珠源自数珠，是清代君臣、后妃、命妇穿着朝服或吉服时，垂挂在胸前象征身份地位的饰物。配挂时背云垂在背后，男子将两串记捻垂在左边，另一串在右边；女子则反之。

在清代虽然琥珀稀少，但也有用于制作的。如清代金珀朝珠，珠径1.38厘米，此盘朝珠由108枚金黄色透明的琥珀串成，每27颗间一枚翡翠佛头，顶端除有佛头外，还有佛头塔、碧玺背云及坠角，另附3串各由10枚珊瑚珠和碧玺坠角组成的记捻。

还有清代刻花琥珀小盒显得小巧而精致，琥珀为暗红色泽，可透光。全器做椭圆形，盖与器身略相等，盖面有相对之蝴蝶纹，盖沿与器壁则饰内勾之几何纹。高2厘米，长5.1厘米，宽3.6厘米。

晚清时期琥珀鼻烟壶，全高6.43厘米，宽5.75厘米，厚3.55厘米。琥珀，不透明橙红色。器做扁圆形小瓶，平口，短颈，硕腹，浅圈足。全器光素无雕纹。无盖。

晚清时期宫廷与富贵人家喜欢陈设琥珀雕观世音像，以持荷立像和坐莲像较多。钟馗捉鬼像、八仙像、刘海戏蟾像及寿星公像，雕工精细，神态与衣饰和福建寿山石雕及翠玉雕者十分相近，可说如一脉相承。

琥珀老寿星摆件

究其原因，可能那时专雕琥珀件的名家甚少，故大多数兼雕不同的材料，其中一些原本主雕玉石像或者寿山石像。

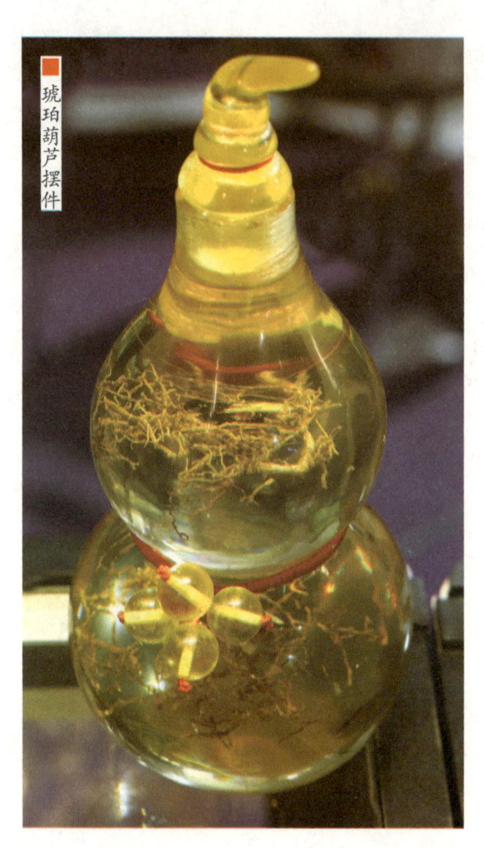
琥珀葫芦摆件

如琥珀雕和合二仙小摆件，高约6.5厘米。为晚清时期名家所雕。清代雍正时，以唐代诗僧寒山、拾得为和合二圣。

相传两人亲如兄弟，共爱一女。临婚寒山得悉，即离家为僧，拾得也舍女去寻觅寒山，相会后，两人俱为僧，立庙“寒山寺”。

世传之和合神像也一化为二，然而僧状为蓬头之笑面神，一持荷花，一捧圆盒，意为“和（荷）谐合（盒）好”。婚礼之日必悬挂于花烛洞房之中，或常挂于厅堂，以图吉利。

阅读链接

琥珀在我国的历史源远流长，一度是财富和地位的象征，为皇家贵族所使用。

琥珀作为佛教七宝之一，随着宗教文化市场的盛行，吸引了大量收藏者，使其价格一路上涨。近几年，由于人们对于琥珀的文化和特性的深入了解和抚顺琥珀矿的资源匮乏，使其价格再创新高。相信这种具有丰富色彩、悠久文化、安神药效的有机宝石，在未来会更加受到欢迎和重视。